Uwe Westphal

Das große Buch der Wintervögel

Beobachten – Bestimmen – Schützen

AULA-Verlag Wiebelsheim

Dr. Uwe Westphal
Im Halftenbrook 1
D-21220 Seevetal
www.westphal-naturerleben.de

Bibliografische Information der Deutschen Nationalbibliothek
Die Deutsche Nationalbibliothek verzeichnet diese Publikation in der Deutschen Nationalbibliografie; detaillierte bibliografische Daten sind im Internet über http://dnb.d-nb.de abrufbar.

Umschlagfotos: Sumpfohreule (vorne): M. Römhild; restliche Bilder: H.-J. Fünfstück
Druck und Verarbeitung: Belvédère Print & Packaging b.v.
Printed in Europe/Imprimé en Europe
ISBN 978-3-89104-840-5

Inhaltsverzeichnis

Vogelbeobachtung – auch im Winter spannend! ... **7**
Aufbau und Allgemeines zu den Artporträts ... 12

Vogelleben im Winter ... **13**
Wie begegnen Vögel den Herausforderungen des Winters? ... 13
Ab in den sonnigen Süden – der Vogelzug ... 13
Zart, aber zäh – Gefiederte Überlebenskünstler ... 15
Kalter Winter, warmer Vogel – Grundlagen der Thermoregulation ... 18
Fett macht fit – Samenkost statt Insektennahrung ... 22
Mitteleuropa als Winterquartier nordischer Vogelarten ... 25
Was ruft und singt denn da im Winter? ... 31
Verräterische Spuren ... 33
Jahreszeitlich wechselnde Federkleider ... 37

Lebensräume und ihre Wintervogelwelt ... **40**
Unterschiedliche Lebensräume – unterschiedliche Vogelarten ... 40
Wintervögel in Stadt und Dorf ... 42
Wintervögel in Wald und Forst (Tiefland und Mittelgebirge) ... 62
Wintervögel in Feld und Flur ... 84
Wintervögel an See und Fluss ... 116
Wintervögel an Meer und Strand ... 141
Wintervögel in Hochgebirge und Bergwald ... 166
Ausblick ins Frühjahr – Die ersten Zugvögel kehren zurück ... 178

Zugverhalten und Überwinterung von Vögeln unter dem Einfluss des Klimawandels ... **188**

Wintervogelbestände erfassen, dokumentieren, auswerten ... **195**
Aktionen, Programme und Portale ... 195
Stunde der Wintervögel ... 195
Wintervogel-Monitoring ... 197
Internationale Wasservogelzählung ... 198
Ornitho & Co. ... 200

Wintervögel unterstützen und schützen **202**

Vogelfütterung im Garten – notwendig, nutzlos oder schädlich? ... 202

Vorsorgen ist besser als Füttern – Vogelfreundliche Gärten 206

Unterstützende Fütterung von Wasservögeln, Eulen, Greifen und anderen Vogelarten 210

Bitte nicht stören! 214

Vögel im Winter beobachten – wo und wie? **219**

Welcher Vogel in welchem Lebensraum? **222**

Dank **227**

Literatur **228**

Register der Vogelarten **230**

Sachregister **234**

Bildnachweis **238**

Der Autor **239**

Vogelbeobachtung – auch im Winter spannend!

Vögel beobachten ausgerechnet im Winter? Ist das nicht langweilig? Ist es nicht viel spannender, im Frühjahr die Ankunft der Zugvögel aus dem Süden zu verfolgen und dem täglich zunehmenden, vielstimmigen Vogelkonzert in Garten, Park und Wald, in Feld und Flur zu lauschen? Oder den herbstlichen Vogelzug zu beobachten, der manche ornithologische Überraschung bringen kann? Was soll im Winter schon los sein in der Vogelwelt? Ein paar Meisen, Spatzen, Amseln und Grünfinken am Vogelhäuschen, Krähen auf den Feldern, Lachmöwen und halbzahme Stockenten am Parkweiher – aber sonst?

Nun gut, am besten begleiten Sie den Autor dieses Buches einmal auf einer ganz realen vogelkundlichen Exkursion zur Winterzeit:

Freuden der Wintervogelbeobachtung

Am 30. Dezember 2019 bin ich nachmittags bei 9 Grad plus und strahlend blauem Himmel unterwegs auf einem ausgedehnten „Spaziergang mit Fernglas" in unmittelbarer Nähe meines Wohnortes, im Naturschutzgebiet „Untere Seeveniederung" in der niedersächsischen Elbmarsch südöstlich

Stock- und Reiherenten sind ganzjährig zu beobachten.

von Hamburg. Hier, am Unterlauf des Elbnebenflüsschens Seeve, liegt eine ausgedehnte Feuchtwiesenlandschaft, durchsetzt mit Gräben, Hecken und Feldgehölzen und mit zwei der Natur überlassenen großen Baggerseen, dem „Steller See" und dem „Junkernfeldsee".

Mein erster Gang führt in Richtung Steller See zu einem der beiden Beobachtungsstände, wo ich mir einen Überblick über dort rastende Wasservögel verschaffen will. Kaum in den kleinen Fußweg dorthin abgebogen, erstarre ich: Zwei ***Kraniche****, kaum 50 Schritte entfernt, stehen ganz frei am Seeufer und taxieren mich aufmerksam mit lang gestreckten Hälsen. Da ich nicht näher komme, entspannen sie sich bald, stolzieren mit gemessenen Schritten am Ufer entlang und geraten schließlich hinter Büschen und Bäumen außer Sicht. Vermutlich handelt es sich um das Brutpaar, das seit einigen Jahren in der nahen Umgebung sein Revier hat. Sie sind also in diesem Winter bislang dageblieben. Da ich die Vögel nicht beunruhigen will, laufe ich weiter zum nächsten Aussichtspunkt am Ufer desselben Sees. Bevor ich überhaupt dazu komme, durch die Sehschlitze der Holzkonstruktion aufs Wasser zu gucken, fällt mir ein kleiner graugrünlicher Vogel auf, der wenige Meter vor mir durchs Gebüsch wuselt und auch immer mal wieder auf dem Boden landet und dort herumpickt: ein* ***Zilpzalp****. Der sollte jetzt um diese Zeit eigentlich in Südeuropa sein – wie die Kraniche auch... Auf einer künstlichen Insel im Wasser ruhen in reptilienhaft starrer Haltung neun* ***Kormorane****, ihre Horste in der kleinen Kormorankolonie in den kahlen Bäumen dahinter sind noch unbesetzt. Sonst keine weiteren Wasservögel – also auf zum nahegelegenen Junkernfeldsee. Dort ist bedeutend mehr los: Mehrere Dutzend* ***Stockenten*** *an der langgezogenen westlichen Uferlinie verteilt, dazwischen einige* ***Schnatterenten*** *und* ***Pfeifenten****, ein paar* ***Blässhühner****, auf dem offenen Wasser ein Trupp* ***Reiherenten*** *und weit draußen einige* ***Gänsesäger*** *– schmucke Entenvögel, die auf Fischfang spezialisiert sind.*

Gefiederte Eleganz: Graureiher und Silberreiher

Ein ***Kolkrabe*** *fliegt mit rauen Rufen vorbei und aus den Birkenbeständen am Ufer höre ich die typischen „tschett tschett"-Rufe von* ***Birkenzeisigen****, auch eine* ***Blaumeise*** *trillert. Nun gehe ich entlang der Seeve durch die ausgedehnten Grünlandflächen des „Junkernfeldes". Da drüben sitzen an die*

Kraniche sind immer öfter auch im Winter bei uns zu sehen.

100 Gänse – alles ***Graugänse****? Nein, eine einzelne* ***Blässgans*** *kann ich in dem Trupp auch entdecken, ebenso zwei* ***Graureiher*** *und einen in der Sonne schneeweiß leuchtenden* ***Silberreiher****. Am Ende werden es insgesamt mindestens vier Graureiher und sieben Silberreiher sein. Da das Wetter so schön ist, will ich dem Lauf der Seeve bis zu ihrer Mündung in die Elbe folgen, dort sind erfahrungsgemäß auch immer viele Wasservögel zu erwarten. Im weiteren Verlauf des Weges sehe ich zwei* ***Mäusebussarde*** *am Himmel kreisen, wohl ein Pärchen, und was ist jetzt da hinten los, jenseits der Wiesen – ein mittelgroßer Greifvogel stürzt sich jählings in einen Baum, wo vermutlich Kleinvögel sein Ziel sind. Ein Habicht? Nein, der Blick durchs Fernglas zeigt: Eine weibliche* ***Kornweihe****! Ich bin überrascht und erstaunt: Dass dieser Wintergast aus der nordischen Tundra im Baum jagt statt wie sonst auf offener Flur, hatte ich bisher noch nie gesehen. Kurz lässt sie sich nach ihrem offensichtlichen Fehlstoß dort nieder, dann gaukelt sie im für alle Weihen typischen Flug mit V-förmig angehobenen Flügeln weiter; ihr weißer Bürzel leuchtet weithin und bietet einen guten Kontrast zum braunen Gefieder.*

Dann sind plötzlich die Flugrufe ziehender ***Kraniche*** *zu hören: 34 Vögel kreisen kurz ungeordnet über mir, formieren sich wieder zur Keilformation und ziehen weiter nach Nordosten – kein Wunder bei den milden Temperaturen. Kaum sind sie außer Sicht- und Hörweite, folgen zwei weitere Trupps von 20 und 55 Kranichen. Mittlerweile bin ich kurz vor der Mündung der Seeve in die Elbe angekommen und weiß gar nicht, wohin ich zuerst schauen soll: Rechts vom Weg, auf den bei Ebbe trockengefallenen Schlickflächen (die Elbe und ihre Nebenflüsse unterliegen hier noch dem Einfluss der Gezeiten), ruhen auf geringe Distanz zu mir rund 100* ***Krickenten*** *oder durchschnattern den Schlamm. Fast alles Erpel – wo sind die Weibchen? Eigentlich ist auch diese Art ein überwiegender Zugvogel und von unterschiedlichem Zugverhalten der Geschlechter habe ich bisher nichts gehört oder gelesen. Egal: Das gelbe, schwarz eingefasste „Heck“ und der breite, grün schillernde Streifen an den*

Seiten des rotbraunen Kopfes der Krickerpel leuchten und glänzen in der Sonne – ein herrlicher Anblick! Und auf der anderen Seite des Weges, auf dem Grünland vor dem Elbdeich: Gänse, Gänse, Gänse! Fünf Arten kann ich entdecken: Mindestens 500 ***Graugänse****, dazwischen* ***Blässgänse*** *und* ***Tundrasaatgänse****, im Gegenlicht der tiefstehenden Sonne nicht immer leicht von den vielen Graugänsen zu unterscheiden, ganz hinten eine Handvoll* ***Kanadagänse*** *– und ein Trupp von gut 100* ***Weißwangengänsen****! Ungewöhnlich viele für dieses Gebiet, aber nichts gegen die mehr als 10.000 Vögel dieser Art, die zur gleichen Zeit nur rund 35 km Luftlinie entfernt in der Wedeler Marsch, direkt vor den westlichen Toren Hamburgs gelegen, gezählt wurden. Beim Blick über den Elbdeich sind auf dem breiten Strom neben einigen* ***Stockenten*** *und* ***Lachmöwen*** *auch zwei der beeindruckend großen* ***Mantelmöwen*** *zu sehen.*

Zwergsäger sind Wintergäste aus dem Norden.

Auf dem Rückweg entdecke ich in der Feldmark außerhalb des Naturschutzgebietes einen kleinen Trupp ***Wacholderdrosseln****, die sich an rot leuchtenden Hagebutten laben, und an anderer Stelle einen Weidenbusch, der in der Sonne wie mit bunten Weihnachtskugeln übervoll behängt aussieht:* ***Grünfinken*** *und* ***Buchfinken*** *sind es; erst als sie auffliegen, sehe ich, wie viele es tatsächlich sind: Wohl um die 150 Vögel tanzen zwischen Bäumen und Büschen und einem abgeblühten Wildstaudenfeld hin und her. Einige farbenprächtige* ***Stieglitze*** *und ein Dutzend* ***Goldammern*** *sind auch dabei. Entlang des Weges zetert hin und wieder eine* ***Amsel*** *im Gebüsch oder ein* ***Zaunkönig****, ein paar* ***Rabenkrähen*** *fliegen vorüber, einmal auch eine „einsame“* ***Elster****. Während ich einem Trupp* ***Ringeltauben*** *nachschaue, poltern plötzlich dicht neben mir mit lautem Flügelburren zwei* ***Fasanen****hennen auf, und als ich mich gerade von dem Schreck erholt habe, nach wenigen Schritten noch zwei: ein Hahn und eine Henne. Kurz darauf, an einer matschigen Stelle, an der große Pfützen auf einer deckungsreichen, von Traktorenspuren zerwühlten Ackerbrache stehen, scheuche ich ungewollt eine* ***Bekassine*** *hoch, einen kleinen Schnepfenvogel, der mit arttypischem „ätsch!“-Ruf im Zickzack auffliegt, aber bald wieder niedergeht. Im Gegenlicht sehe ich nur die Silhouette mit dem langen Schnabel. Gewiss kein ganz gewöhnlicher Anblick dieser selten gewordenen Vogelart mitten im Winter! Kurz vor dem Ausgangspunkt angelangt, werfe ich noch einen abschließenden Blick auf den See und entdecke zum Ausklang dieses wunderbaren Tages zwei männliche* ***Zwergsäger*** *im eleganten Prachtkleid, leuchtend weiß gefärbt mit schwarzen Abzeichen.*

Dieses Buch richtet sich einerseits an Einsteiger, denn die vermeintlich vogelarme Winterzeit eignet sich hervorragend für einen Einstieg in das zunehmend beliebte Hobby der Vogelbeobachtung, neudeutsch auch „Birding“ genannt. Dafür gibt es mehrere Gründe: Weil viele Zugvögel den Winter im Süden verbringen, ist zu dieser Jahreszeit das Artenspektrum kleiner und damit überschaubarer als im Rest des Jahres. Auch sind Vögel in den winterkahlen Büschen und Bäumen viel leichter zu entdecken und zu betrachten als im Sommer, wo sie sich oft im üppigen Laub verbergen. Da auch nur wenige Vogelarten im Winter singen, ist es ebenfalls vorteilhaft, genau zu dieser Zeit mit der Vogelbeobachtung zu beginnen – und mit dem Kennenlernen der Vogelgesänge.

Andererseits werden auch fortgeschrittene Vogelfreunde sicherlich noch viele interessante Aspekte und Arten kennenlernen. So beginnen Eulen und Spechte, Adler und Raben schon im ausgehenden Winter mit der Balz, können Fichtenkreuzschnäbel sogar bei Eis und Schnee brüten, und nicht zuletzt bekommt man in der kalten Jahreszeit Arten zu sehen, die nur als Wintergäste aus dem Norden oder Osten zu uns kommen, um hier zu überwintern. Neugierigen Vogelfreunden stellen sich eine Menge Fragen: Wo kommen die gefiederten Gäste her? Wie verhalten sie sich? Wie schaffen es Vögel überhaupt, den nahrungsarmen Winter bei Minusgraden zu überstehen? Wie können wir sie dabei unterstützen? Welchen Einfluss hat der fortschreitende Klimawandel mit der Tendenz zu zunehmend milden Wintertemperaturen auf den Vogelzug und das Überwintern von Vögeln? Dies ist in der Tat einer der spannendsten Aspekte für Vogelbeobachter und Vogelforscher: Immer mehr Zugvögel sparen sich den gefahrvollen Zug in den Süden und überwintern bei uns in heimischen Gefilden – eine Entwicklung, die rasanter verläuft als je vermutet.

Mehr als 180 Vogelarten werden in diesem Buch in Wort und Bild vorgestellt. Nicht allen wird man regelmäßig und überall begegnen: Manche überwintern nur in bestimmten Lebensräumen oder in bestimmten

Der „Vogelwinter“

Für das vorliegende Buch wurde der Zeitraum für die Beobachtung und die Auswahl der vorgestellten „Wintervögel“ willkürlich festgelegt auf den Zeitraum von Mitte November bis Mitte Februar. Er weicht damit ab von den Eckdaten des meteorologischen Winters (1.12.–28./29.2.) und erst recht von denen des astronomischen (kalendarischen) Winters (21./22.12.–19./20.3.). Der hier gewählte Zeitraum orientiert sich hingegen an der Phänologie der Vogelwelt: Mitte November ist der herbstliche Vogelzug weitestgehend abgeschlossen, die Wintergäste aus dem Norden oder Osten sind zum großen Teil bei uns eingetroffen. Die ersten Rückkehrer unter den Zugvögeln, welche nur kurze Strecken gen Süden ziehen, kommen unter günstigen Bedingungen, vor allem im Süden Deutschlands, ab Mitte Februar zurück.

Regionen Deutschlands, andere fliegen nur unregelmäßig ein und wieder andere überwintern zwar regelmäßig, aber bislang nur in geringer Anzahl bei uns. Winterliche Ausnahmeerscheinungen (darunter sogar ausgeprägte Zugvögel wie Schwalben und Mauersegler!) blieben unberücksichtigt.

Es gibt also auch und gerade im Winter vieles zu entdecken – für Einsteiger wie für erfahrenere Vogelbeobachter. Für den ersten Einstieg mag es allerdings ratsam sein, sich zunächst mit den Lebensräumen und Arten vor der Haustür, also in Garten, Park und Wald, zu beschäftigen und erst nach und nach – mit steigender Erfahrung – auch andere Biotope und ihre Wintervögel kennenzulernen.

Aufbau und Allgemeines zu den Artporträts (ab S. 43)

Fotos zeigen die Vögel so, wie man sie im Winter in der Regel sieht. Unterschiedliche Sommer- und Winterkleider werden beispielhaft ab S. 37 dargestellt.

Größe: Angegeben ist die Durchschnittsgröße von Schnabelspitze bis Schwanzende.

Kennzeichen: Hier werden wichtige Feldkennzeichen dargestellt, ggf. Unterscheidungsmerkmale zwischen den Geschlechtern und Unterschiede im Vergleich zu ähnlichen Arten, bezogen auf das Winterkleid.

Stimme: In der Regel werden Rufe beschrieben, soweit sie auffallend oder artkennzeichnend sind. Gesänge werden nur erwähnt, wenn sie regelmäßig auch im Winter zu hören sind (vgl. dazu auch ab S. 31).

Nahrung: Wesentliche Nahrung im Winter.

Verhalten: Kennzeichnende oder besondere Verhaltensweisen im Winter.

Status: Zum Beispiel Jahresvogel (= heimischer Standvogel), Teilzieher (heimische Brutvögel, von denen ein Teil der Population in den Süden zieht und ein anderer Teil hierbleibt), gelegentlicher Überwinterer, regelmäßiger Wintergast (mit Herkunft). Die tatsächlichen Verhältnisse sind allerdings häufig komplexer als sie in einer kurzen Übersicht dargestellt werden können (vgl. dazu ab S. 13).

Besonderes: Jeweils eine interessante Info. (Weitergehende Informationen finden sich ggf. als Textkästen, innerhalb der Kapitel zu allgemeineren Themen oder in der Beschreibung der Vogelarten in den jeweiligen Lebensraum-Kapiteln).

Anmerkung: *In einigen Fällen werden Informationen zu einzelnen Vogelarten, die bereits in den Fließtexten an verschiedenen Stellen erwähnt wurden, in den Artporträts wiederholt. Dies soll der besseren Übersicht dienen: Interessierte Leser/innen finden so auf einen Blick alles Wissenswerte zu einer Art in komprimierter Form, ohne erst die umfangreichen Fließtexte lesen zu müssen.*

Für die umfangreichen Informationen wurde neben eigener Erfahrung vor allem folgende Literatur zu Rate gezogen: Bauer et al. (2012), Fünfstück et al. (2010), Jonsson (1992) und Svensson et al. (2018). Die deutschen und wissenschaftlichen Vogelnamen entsprechen der aktuellen Artenliste der Vögel Deutschlands (Barthel & Krüger 2018).

Vogelleben im Winter

Wie begegnen Vögel den Herausforderungen des Winters?

Vögel verfolgen unterschiedliche Strategien, um die kalte Jahreszeit zu überstehen. Sie sehen sich dabei zwei großen Herausforderungen gegenüber: Ungünstigen Witterungsbedingungen und Nahrungsmangel. Nachfolgend sind beispielhaft einige Aspekte dargestellt, wie Vögel im Winter (über)leben.

Ab in den sonnigen Süden – der Vogelzug

Die wohl bekannteste Strategie, den Herausforderungen und Gefahren des Winters zu entgehen, ist der Vogelzug: Viele Vogelarten ziehen im Herbst in den wärmeren Süden. Das gilt zum Beispiel für Insektenfresser wie Schwalben, Fliegenschnäpper, Grasmücken, Laub- und Rohrsänger und andere mehr. Auch große Vertreter wie Störche, Kraniche und einige Greifvögel sind (oder waren ursprünglich) Zugvögel. Ihnen erschweren im Winter normalerweise Schnee und Eis die Nahrungssuche am Boden. Manche Zugvogelarten überwintern bereits in den Regionen rund um das Mittelmeer, andere überfliegen die Sahara und verbringen den Winter im subtropischen und tropischen Afrika. Selbst sehr nah verwandte Arten können hierbei unterschiedliche Zugstrategien verfolgen. Insbesondere

Weißstörche ziehen bereits im Spätsommer gen Süden.

für die Langstreckenflieger unter den Singvögeln ist der Vogelzug oft ein unfassbarer Kraftakt und zudem mit vielen Gefahren verbunden: Es grenzt an ein Wunder, dass etwa der **Fitislaubsänger**, so klein und leicht wie eine Blaumeise, es schafft, den mehr als 2000 Kilometer breiten, lebensfeindlichen Saharagürtel zu überfliegen. Damit ist seine Reise jedoch noch nicht zu Ende. Je nachdem, wo er brütet und in welcher Region Afrikas er sein Winterquartier aufschlägt, fliegt ein Fitis zwischen 6.000 und 11.000 Kilometer bis zum Ziel – und im Frühjahr dieselbe Strecke zurück! Er muss dazu vor dem Aufbruch ausreichend Depotfett anlegen, aus dem er die Energie für den Langstreckenflug über Meer und Wüste bezieht. Dennoch fordert diese Leistung alle Energiereserven, notfalls werden während des Zuges sogar nicht unmittelbar lebensnotwendige Organe teilweise abgebaut, um weitere Energie zu gewinnen. Während des Zuges lauern viele Gefahren, von widrigen Wetterbedingungen über natürliche Feinde bis zu menschlicher Verfolgung – von den menschengemachten Veränderungen im Winterquartier ganz zu schweigen. Doch der Vogel hat keine Wahl: Bliebe er im Brutgebiet, würde er verhungern. Und ganzjährig in Afrika zu bleiben, ist auch keine Option. Denn selbst unter ungestörten Bedingungen wäre während der Jungenaufzucht die Konkurrenz um Nahrung zwischen einheimischen Arten und Zugvögeln aus dem Norden viel zu groß.

Der Fitis überwintert im tropischen Afrika.

Bei manchen Vogelarten zieht nur ein Teil der Population in den Süden, ein anderer Teil bleibt bei uns. Sie sind Teilzieher. Das gilt etwa für das **Rotkehlchen** und die **Heckenbraunelle**. Je nachdem, wie streng oder mild der Winter ist, überlebt ein kleinerer oder größerer Teil von ihnen im Brutgebiet. Diejenigen, die überleben, können im Frühjahr die besten Brutreviere besetzen, bevor die Artgenossen aus dem Süden eintreffen. Sie sind dann eindeutig im Vorteil, können sich besser fortpflanzen und die Neigung zu überwintern an ihre Nachkommen weitergeben. Eine Reihe strenger Winter verschiebt das Verhältnis in Richtung Zugvogel, weil diejenigen, die weggezogen waren, in diesem Falle die besseren Überlebenschancen haben. Bei einigen Arten zeigen Männchen, Weibchen und Jungvögel ein unterschiedliches Zugverhalten: Bei **Amseln** und **Buchfinken** etwa bleiben vor allem die alten, erfahrenen Männchen hier, die meisten Weibchen und auch die im gleichen Sommer geschlüpften Jungvögel beiderlei Geschlechts ziehen im

Herbst in den Mittelmeerraum. Der Sinn dieses unterschiedlichen Zugverhaltens liegt wohl vor allem darin, die innerartliche Konkurrenz um knappe Nahrung zu mindern. Für starke, erfahrene Männchen kann es sich auszahlen, die Entbehrungen und Gefahren, die eine Überwinterung mit sich bringt, in Kauf zu nehmen: Wenn sie überleben, können sie frühzeitig die besten Reviere besetzen und damit die Chancen auf den eigenen guten Fortpflanzungserfolg steigern.

In den letzten Jahren steigt bei vielen Teilziehern der Anteil der Vögel, die im Winter hierbleiben. Selbst bei bisher obligaten Zugvögeln, speziell bei den Kurzstreckenziehern, gibt es immer mehr Individuen, die zumindest eine Überwinterung versuchen anstatt im Herbst in den Mittelmeerraum zu fliegen. Grund sind die zunehmend milden Witterungsbedingungen in den Wintermonaten als Folge des fortschreitenden Klimawandels. Ausführlich wird dieses Phänomen ab S. 188 dargestellt.

Teilzieher Heckenbraunelle: Ein Teil der Population überwintert am Mittelmeer, ein anderer im hiesigen Brutgebiet.

Zart, aber zäh – Gefiederte Überlebenskünstler

Nicht alle Insektenfresser sind Zugvögel, manche bleiben auch im Winter bei uns. Man bezeichnet sie daher als Standvögel. Dazu zählen ausgerechnet die kleinsten und zartesten unter ihnen, wie der Zaunkönig und das Wintergoldhähnchen. So gut wie niemals lassen sie sich am Futterhäuschen blicken. Wie und wo finden sie ausreichend Nahrung und wie überstehen sie die oft eisigen Nächte?

Diese Winzlinge sind auf sehr kleine Beutetiere spezialisiert und suchen an Orten nach Nahrung, die für andere Vogelarten größtenteils unzugänglich sind. Der **Zaunkönig** schlüpft behände wie eine Maus durch dichteste Vegetation in Bodennähe, zwängt sich noch durch und in die kleinste Lücke und den engsten Spalt. Er untersucht Brennholzstapel, Steinhaufen, Gerümpel und selbst das Innere von Ställen und Schuppen. Jeder männliche Zaunkönig besetzt auch im Winter ein eigenes Revier, in dem er jeden Schlupfwinkel und jede Nahrungsquelle kennt. Dieses Revier wird gegen Artgenossen verteidigt. In sehr kalten Nächten überwinden die Vögel notgedrungen ihre Aggression und kuscheln sich zu mehreren an einer geschützten Stelle zusammen, zum Beispiel in einer Baumhöhle oder in dichtestem Gebüsch, um sich gegenseitig zu wärmen. Mitunter liegen dann ein Dutzend oder mehr von ihnen dicht aneinander geschmiegt im Kreis, die Köpfe nach innen und die Schwänzchen nach außen gerichtet. „Kontaktschlafen“ nennen Vogelkundler ein solches Verhalten, das zum Beispiel auch **Schwanzmeisen** und **Gartenbaumläufer** zeigen. Der Wärmeverlust ist dabei für einen einzelnen Vogel um bis zu 50 Prozent geringer als bei einem einzeln schlafenden Individuum. Tagsüber wird jeder Zaunkönig wieder zum Eigenbrötler, der sein Reich sogar bei Eis und Schnee mit lautem Gesang verteidigt (s. auch S. 52). Manche Zaunkönige, die im Sommer in der freien Landschaft lebten, wandern im Herbst in Städte und Dörfer ein, wo es immer einige Grade wärmer ist als im Umland – ein klarer Vorteil im Kampf ums Überleben. Dennoch ist die Sterblichkeitsrate in harten Wintern oft hoch. Eine hohe Vermehrungsrate gleicht die Verluste jedoch in kurzer Zeit wieder aus.

Erleidet in harten Wintern hohe Verluste: Zaunkönig

Wintergoldhähnchen sind mit einer Gesamtlänge von nur neun Zentimetern und einem Gewicht zwischen vier und sieben Gramm sogar noch kleiner und leichter als ein Zaunkönig. Trotzdem können diese Winzlinge Temperaturen von 20 Minusgraden und mehr aushalten – zumindest solange sie genügend Nahrung finden, um ihren Stoffwechsel aufrecht halten zu können. Auch sie sind „Schlüpfer“: Solange ausreichend Schnee liegt, schlüpfen die an Fichten gebundenen Goldhähnchen durch kleine Lücken in den Schneehauben in die Wipfel der Nadelbäume oder in dichten Fichtenjungwuchs und stöbern dort unbehelligt und vor Kälte geschützt nach kleinsten Insekten. Bevorzugt suchen sie die Unterseite von Kammästen ab, den von einem Hauptast herabhängenden kleinen, dicht benadelten Nebenzweigen. An diesen klettern die Vögel auch kopfunter herab und zwängen sich, notfalls mit Flügelhilfe, durch eng stehendes, biegsames Zweiggewirr. Selbst an einzelnen Nadeln vermag sich ein Wintergoldhähnchen noch sicher festzuhalten, mitunter nach Meisenart sogar rücklings hängend. Im Gegensatz zum Zaunkönig verteidigen sie kein Revier, denn im Fichtenwald, ihrem bevorzugten Lebensraum, herrscht an Möglichkeiten, auf die beschriebene Weise Nahrung zu finden, kein Mangel. Streitereien wären nicht nur unnötig, sondern würden auch viel zu viel Energie kosten. Goldhähnchen treten häufiger in kleinen, losen Trupps auf, gelegentlich vergesellschaftet mit Meisen, besonders **Tannenmeisen** und **Haubenmeisen**. Soweit bekannt, übernachten sie allerdings nicht in engem Körperkontakt, sondern einzeln und gut geschützt vor kaltem Wind in dichtestem Zweiggewirr. Bei ausreichender Schneelage auf den Bäumen werden bevorzugt solche Stellen aufgesucht, wo eine Art natürlicher Iglu den Vögeln Schutz vor der Kälte bietet.

Höhlenbrüter wie **Meisen**, **Kleiber** und **Feldsperlinge** verbringen die Nächte geschützt vor Wind und Wetter in Baumhöhlen oder Nistkästen, mitunter sogar Angehörige verschiedener Arten gemeinsam. Aber auch eine dicke Schneeschicht isoliert gut gegen Kälte. Das machen sich nicht nur Menschen zunutze, die in arktischen Gegenden leben oder dort als Abenteurer unterwegs sind, sondern auch manche Vögel: **Alpenschneehühner** etwa, die auch im Winter hoch im Gebirge ausharren, und auch **Haselhühner**, die im Bergwald leben, graben sich Höhlen in den Schnee oder lassen sich einschneien (s. Abb. und Foto auf S. 18). Unter der Schneedecke sind sie nicht nur gut geschützt vor Kälte, sondern auch vor den Blicken möglicher Feinde. Hier verharren sie viele Stunden, bei sehr schlechtem Wetter mitunter wohl auch Tage mehr oder weniger regungslos. Energie sparen ist das oberste Gebot, denn die Nahrung ist oft knapp und wenig gehaltvoll. Nur dadurch können sie in dieser rauen Umgebung überleben.

Winziger Überlebenskünstler: Wintergoldhähnchen

Zu den härtesten und zähesten gefiederten Überlebenskünstlern zählen die in den Hochlagen der Alpen lebenden **Schneesperlinge** (s. S. 169), nur wenig größer als unsere Haussperlinge. Sie überstehen selbst klirrend kalte Winternächte in eisigen Höhen. Ihre Schlafplätze liegen in tiefen, engen und möglichst stark seitwärts gekrümmten Felsrissen und Spalten. Dort herrscht im Vergleich zu den oft bitterkalten Außentemperaturen ein geradezu kuscheliges – freilich immer noch frostiges – Mikroklima, das den Schneesperlingen auch unter extremen Bedingungen das Überleben ermöglicht. So ergaben Messungen auf dem 2320 Meter hoch gelegenen Eigergletscher in der Schweiz in einem konkreten Fall eine Lufttemperatur von minus 27 Grad Celsius und eine relative Luftfeuchtigkeit von mehr als 70 Prozent. Im Inneren der bis zu 700 Meter höher gelegenen Schlafrisse, einen Dreiviertelmeter vom Eingang entfernt, war es dagegen nur halb so feucht

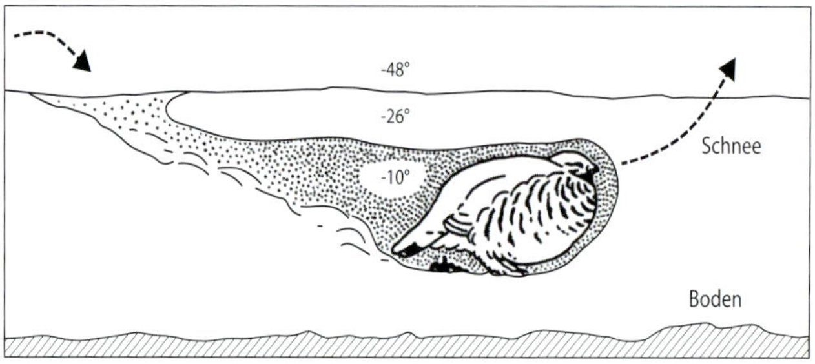

Haselhühner und Verwandte übernachten bei starkem Frost in selbst gegrabenen Schneehöhlen. Die Temperaturangaben zeigen die isolierende Wirkung der Schneeschicht. Morgens bricht der Vogel nach oben durch die Schneedecke.
Quelle: Bergmann et al. 1996: Die Haselhühner.

und minus 9 Grad „warm“. Anders als Zaunkönige (s. Seite 15) kuscheln sich nicht mehrere Schneesperlinge zu wärmespendenden Schlafgemeinschaften zusammen, vielmehr beansprucht jedes Individuum seine eigene Schlafkammer, die gegen Artgenossen notfalls erbittert verteidigt wird.

Kalter Winter, warmer Vogel – Grundlagen der Thermoregulation

Vögel gehören wie Säugetiere zu den Organismen, deren Körpertemperatur weitgehend unabhängig von den jeweils herrschenden Außentemperaturen ist. Sie sind „gleichwarm“ oder homoiotherm. Lediglich Jungvögel, ganz besonders die anfangs noch nackten Nesthocker unter ihnen, können ihre Körpertemperatur in den ersten Lebenstagen noch nicht selbst regulieren und müssen daher von den Elterntieren gewärmt werden. Der Begriff „gleichwarm“ bezieht sich vor allem auf die Temperatur des Körperkerns, der Gehirn, Nervensystem und Eingeweide umfasst. Diese liegt bei Vögeln mit durchschnittlich etwa 41 bis 42 Grad Celsius (bei Wasservögeln etwas niedriger) beträchtlich höher als bei den meisten Säugetieren. An der Peripherie, also im Bereich der Haut und der darunterliegenden Gewebeschichten, kann die Temperatur dagegen in gewissen Grenzen schwanken und deutlich niedriger liegen als im Körperinneren. Dieses Temperaturgefälle ist bei großen Vögeln größer als bei kleinen Vertretern. Bei kalten Außentemperaturen verengen sich in der Körperperipherie die Blutgefäße, um den Wärmeverlust über die Haut zu verringern. Vögel verfügen zudem über einen perfekten „Thermoanzug“, nämlich ein dichtes Federkleid. Die zwischen den Federn enthaltene Luft ist ein schlechter Wärmeleiter und wirkt daher wie eine Isolierschicht. Durch Aufplustern des Gefieders kann ein Vogel diese isolierende Wirkung noch deutlich steigern. So ein maximal aufgeplustertes **Rotkehlchen** (Foto) oder ein anderer Kleinvogel an einem frostigen Wintertag wirkt kugelig. Das ist kein Zufall: Die Kugelform hat von allen geometrischen Formen bei gleichem Volumen die geringste Oberfläche. Je kleiner aber die Oberfläche ist, desto geringer ist auch der Wärmeverlust. Ein Problem ist der Wärmeverlust über unbefiederte Körperteile, vor allem über Beine und Füße. Bei Kälte werden diese daher meist im Bauchgefieder verborgen. Selbst fliegende **Kraniche**, normalerweise mit lang ausgestreckten Ständern unterwegs, tun das an frostigen Tagen mitunter und geben dann wegen ihres seltsam veränderten Flugbildes manchem Beobachter Rätsel auf. Manche Arten, wie die weiter oben bereits erwähnten **Schneehühner** und ihre Verwandten, haben bis zu den Zehen dicht befiederte Läufe, man bezeichnet sie daher auch als Raufußhühner. Auf welche geniale Weise Wasservögel, für die Federn an den Schwimmfüßen aus verständlichen Gründen keine Option sind, dieses Problem lösen, ist auf S. 20 dargestellt.

Bei kühlen Temperaturen plustern Vögel wie dieses Rotkehlchen ihr Gefieder kugelförmig auf.

Temperaturen weit unter dem Gefrierpunkt stellen Vögel vor eine große Herausforderung. Sie müssen Wärmeverluste vermeiden, aber vor allem muss ihr Körper Wärme produzieren. Dafür gibt es unterschiedliche Mechanismen: Zum einen kann dies rein mechanisch-physikalisch durch eine Erhöhung der Muskelspannung bis hin zum Muskelzittern geschehen. Fliegen, um warm zu werden, ist bei tagaktiven Vögeln insbesondere nachts keine Option, außerdem kühlt der hierbei entstehende „Fahrtwind“ den Körper noch zusätzlich ab. Ganz überwiegend erfolgt aber die Wärmeproduktion auf biochemischem Wege durch eine Erhöhung des Stoffwechsels.

Die Regulierung der Körperkerntemperatur wird durch einen Regelkreis gesteuert: Temperaturrezeptoren funken entsprechende Informationen über Nervenverbindungen an das Gehirn, in den sogenannten Hypothalamus. Diese stammesgeschichtlich sehr alte Hirnregion steuert vegetative Funktionen des Organismus wie die Verdauung, den Kreislauf, das Schlafverhalten und eben die Thermoregulation. Der Hypothalamus ist

Warum bekommen Wasservögel keine kalten Füße?

Wer Enten, Schwäne oder andere Wasservögel im Winter beobachtet, mag sich unwillkürlich einige naheliegende Fragen stellen: Bekommen die Vögel keine kalten Füße, wenn sie stundenlang im kalten Wasser paddeln? Und wieso schmilzt nicht das Eis, auf dem sie stehen, unter ihren nackten Füßen? Wieso frieren sie nicht fest? Die Antwort lautet: Wasservögel bekommen keine kalten Füße – sie haben (fast) immer kalte Füße. In den Beinen der Vögel sind die Arterien, in denen das Blut vom Herzen weg in den übrigen Körper strömt, und die Venen, in denen das Blut zum Herzen zurück fließt, sehr eng miteinander verflochten. Sie bilden das sogenannte „Wundernetz" (Rete mirabile oder Rete tibiotarsale), das nach dem Gegenstromprinzip als Wärmetauscher

Stockenten bekommen auch auf dem Eis keine „Eisbeine".

funktioniert: Das im Körper etwa 40 Grad warme Arterienblut kühlt sich auf dem Weg zu den Füßen durch den engen Kontakt mit kaltem Venenblut stark ab, gleichzeitig wird das von den Füßen in den Körper und zum Herzen strömende Venenblut entsprechend angewärmt. Ähnliches gilt für andere unbefiederte Körperteile wie den Schnabel, insbesondere die Nasenlöcher, und sogar die Augen. Das spart enorm viel Energie – wichtig in Zeiten winterlicher Nahrungsknappheit. Nach demselben, der Natur abgeschauten Prinzip arbeitet auch moderne Haustechnik: Dort dient die Restwärme von Abluft und Abwasser in Gebäuden dazu, um Frischluft oder Frischwasser vorzuwärmen.

Die Temperatur der Füße auf dem Eis stehender Wasservögel fällt bis auf null Grad Celsius, das Eis taut also nicht an und für die Tiere besteht keine Gefahr festzufrieren. Feine Regulationsmechanismen sorgen quasi wie ein eingebauter Thermostat dafür, dass stets gerade so viel warmes Blut in die Füße gepumpt wird, dass dieser kritische Wert in den Schwimmhäuten nicht unterschritten wird. Bestimmte im Blut gelöste Substanzen, die als natürliches Frostschutzmittel dienen, sorgen zudem dafür, dass Enten und Co. auch auf dem Eis keine „Eisbeine" bekommen.

die zentrale Schnitt- und Regelstelle zwischen dem Nervensystem und dem Hormonsystem. Sinkt die Körperkerntemperatur ab, werden Hormone ausgeschüttet, die über ein komplexes Wechselspiel eine Steigerung des Stoffwechsel-Grundumsatzes bewirken. Dies führt unter anderem zu einer erhöhten Bereitstellung von Energie aus der Leber und zu einer erhöhten Herzfrequenz – im Ergebnis zu einer Erhöhung der Temperatur, bis der Sollwert wieder erreicht ist.

Die Körperkerntemperatur schwankt bei tagaktiven Vögeln (und auch beim Menschen) im Tagesverlauf: Bei **Spatzen** etwa sinkt sie von 42 Grad in der Tagesmitte auf ca. 39 Grad in der Nacht. Bei nachtaktiven Vögeln verläuft der Temperaturgang genau umgekehrt. Das spart Energie in der Ruhephase. Manche Vögel sind darüber hinaus in der Lage, bei besonders niedrigen Außentemperaturen ihre Körpertemperatur erheblich abzusenken und so weitere wertvolle Energie einzusparen. Man nennt diesen „unterkühlten" Zustand auch Hypothermie. Das gilt etwa für die ganzjährig in den subarktischen Wäldern Skandinaviens lebende **Lapplandmeise** und auch für die **Weidenmeise**. Letztere ist auch in unseren Breiten nicht selten, doch zählen die hochnordischen Weidenmeisen zu einer eigenen Unterart. Bei einer nahen Verwandten, der nordamerikanischen **Schwarzkopfmeise**, konnten Forscher in den klirrend kalten Nächten des kanadischen Winters sogar eine Hypothermie von bis zu zwölf Grad unter der normalen Körperkerntemperatur nachweisen. Der Stoffwechsel ist dabei entsprechend reduziert.

Manche Vogelarten sind sogar in der Lage, Körpertemperatur, Herzschlag und Atmung soweit zu drosseln, dass sie in eine regelrechte Starre verfallen. Dieser Zustand wird Torpor genannt und beruht auf ähnlichen stoffwechselphysiologischen Vorgängen, wie sie beim unterschiedlich intensiv ausgeprägten Winterschlaf einiger Säugetiere (Igel, Siebenschläfer, Hamster, Murmeltier u. a.) auftreten. Dennoch gibt es zwischen beiden erhebliche Unterschiede: Der echte, oft monatelange Winterschlaf bedarf einer intensiven Vorbereitung des gesamten Organismus. Dazu gehören die Anlage ausreichender Fettreserven und tiefgreifende hormonelle Umstellungen, die den Körper in Winterschlafbereitschaft versetzen. Ist diese erreicht, wird der Winterschlaf durch das Unterschreiten einer kritischen Außentemperatur eingeleitet. Die Vorbereitungen und auch der Winterschlaf selbst unterliegen einem endogenen Jahresrhythmus. Demgegenüber tritt der durch Hunger und Kälte ausgelöste Torpor der Vögel spontan ein und dauert in aller Regel nur Stunden oder höchstens wenige Tage. In der heimischen Vogelwelt ist dieses Phänomen vor allem von **Nachtschwalben** und **Mauerseglern** bekannt. Sie ernähren sich ausschließlich von fliegenden Insekten. Insbesondere die Nestlinge können im Energiesparmodus des Torpors nasskalte Witterungsperioden,

Trotz erstaunlicher Anpassungen könnten Mauersegler den hiesigen Winter nicht überleben und ziehen daher bereits im Spätsommer nach Afrika.

in denen keine oder nur wenige Fluginsekten aktiv sind, für einige Zeit ohne Nahrung überleben – junge Mauersegler im Extremfall fast zwei Wochen. Für den Winter reichen diese erstaunlichen Fähigkeiten jedoch nicht aus: Beide Arten sind ausgesprochene Zugvögel, die im tropischen Afrika überwintern.

Fett macht fit – Samenkost statt Insektennahrung

Im vorigen Kapitel wurde dargestellt, dass ein Vogel durch eine Steigerung seines Stoffwechsels Körperwärme produzieren kann. Dafür braucht er jedoch genügend „Brennstoff" in Form geeigneter Nahrung. Solange er also ausreichend Nahrung findet, ist es für einen Vogel meist kein Problem, auch Temperaturen weit unter dem Gefrierpunkt auszuhalten. Zwar kann der Energiebedarf durch die geschilderten Verhaltensanpassungen und „Energiesparprogramme" gesenkt werden, doch muss natürlich eine ausreichende Zufuhr von Energie gewährleistet sein. Die Nahrung sollte also möglichst viel davon enthalten. Von den drei Nährstoffgruppen – Proteine, Kohlenhydrate und Fette – sichert Rohfett die Energieversorgung am besten. Es hat mit Abstand den höchsten Brennwert und erfordert, wenn es verfügbar ist, den geringsten Energieaufwand für die Nahrungssuche. Zudem lässt es sich sofort und leicht als Reserve für lange Winternächte und Schlechtwetterperioden im Körper speichern: Kohlenhydrate müssten erst in größerer Menge aufgenommen und in Fett umgewandelt werden. Schließlich sollte man nicht vergessen, dass ein im Körper abgelagertes Fettpolster aufgrund seiner schlechten Wärmeleitfähigkeit auch physikalisch den Wärmeverlust verringert. Inwieweit eine Vogelart im Winter auf fetthaltiges Futter angewiesen ist, hängt von ihrer jeweiligen „Strategie" und von ihren Fettreserven ab. **Schneehühner**, **Auerhühner** und Verwandte müssen sich in ihrem Lebensraum mit karger, energiearmer Kost begnügen, sie setzen auf ihre im Herbst angelegten Fettpolster und auf extremen, nahezu bewegungslosen Energiesparmodus, um über den Winter zu kommen. Für kleine Singvögel ist dies keine Option. Viele (aber nicht alle!) Insektenfresser, sofern sie nicht dem Winter gen Süden entfliehen, stellen in der kalten Jahreszeit ihre Nahrung von eiweißreicher Insektenkost auf fettreiche Samen um. Das hat nur zum Teil damit zu tun, dass Insekten dann weit weniger zahlreich sind, sondern vor allem mit dem unterschiedlichen Energie- bzw. Fettgehalt.

Meisen und **Kleiber** kommen regelmäßig ans Futterhäuschen und bedienen sich dort an Fettfutter und Sonnenblumenkernen. Im Sommer ernähren sie sich hingegen nahezu ausschließlich von Insektenkost. Diese macht allerdings bei manchen Meisenarten, besonders bei der **Sumpfmeise** und der **Blaumeise**, auch im Winter einen nicht unbeträchtlichen Anteil an der Nahrung aus. Hoch im Kurs stehen bei vielen Vogelarten fetthaltige Samen von Nadelbäumen (Koniferen) und andere Baumsamen, von den winzigen Nüsschen der Erlen und Birken bis zu Bucheckern, Eicheln und Haselnüssen. Der **Buntspecht** etwa, der im Sommerhalbjahr vorzugsweise Käferlarven aus morschen Stammabschnitten hackt, wird ab Herbst zum Vegetarier und verzehrt dann bevorzugt Koniferensamen (s. dazu auch S. 66). Bei manchen Arten ist der Wechsel der Ernährung mit einem Wechsel des bevorzugten Lebensraumes verbunden: So leben **Erlenzeisige** zur Brutzeit im Fichtenwald, im Herbst und Winter sind sie vor allem dort zu finden, wo Erlen wachsen, also im feuchten Bruchwald oder entlang von Bachufern.

Macht seinem Namen alle Ehre: Erlenzeisig an Erlenzapfen

Ein unschlagbarer Vorteil von Baumsamen ist der, dass sie sich leicht ernten und horten lassen. Zu den bekanntesten Sammlern in der heimischen

Vogelwelt zählen der **Eichelhäher** und der **Tannenhäher**. Doch auch **Kleiber** horten Nahrung, ganz besonders Sonnenblumenkerne aus dem Futterhäuschen, und verstecken sie in der Umgebung. Sammeln und Verstecken liegt auch einigen Meisenarten im Blut, namentlich der **Sumpfmeise**, der **Tannenmeise** und der **Haubenmeise**. Dieses Verhalten ist ganzjährig zu beobachten, unterliegt in seiner Intensität aber einer ausgeprägten Jahresrhythmik und auch äußeren Einflüssen. Es ist umso ausgeprägter, je strenger die Winter sind. Möglicherweise spielt es aber nicht für alle Populationen eine gleich große Rolle. Versteckt wird im Gegensatz zu den Hähern nicht am Boden (für kleine Vögel ungünstig bei Schneelage!), sondern in Bäumen. Besonders dort, wo die verschiedenen Meisen und der Kleiber gemeinsam vorkommen, bevorzugt jede Art unterschiedliche Bereiche des Baumes, von Rissen und Vertiefungen am Stamm und an starken Ästen bis zu Nadelbüscheln an feinen Zweigen. Diese Vorratslager dienen, anders als bei den Hähern, weniger als langfristige Depots, sondern werden in der Regel zeitnah genutzt.

Die Amsel schätzt die Früchte des Pfaffenhütchens und anderer heimischer Sträucher.

Beeren und Früchte verschiedener Sträucher (Vogelbeere, Weißdorn, Hagebutten, Schneeball, Liguster u. a. m.) stellen für viele Vogelarten ebenfalls eine wichtige Winternahrung dar – sofern denn noch welche übrig sind: Bereits zur Fruchtreife im Spätsommer sind sie bei vielen Vögeln begehrt. Zugvögel wie die **Mönchsgrasmücke** und viele andere nutzen die Beeren, um sich ein ausreichendes Fettpolster für ihre bevorstehenden Langstreckenflüge anzufuttern. Mit Insektenkost allein ist der Aufbau von Depotfett nicht möglich. Daher stellen diese Insektenfresser im Spätsommer ihre Nahrung auf Beerenkost um. Diese Umstellung folgt einem endogenen Rhythmus und ist unabhängig vom tatsächlichen Angebot an Insekten und Beeren. Sehr begehrt sind die Früchte des Schwarzen Holunders, denn nicht alle Beeren sind gleich gut geeignet zum Aufbau eines Fettpolsters. Entscheidend ist nicht deren Zuckergehalt, sondern der unterschiedliche Gehalt an ungesättigten Fettsäuren, aus denen es gebildet wird. Dasselbe Prinzip dürfte auch bei der winterlichen Ernährung mit Beerenkost gelten: Auch Beeren machen Vögel fett, auf jeden Fall satt.

Mitteleuropa als Winterquartier nordischer Vogelarten

Viele der bei uns brütenden Vogelarten ziehen im Herbst in den wärmeren Süden, um dort zu überwintern (s. ab S. 13). Weniger bekannt ist vielleicht die Tatsache, dass Mitteleuropa das Winterquartier für verschiedene Zugvogelarten ist, die weit im Norden oder Osten des Kontinents brüten. Verglichen mit den oft langen, eisigen und schneereichen Wintern ihrer Brutheimat stellen das klimatisch vergleichsweise milde Deutschland und angrenzende Länder für diese Vogelarten den „warmen Süden" dar. Im Folgenden sollen einige dieser Vogelarten und -gruppen und ihr Verhalten im Winterquartier beispielhaft vorgestellt werden. In den einzelnen Lebensraumkapiteln (ab S. 42) und den entsprechenden Artporträts finden sich vielfach ergänzende Angaben.

Zu den auffallendsten Wintergästen zählen sicherlich Gänse und Schwäne aus dem hohen Norden. Manche Arten wie der **Singschwan** und die **Waldsaatgans** brüten in einem breiten Taiga-Streifen von Nordskandinavien über Finnland und das Baltikum bis weit nach Sibirien hinein. Andere, wie die **Ringelgans** und die **Weißwangengans,** sind auf mehrere kleine, jeweils eng begrenzte Brutgebiete in der sibirischen Tundra und den vorgelagerten Inseln begrenzt. Sie finden auf hiesigen Wiesen und Feldern,

Unterschiedliche Brutpopulationen – unterschiedliche Winterquartiere

Nicht alle Individuen einer Art verbringen den Winter im gleichen Gebiet. Vielmehr haben Angehörige verschiedener Populationen oftmals getrennte Winterquartiere. So überwintern etwa auf Grönland brütende **Blässgänse** in Irland und Großbritannien, andere Populationen derselben Art beispielsweise in Deutschland, Belgien und den Niederlanden, wieder andere in Ungarn, Bulgarien, in den Steppen Kasachstans oder im Bereich des Kaspischen Meeres. Forscher statteten eine Anzahl von Gänsen mit kleinen Sendern aus und konnten so ihre Zugwege verfolgen. Auf diese Weise fanden sie heraus, dass es im Laufe der Jahre durchaus zu teilweisen Verlagerungen der Winterquartiere kommen kann und zumindest einzelne Individuen auch zwischen verschiedenen Überwinterungsgebieten pendeln, in einem Fall sogar innerhalb eines Winters von Ungarn nach Deutschland.

Als ein Beispiel aus der Gruppe der Watvögel sei die **Pfuhlschnepfe** genannt: Die im deutschen und vor allem im niederländischen Wattenmeer überwinternden Vögel stammen aus der Brutpopulation Nordskandinaviens und des angrenzenden westlichen Russland. Isländische Brutvögel hingegen überwintern im Süden Irlands, an den Küsten des Ärmelkanals und im nördlichen Golf von Biscaya. Den weitesten Zugweg nehmen sibirische Pfuhlschnepfen auf sich: Sie überwintern unter anderem an der westafrikanischen Atlantikküste, aber auch am Persischen Golf und am Roten Meer.

teilweise auch auf den Salzwiesen der Nordseeküste, perfekte Äsungsbedingungen. Besonders im Norden und Osten Deutschlands gibt es traditionelle Rastgebiete, etwa am Niederrhein, an der unteren und mittleren Elbe oder im Bereich der vorpommerschen Boddenlandschaft und der Oderniederung. Zwischen ergiebigen Nahrungsflächen und geschützten Schlafgewässern pendeln die Vögel oft über größere Distanzen von bis zu 30 Kilometern, selten auch weiter. Diese täglichen Nahrungs- und Schlafplatzflüge sind oft gut zu beobachten. Fliegen die Gänse jedoch in größerer Zahl tagsüber und teilweise auch nachts gerichtet nach Südwesten, so reagieren sie damit auf eine herannahende Kaltluftfront. Offensichtlich spüren die Vögel die entsprechenden Luftdruckunterschiede sehr frühzeitig: Bereits zwei bis drei Tage vor dem Eintreffen arktischer oder sibirischer Kaltluft weichen die Vögel aus, bevor einsetzender Schnee oder Eisregen ihre Nahrungssuche erschwert oder unmöglich macht und strenger Frost ihre Schlafgewässer zufrieren lässt. Man spricht daher auch von einer Kälteflucht, die sie vor allem in die klimatisch milderen niederländischen Küstengebiete führt. Kältefluchtverhalten ist auch bei anderen Wasservögeln wie Enten und Tauchern zu beobachten und ebenso bei Watvögeln, die bei milden Temperaturen in mehr oder weniger großer Zahl im Wattenmeer überwintern. Setzen winterliche Witterungsbedingungen ein, ziehen beispielsweise **Brachvögel**, **Austernfischer**, **Alpenstrandläufer**, **Knutts** und **Steinwälzer** weiter nach Westen, nach England, Frankreich oder in die Niederlande. Einige der hiesigen Überwinterer fliegen gar an die Küste des westafrikanischen Staates Mauretanien, einem der bedeutendsten Überwinterungsgebiete nordisch-sibirischer Watvögel.

Immer weniger Tafelenten überwintern in Deutschland – eine Folge des Klimawandels?

Eine Reihe milder Winter kann ebenso zu einer teilweisen Verlagerung der Überwinterungsgebiete führen: Ein Teil der **Saatgänse** etwa zieht nicht mehr nach Deutschland, sondern bleibt inzwischen vermehrt in Westpolen oder in Südschweden, **Weißwangengänse** überwintern mehr und mehr in Dänemark (H. Kruckenberg, schriftl. Mttlg.). Dasselbe Phänomen ist teilweise auch bei anderen Wasservögeln zu beobachten, etwa bei der **Tafelente**, deren Winterbestände in Deutschland in den letzten Jahren auffallend abgenommen haben.

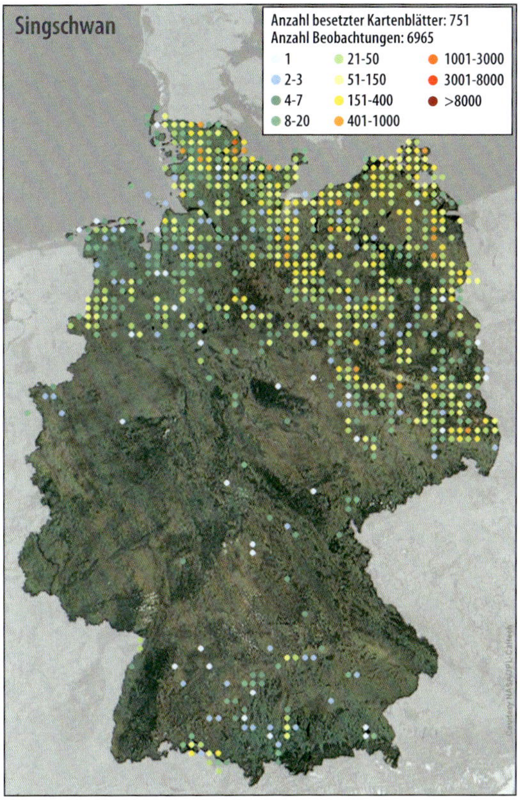

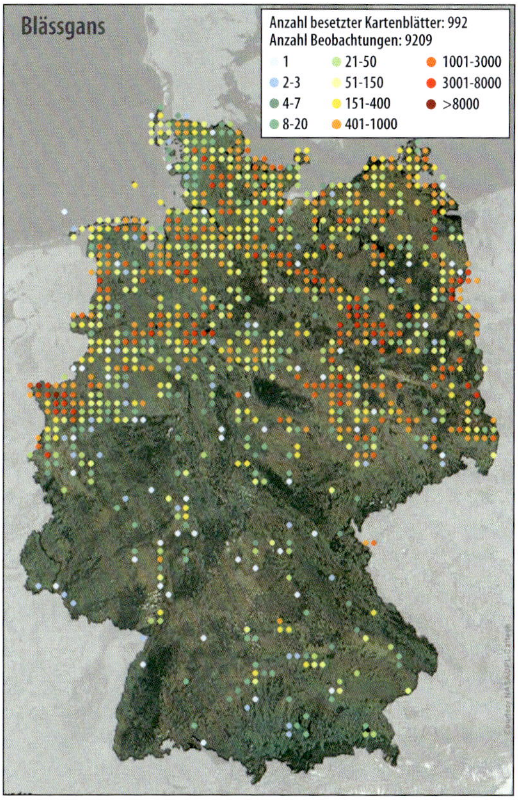

Die Karten zeigen die Winterverbreitung und zahlenmäßige Häufigkeit von Singschwan (s. auch Foto unten) und Blässgans im Winter 2019/20 auf der Basis der im Beobachterportal ornitho.de (s. S. 200) gemeldeten Daten. Zu beachten ist, dass es sich hierbei überwiegend um Zufallsbeobachtungen handelt und nicht um die Ergebnisse systematischer Zählungen (mehr dazu im Kapitel „Wintervogelbestände erfassen, dokumentieren, auswerten“ ab S. 195).

Schneeammer, Berghänfling, Ohrenlerche – unterschiedliche Strategien im selben Lebensraum

Schneeammern, Berghänflinge und Ohrenlerchen brüten in den Tundren im hohen Norden Skandinaviens und überwintern regelmäßig an der Nordseeküste. Warum verbringen sie den Winter ausgerechnet dort, in den Salzwiesen und am Spülsaum? Wie leben und überleben sie hier? Der Ornithologe Jochen Dierschke hat dazu sehr interessante Einzelheiten veröffentlicht (Dierschke 2018). Die drei genannten Vogelarten haben eines gemeinsam: Sie ernähren sich im Winter von Pflanzensamen. Solche oftmals sehr kleinen Samen sind massenhaft im Spülsaum des Wattenmeeres zu finden. Sie stammen von Pflanzenarten, die in den vorgelagerten Salzwiesen wachsen, wie Queller, Strandaster, Strandmelde und andere. Die Vögel bilden wenigstens zeitweise gemischte Schwärme. Gleichwohl bevorzugt jede Art einen unterschiedlichen Teillebensraum: Ohrenlerchen suchen ihre Nahrung überwiegend in den Spülsäumen am Deichfuß, Berghänflinge ernten die Samen dagegen am liebsten direkt von den in der Salzwiese wachsenden Pflanzen, besonders schätzen sie die Samen des Quellers. Schneeammern sind eher Generalisten, die sowohl die Spülsäume am Deich absuchen als auch vor allem den Spülsaum am Sandstrand direkt am Wasser. Die bevorzugten Samen bieten im Vergleich zu anderen, seltener aufgenommenen Samen viele Vorteile: Sie haben einen recht hohen Energiegehalt, sind klein und weichschalig und daher ohne großen Aufwand zu konsumieren. Sie haben also ein besonders günstiges „Preis-Leistungs-Verhältnis“. Dieses Angebot erklärt, warum die Vögel sich in diesem doch sehr speziellen Lebensraum aufhalten.

An der Nordseeküste überwinternde Schneeammern sind Nomaden, Ohrenlerchen (Foto S. 29) verhalten sich standorttreu.

Hinsichtlich der Raumnutzung verfolgen sie allerdings von Art zu Art unterschiedliche Strategien – von hoher Ortstreue bis zu nomadisierender Lebensweise. Eine hohe Ortstreue hat den Vorteil, dass ein Vogel oder ein Vogeltrupp sein Aufenthaltsgebiet gut kennt, schnell die besten Stellen zur Nahrungssuche findet und so gut durch den Winter kommt. Ortstreue setzt allerdings ein den ganzen Winter über ausreichendes und über verschiedene Winter verlässliches Nahrungsangebot voraus. Ein Umherstreifen hat dagegen den Vorteil, dass immer die Chance besteht, ein Gebiet mit noch besseren Nahrungsressourcen zu finden. Gleichzeitig ermöglicht diese Strategie, lückenhaft vorhandene Lebensräume optimal zu nutzen.

Welche Strategie verfolgen nun Schneeammer, Berghänfling und Ohrenlerche? Anhand von Beringungen fanden Dierschke und sein Team heraus, dass Ohrenlerchen innerhalb eines für das menschliche Empfinden einheitlich aussehenden Großgebietes nur einen recht eng begrenzten Bereich des Spülsaumes (im Mittel etwas über zwei Kilometer Länge) nutzen. In diesen Bereich kehren sie auch in den folgenden Wintern immer wieder zurück, sie sind also sehr ortstreu. Schneeammern dagegen patrouillieren in einem wesentlich größeren Bereich und konnten innerhalb weniger Stunden in bis zu zehn Kilometer auseinanderliegenden Gebieten festgestellt werden. Nur selten kehren sie in den Folgewintern wieder an diesen Ort im Wattenmeer zurück. Der Berghänfling nimmt eine Mittelstellung ein: Die meisten Vögel suchen jeden Winter ihr letztjähriges Überwinterungsgebiet wieder auf, es gibt jedoch auch Vögel, die im nächsten Winter in mehreren Hundert Kilometern Entfernung angetroffen werden. Auch innerhalb des Überwinterungsgebietes können Berghänflinge sehr mobil sein.

Was sind die Gründe für die unterschiedlichen Strategien der drei Vogelarten? Ohrenlerchen finden offensichtlich in den Spülsäumen ein für die Überwinterung ausreichendes und verlässliches Nahrungsangebot vor. Sie tun also gut daran, an solchen Plätzen zu verbleiben und sie auch im nächsten Winter wieder aufzusuchen. Vom Berghänfling gibt es sowohl ortstreue als auch nomadisierende Individuen. Größere Quellerbestände, wie sie Berghänflinge bevorzugen, sind im Wattenmeer zwar weit verbreitet, allerdings kommen sie innerhalb eines Gebietes wohl nicht in einer Menge vor, die für die gesamte Überwinterungszeit für alle Individuen ausreichend ist. Um ihren Nahrungsbedarf zu decken, müssen die Vögel also ein größeres Einzugsgebiet nutzen. Die Schneeammer lebt vermutlich überwiegend nomadisch. Insbesondere an den Sandstränden werden immer wieder Samen vom Sand zugedeckt und an anderen Stellen entstehen neue Sandrippel mit Samenansammlungen. In einem so dynamischen Lebensraum erscheint eine nomadisierende Lebensweise sinnvoll.

Auch viele Kleinvögel verbringen den Winter in Mitteleuropa. Teilweise handelt es sich um nordische Artgenossen bei uns brütender Vogelarten: Hierzu zählen **Buchfinken**, **Amseln**, **Wacholderdrosseln**, **Rotkehlchen**, **Blaumeisen**, **Tannenmeisen**, **Erlenzeisige**, auch **Saatkrähen** und **Dohlen** aus Osteuropa und andere mehr. Wenn wir also im Winter ein Rotkehlchen oder eine Blaumeise sehen, können wir nicht sicher sein, ob wir einen hiesigen Brutvogel oder einen nordischen Wintergast vor uns haben. Andere Vogelarten sind nur im Winter bei uns zu beobachten, etwa **Bergfinken**, **Rotdrosseln** oder die hübschen **Seidenschwänze**. Letztere fliegen in jährlich stark wechselnder Anzahl bei uns ein: In manchen Jahren fehlen sie fast ganz, in anderen kommt es zu regelrechten Invasionen (s. S. 54). Die Ursache für solche Invasionen ist vermutlich ein ungewöhnlich starker Mangel an geeigneter Nahrung in den nördlicher gelegenen Überwinterungsgebieten, oft in Kombination mit einem überdurchschnittlich guten Bruterfolg im Vorjahr, der die Zahl der Individuen stark ansteigen lässt. (Zu) wenig Nahrung für (zu) viele Vögel zwingt diese zu massenhaftem Auswandern. Solche Invasionen kennt man auch von anderen Vogelarten wie der sibirischen Unterart des **Tannenhähers**. Dann kann man diesen Vögeln selbst im norddeutschen Flachland begegnen, denn die hiesigen Tannenhäher leben nur in den Mittelgebirgen und den Alpen. Auch **Eichelhäher**, **Bergfinken**, **Taigabirkenzeisige**, **Tannenmeisen**, **Fichten**- und **Kiefernkreuzschnäbel** und einige andere treten mitunter invasionsartig auf, jährlich stark schwankende Zahlen sind bei vielen Arten allerdings normal.

Der nordische Seidenschwanz fliegt in manchen Jahren invasionsartig in großer Zahl nach Mitteleuropa ein, in anderen fehlt er fast völlig.

Diese und andere Arten streifen innerhalb Mitteleuropas weit umher und finden sich jeweils dort in großer Zahl ein, wo gerade ein günstiges Nahrungsangebot herrscht. Andere Vögel verfolgen eine andere Strategie: Bei der **Wasseramsel** etwa beziehen viele Individuen – kenntlich durch farbige Ringe, die Forscher ihnen anlegten – jeden Winter denselben Bachabschnitt und sitzen auf demselben Lieblingsstein im Wasser. Artgenossen duldet die Wasseramsel nicht in ihrem Winterterritorium. Auch **Rotkehlchen** besetzen und verteidigen individuelle Winterreviere, denen sie vermutlich ebenfalls Jahr für Jahr treu bleiben – anders als bei den farbig markierten Wasseramseln ist das bei diesen Vögeln allerdings bislang nicht so ganz genau geklärt.

Was ruft und singt denn da im Winter?

Wer zur Winterzeit im Wald oder Park spazieren geht, wird kein lautstarkes, vielstimmiges Vogelkonzert erwarten können wie im Frühjahr. Denn nicht wenige der gefiederten Sänger weilen noch fern im Süden, und die, die hierbleiben oder ungewöhnlich früh zurückkehren (s. ab S. 178), beginnen in der Regel auch erst dann mit intensivem Gesang, wenn die zunehmende Tageslänge ihnen die nahende Balz- und Brutzeit anzeigt und Wachstum und Aktivität der Geschlechtsdrüsen anregt. Nur

Rufe, Gesänge, Instrumentallaute – die Lautäußerungen der Vögel

Vögel verfügen über ein breites Repertoire verschiedener Lautäußerungen mit unterschiedlicher Funktion. Grundsätzlich unterscheidet man Rufe und Gesänge. Rufe werden in bestimmten Situationen geäußert, zum Beispiel als Warnrufe oder sogenannte Stimmfühlungslaute, mit denen die Vögel untereinander Kontakt halten. Es gibt spezielle Rufe, mit denen sich Brutpartner begrüßen oder zur Paarung auffordern, Drohlaute in unterschiedlicher Intensität, Angstschreie und verschiedene Laute zur Verständigung zwischen Jungvögeln und ihren Eltern, um nur die wichtigsten zu nennen.

In der Regel komplexer aufgebaut als die meist einfach strukturierten Rufe sind Gesänge. Sie haben im Wesentlichen zwei Funktionen: Sie dienen der Revierverteidigung und dem Anlocken von Weibchen. Mitunter gibt es hierfür unterschiedliche Ausprägungen: Werbegesang und Aggressionsgesang. Gesänge sind in der Regel nur von den Männchen zur Brutzeit zu hören, bei manchen Arten auch zur akustischen Markierung von Winterrevieren (s. S. 32). Außerhalb der Brutzeit singen bei einzelnen Arten auch die Weibchen, häufig weniger gut und intensiv als ihre männlichen Artgenossen. Einfach aufgebaute Gesänge, die mehr einer Aneinanderreihung von Rufen ähneln, bezeichnet man als „Rufgesänge", zum Beispiel beim **Kuckuck** oder bei der **Bachstelze**.

Gesänge sind nicht allein Singvögeln vorbehalten: Auch das Gurren einer Taube oder das Heulen des **Waldkauzes** sind im wissenschaftlichen Sinne als Gesänge zu werten. Manche Schnepfenvögel wie der **Brachvogel** verfügen sogar über sehr melodische Gesänge. Das gilt auch für viele Singvögel wie die **Amsel** – aber beileibe nicht für alle: **Elstern** oder **Spatzen** etwa sind aus menschlicher Sicht keine begnadeten Sänger, zählen aufgrund bestimmter anatomischer Merkmale des vogelspezifischen Stimmapparates, der Syrinx, aber dennoch zur Gruppe der Singvögel. Die Unterscheidung zwischen Singvogel und Nichtsingvogel, diesen beiden großen Gruppen innerhalb der Klasse der Vögel, wird also nicht anhand der Gesänge, sondern aufgrund anatomischer Besonderheiten vorgenommen.

Neben den Stimmlauten gibt es bei einigen Arten auch noch sogenannte Instrumentallaute, etwa das Trommeln des **Buntspechts** oder das Flügelklatschen einer **Ringeltaube** bei der Balz.

in Städten, wo ständige Beleuchtung durch Straßenlaternen, Leuchtreklame, angestrahlte Fassaden oder andere Lichtquellen den Rhythmus der Vögel durcheinander bringt, singen **Amseln**, **Kohlmeisen**, auch überwinternde **Misteldrosseln** und **Ringeltauben**, mitunter schon im Dezember oder Januar. Nicht milde Temperaturen lösen Gesang aus, sondern die permanente Helligkeit. Doch keine Regel ohne Ausnahmen: Manche Vogelarten singen tatsächlich auch in den Wintermonaten, solche nämlich, die Winterreviere besetzen und diese mit Gesang gegen Artgenossen verteidigen. Im Wald, Park oder Garten sind dies vor allem das **Rotkehlchen**, bei dem außerhalb der Brutzeit auch die Weibchen singen, und der **Zaunkönig**. An schnellfließenden Bächen markieren **Wasseramseln** (die mit unseren „normalen“ Amseln nicht näher verwandt sind) bestimmte Bachabschnitte ebenfalls mit Gesang als ihre Winterreviere (s. S. 139). In diesen Fällen dienen die Wintergesänge allein der Revieranzeige, nicht der Partnerwerbung. Sie werden in der Regel nur sporadisch und wesentlich weniger intensiv vorgetragen als zu Beginn der Brutzeit im Frühjahr.

Die Kohlmeise singt bereits an milden Wintertagen.

Doch auch wenn kein Vogelgesang zu hören ist: Wirklich still ist es in der Natur selten. Denn Vögel verständigen sich untereinander mit verschiedenen Rufen, mit denen sie beispielsweise im Schwarm oder Trupp untereinander Kontakt halten oder sich gegenseitig vor Gefahren durch Feinde wie Fuchs oder Habicht warnen. Solche Rufe sind im Vergleich zu den meisten Gesängen viel einfacher aufgebaut und oft nicht so leicht und eindeutig einer bestimmten Vogelart zuzuordnen wie das bei den Gesängen der Fall ist. Wenn es also im Gezweig irgendwo wispert, piepst oder zirpt und man die Urheber nicht sieht, ist es oft gar nicht so einfach und manchmal unmöglich, zu entscheiden, ob es sich nun um eine **Kohlmeise**, eine **Blaumeise**, eine **Tannenmeise** oder gar um ein **Wintergoldhähnchen** oder einen **Kleiber** handelt – erst recht nicht, wenn diese sich zu einem gemischten Trupp aus verschiedenen Arten zusammengefunden haben. Da muss man dann versuchen, die Rufer zu entdecken und optisch zu identifizieren – was ohne Fernglas auch nicht immer gelingt, wenn diese sich hoch oben in einer Baumkrone bewegen oder im Fichtendickicht verborgen bleiben. Oft hilft es, solange zu warten, bis sich die Vögel durch andere Laute, die besser einer bestimmten Art zuzuordnen sind, zu erkennen geben. Wesentlich leichter hat man es in der offenen Landschaft: Quorrende **Saatkrähen** in der Feldmark oder schnatternde Wildgänse sind oft schon von weitem zu sehen. Da unterschiedliche Landschaftstypen unterschiedliche Wintergäste beherbergen, hat auch jede Landschaft ihre charakteristische Klangkulisse – die im Winter allerdings oft deutlich weniger nuancenreich ausgeprägt ist als im Sommerhalbjahr. Auch unterscheiden sich die Klangkulissen vieler Lebensräume in Abhängigkeit von den Jahreszeiten: Auf weitläufigem Grünland etwa sind im Spätherbst und Winter die Rufe verschiedener Wildgänse und Schwäne kennzeichnend, im Frühjahr die Rufe und Gesänge von **Kiebitz** und **Feldlerche**.

Hat der Winter erst seinen Zenit überschritten, sind an milden Tagen – selbst bei Schneelage – auch von anderen Wintervögeln zumindest zarte Ansätze von Gesang zu hören: In Wald, Park und Garten sind dies etwa die zwei- oder dreisilbigen, metallisch klingenden Strophen der **Kohlmeise**, das zarte Trillern der **Blaumeise** oder die temperamentvollen Pfeifstrophen des **Kleibers**. Auch das Trommeln der **Spechte**, das in seiner Funktion dem Gesang entspricht, oder die nächtlichen Gesänge der **Eulen** kündigen das nahe Frühjahr an. Ab Mitte Februar setzt die Gesangsaktivität von **Amseln**, **Misteldrosseln**, **Grünfinken**, **Buchfinken** und **Heckenbraunellen** ein. Sobald die ersten Zugvögel zu uns zurückkehren (s. ab S. 178), stimmen immer mehr Vogelarten in das zunächst zögerlich, bald aber unaufhaltsam anschwellende Konzert ein.

Verräterische Spuren

Vögel, die man nicht sieht, verraten sich nicht nur durch Rufe und Gesänge. Viele hinterlassen auch charakteristische Spuren und Zeichen, an denen man ihre Anwesenheit erkennen kann. Dies können Trittsiegel am Strand oder Flussufer sein, Spuren im Schnee, Schnabelmarken und Löcher an Bäumen, Losung, Gewölle und andere Speiballen, Rupfungen und nicht zuletzt einzelne Federn. Manchmal kann man sogar Rückschlüsse auf bestimmtes Verhalten oder Interaktionen ziehen. Findet man beispielsweise an einer Stelle einen Haufen Federn, wird es sich höchstwahrscheinlich um eine sogenannte Rupfung handeln: Ein Greifvogel, ein Fuchs oder ein Marder hat hier einen Vogel geschlagen und ihm die Federn entfernt, bevor er ihn verspeist hat. Die Federn zeigen nicht nur, wer hier zur Mahlzeit wurde, sondern auch, ob ein gefiederter oder ein vierbeiniger Beutegreifer zugeschlagen hat. Sind die Federkiele intakt, wurden sie von einem Greifvogel ausgerissen. Sind sie hingegen

Typisches Bild einer Rupfung: Hier hat ein Habicht oder Uhu eine Sumpfohreule erbeutet.

Ein Austernfischer stochert im Watt nach Nahrung.

Zurück bleiben entsprechende Spuren.

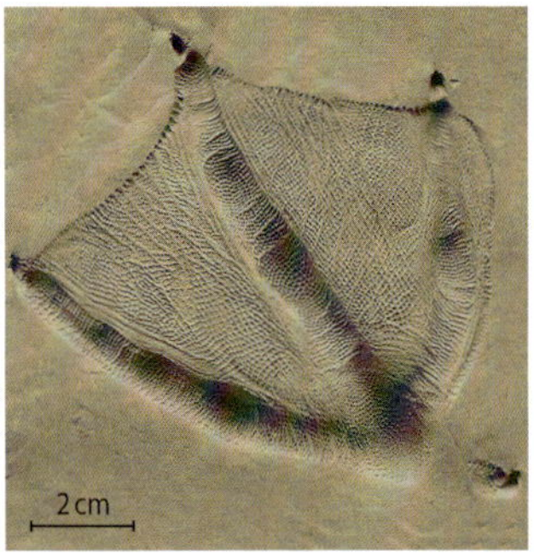

Beim Fußabdruck einer Graugans erkennt man deutlich die breiten Schwimmhäute.

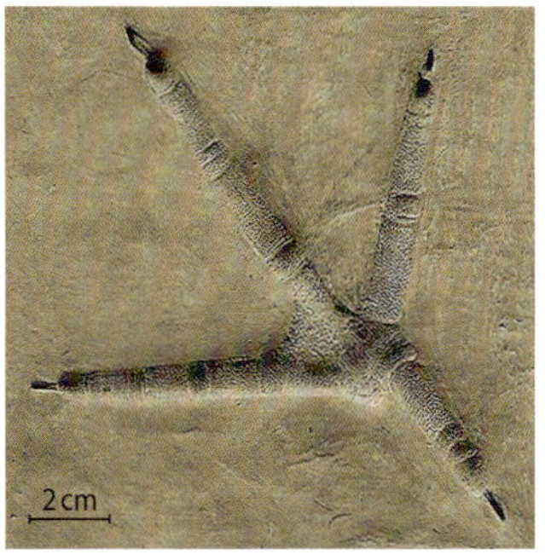

Beim Graureiher ist die Hinterzehe etwas versetzt. Auch eine winzige Schwimmhaut ist erkennbar.

Die Gewölle des Waldkauzes enthalten unverdaute Knochen und Chitinreste von Insekten.

Hier hat ein Buntspecht einen Kiefernzapfen in seiner Spechtschmiede eingeklemmt und bearbeitet.

Gewaltige Hacklöcher in einer Fichte und ein Haufen grober Späne zeugen von der Aktivität des Schwarzspechts.

Die von einem Greifvogel ausgerupfte Feder (li.) zeigt eine intakte Federspule, die abgebissene Spule der rechten Feder weist auf einen Fuchs als Verursacher hin.

Jahreszeitlich wechselnde Federkleider

Vögel wechseln regelmäßig ihr Federkleid, sie mausern ihr Gefieder. Zeitpunkt und Umfang der Mauser – Vollmauser oder Teilmauser – sind bei unterschiedlichen Vogelarten durchaus verschieden. Manche Zugvögel wechseln Teile ihres Gefieders während des Winters – allerdings im warmen Winterquartier. Für Vögel, die den Winter in unseren Breiten verbringen, wäre das keine gute Idee: Gefiederwechsel kostet viel Energie und diese wird benötigt, um den Stoffwechsel anzukurbeln und die „Betriebstemperatur" aufrechtzuerhalten (ab S. 18). Ein zusätzlicher Energieverbrauch wäre für den Vogel daher nicht oder nur sehr schwer zu verkraften. Um kalte, nasse Perioden unbeschadet zu überstehen und Wärmeverluste möglichst gering zu halten, ist zudem ein intaktes, gut isolierendes Federkleid unabdingbar. Alltägliche Beanspruchungen durch das Fliegen, die Gefiederpflege und erst recht durch innerartliche Revierkämpfe, das Brutgeschäft, überstandene Angriffe von Beutegreifern und anderes mehr führen dazu, dass Federn sich abnutzen, beschädigt werden oder ganz ausfallen. Die herbstliche Mauser dient also auch dazu, das Gefieder und damit den Vogel „winterfest" zu machen. Anders als viele Säugetiere, die im Herbst ein im Vergleich zum Sommerfell dichteres, längeres und somit wärmeres Winterfell bekommen, legen Vögel in aller Regel kein entsprechendes flauschiges „Wintergefieder" an. Doch keine Regel ohne Ausnahme: Bei **Alpenschneehühnern**, die in den Hochlagen der Alpen wie auch in den subarktischen Bergtundren Skandinaviens leben, wo die Winter lang und hart sind, ist dies tatsächlich der Fall.

Nicht ungewöhnlich ist allerdings in vielen Fällen ein verändertes farbliches Aussehen von Vögeln nach der Mauser: Die erwähnten Schneehühner etwa sind im Winter weiß und im Sommer graubraun gefärbt, mit Übergängen im Frühjahr und Herbst, bedingt durch jeweils eine zusätzliche Teilmauser. So sind sie am Boden zu jeder Jahreszeit perfekt getarnt. Solche Übergangskleider findet man in dieser Form fast nur bei den Schneehühnern (und Eisenten).

Manche Vögel, insbesondere die Männchen, sind im Winter wesentlich schlichter gefärbt als im oft farbenprächtigen Balzkleid, das die Weibchen beeindrucken soll. Man spricht daher auch von Schlichtkleid und Prachtkleid. Bei Enten wiederum mausern die Erpel bereits ab dem Frühherbst in das Prachtkleid, das sie bis zur Mitte des nächsten Jahres tragen, also auch im Winter. Das unterschiedliche Aussehen kann auf verschiedene Weise bedingt sein: So entwickelt sich das Prachtkleid der Erpel dadurch, dass die während der Mauser nachwachsenden Federn ein anderes Farbmuster (oder überhaupt ein Farbmuster) aufweisen als die ausgefallenen Federn. Bei vielen anderen Arten, etwa bei männlichen **Haussperlingen**

Das Alpenschneehuhn ist durch unterschiedliche Gefiederkleider zu jeder Jahreszeit perfekt getarnt.

und **Bergfinken**, werden die im Sommer tiefschwarzen Gefiederpartien zunächst durch helle Federsäume verdeckt. Erst durch Abnutzung oder durch das Abbrechen dieser Säume treten die satten Farben des Brutkleides hervor. **Stare** weisen in beiden Geschlechtern nach der frühherbstlichen Mauser ein auffallendes, cremefarbenes Fleckenmuster auf. Diese perlartigen Flecken sind nichts anderes als helle Federspitzen, die zum Frühjahr hin abbrechen und – besonders beim Männchen – den metallischen Gefiederglanz zur Geltung kommen lassen: der „Perlstar" wird zum „Glanzstar". Bei wiederum anderen Vogelarten unterscheiden sich die

Frisch vermauserte Stare (rechts) zeigen helle Flecken auf den Federspitzen, die zum Frühjahr hin abbrechen oder sich abnutzen und den Gefiederglanz hervortreten lassen.

Gefiederkleider farblich entweder gar nicht (z. B. Meisen, Krähen, Greifvögel) oder nur in Nuancen. Kompliziert wird es bei den Großmöwen, die erst im vierten Jahr ins Adultkleid, also in das Federkleid der Erwachsenen, mausern. Bis dahin haben sie verschiedene Jugend- und Übergangskleider.

Die Fotos auf dieser Doppelseite zeigen die Unterschiede zwischen Winter- und Sommerkleid für ausgewählte Vogelarten sowie die verschiedenen Winterkleider der **Silbermöwe** als einer typischen Vertreterin der „Vierjahresmöwen" haben zum Vergleich das sommerliche Prachtkleid des erwachsenen Vogels.

1. Winter

2. Winter

3. Winter

Die Bestimmung von Großmöwen in den verschiedenen Alterskleidern ist eine Wissenschaft für sich ...

adult Schlichtkleid

adult Prachtkleid

Die den Artporträts der charakteristischen Vogelarten unterschiedlicher Lebensräume zugeordneten Fotos zeigen, soweit vorhanden, stets die Winterkleider.

Lebensräume und ihre Wintervogelwelt

Unterschiedliche Lebensräume – unterschiedliche Vogelarten

Das Buch stellt sechs große Lebensräume vor, die jeweils unterschiedlich untergliedert sind. Für jeden Lebensraum werden charakteristische Vogelarten vorgestellt. Zu beachten ist dabei, dass viele Vögel gerade im Winter, wenn die meisten von ihnen nicht an feste Reviere gebunden sind, umherstreifen und in verschiedenen Lebensräumen angetroffen werden können. So kommen etwa viele Vogelarten, denen wir im Garten oder Park begegnen können, auch im Wald vor. Es ist jedoch wenig sinnvoll, sie entsprechend in mehreren Lebensräumen vorzustellen. Die einzelnen Vogelarten wurden daher willkürlich einem (Teil-)Lebensraum zugeordnet, in der Regel dem, in dem sie im Winter am besten oder am regelmäßigsten zu beobachten sind. Eine Übersichtstabelle (ab S. 222) liefert Informationen darüber, wo welche Arten zu finden sind. Ebenso werden in den jeweiligen Einleitungen der Lebensraumkapitel neben den dort behandelten typischen Vogelarten beispielhaft auch solche genannt, die dort ebenfalls regelmäßig zu beobachten sind, aber in einem anderen Lebensraum vorgestellt werden. Die Artenzusammenstellung erfolgte teilweise – soweit hinsichtlich der Lebensraumansprüche vertretbar – auch unter dem Aspekt, innerhalb von Artengruppen (Spechte, Eulen, Möwen, Raufußhühner, Enten, Gänse, Drosseln) die Arten direkt vergleichen zu können.

Bei manchen Arten unterscheiden sich die bevorzugten Sommer- und Winterhabitate recht deutlich: So brüten beispielsweise **Erlenzeisige** im Fichtenwald, sind im Winter aber an Erlen- und Birkenbeständen zu finden und kommen auch in unsere Gärten, um sich am angebotenen Futterknödel zu verköstigen.

Eine grundsätzliche Schwierigkeit in der Darstellung der Lebensräume und der Zuordnung der Vogelarten besteht darin, dass viele Vögel ein eng verzahntes Lebensraummosaik oder ganz bestimmte Strukturen bevorzugen: **Stockenten** und **Teichhühner** etwa leben auf Parkteichen mitten in der Stadt, andere Wasservögel lieben breite Gräben inmitten von ausgedehntem Grünland, wurden aber gesammelt dem Lebensraumtyp „Binnengewässer“ zugeordnet. **Gänse** und **Kraniche** wiederum benötigen sichere Schlafgewässer, suchen ihre Nahrung aber auf Wiesen und Äckern in der Umgebung – sie wurden dem Lebensraumtyp „Feld und Flur" zugeordnet. Und die schon erwähnten **Erlenzeisige** sind häufig an Bächen und Flüssen zu finden. Dabei sind sie auf die Fließgewässer direkt überhaupt nicht angewiesen, wohl aber auf die samentragenden Bäume, die an deren Ufern wachsen. Und wer an der Nordseeküste auf dem Hochwasserschutzdeich steht, blickt häufig in die eine Richtung auf Watt oder Wasser, binnendeichs aber auf ausgedehnte Schafweiden, also intensiv genutztes Grünland. Wo also soll man Watvögel wie den **Austernfischer** einordnen, die im Watt Nahrung suchen, bei Hochwasser aber auf dem Grünland hinter dem Deich rasten? Oder die an der Nordseeküste überwinternden **Ringel**- und **Weißwangengänse**, die auf dem Grünland äsen und im Watt oder auf dem Meer ruhen? Beide Lebensraumtypen sind in ihrer jeweiligen Funktion unerlässlich. Dennoch wurden die ausgedehnten Seemarschen, also das Intensivgrünland im Hinterland der Meeresküsten, dem Lebensraum „Feld und Flur", also der Agrarlandschaft, zugeordnet und nicht dem Lebensraum „Meer und Strand". Daher musste auch hier hinsichtlich der Zuordnung der vorzustellenden Vogelarten eine willkürliche Entscheidung für einen dieser Lebensräume getroffen werden. Entsprechende Schwierigkeiten ergaben sich auch in anderen Fällen. Vögel sind nun mal lebendige, mobile Wesen, die sich nicht in ein starres Schema pressen lassen. Details zu notwendigen oder bevorzugten Lebensraumstrukturen und vieles mehr finden sich bei der Beschreibung der jeweiligen Vögel.

Die Lebensraumkapitel stellen zunächst die jeweiligen Lebensräume und ihre typische Wintervogelwelt in Fließtexten vor. Für die meisten Vogelarten werden schlaglichtartig subjektiv ausgewählte, interessante Details zu Vorkommen, Lebensweise etc. beschrieben, die zu intensiverer Beobachtung anregen sollen. Für umfassendere Informationen, die den vorgesehenen Umfang des Buches gesprengt hätten, sei auf weiterführende Literatur (s. Literaturverzeichnis ab S. 228) verwiesen. Kurze Artensteckbriefe (s. dazu auch Erläuterungen auf S. 12) liefern stichwortartig zusammenfassende Angaben zu Größe, Bestimmungsmerkmalen, Stimme, Verhalten, Nahrung, Status und Besonderheiten. Die Fotos zeigen alle Vögel in dem Gefiederkleid, in dem sie im Winter für gewöhnlich zu sehen sind.

Wintervögel in Stadt und Dorf

Gärten, Parks, Grünanlagen

Kohlmeise, Blaumeise, Schwanzmeise, Kleiber, Amsel, Rotkehlchen, Heckenbraunelle, Gimpel, Kernbeißer, Buchfink, Grünfink, Erlenzeisig, Zaunkönig, Seidenschwanz, Halsbandsittich, Elster, Sperber, Ringeltaube, Türkentaube

Innenstadt / dichte Wohnbebauung / Brachflächen

Straßentaube, Haussperling, Haubenlerche

Weitere mögliche Arten (Auswahl):

Sumpfmeise, Tannenmeise, Gartenbaumläufer, Wintergoldhähnchen, Bergfink, Eichelhäher, Buntspecht, Grünspecht, Waldkauz, Waldohreule (s. Lebensraum „Wald und Forst")

Wacholderdrossel, Rotdrossel, Misteldrossel, Rabenkrähe, Nebelkrähe, Saatkrähe, Dohle, Feldsperling, Birkenzeisig, Stieglitz, Goldammer, Star, Turmfalke (s. Lebensraum „Feld und Flur")

Lachmöwe (s. Lebensraum „Meer und Strand")

Im Winter sind Städte und Dörfer ein guter Ort, um Vögel zu beobachten. Zu den Arten, die dort brüten und als Standvögel das ganze Jahr hier verbringen, gesellen sich auch solche, die man im Sommerhalbjahr normalerweise nicht sieht und die als Wintergäste aus dem Norden oder Osten Europas zu uns kommen. Viele Vögel zieht es zu dieser Jahreszeit in den Siedlungsraum, auch aus dem näheren oder weiteren Umland. Sie profitieren zum einen von oft intensiver Winterfütterung (s. ab S. 202), zum anderen durch ein im Vergleich zur freien Landschaft oft deutlich milderes Kleinklima in Dörfern und ganz besonders in Städten. Dort ist es im Winter durch die Wärmeabstrahlung und die Windschutzfunktion der Gebäude stets um einige Grade wärmer als außerhalb des geschlossenen Siedlungsraumes.

Städte und Dörfer, allgemein auch als Siedlungsraum bezeichnet, sind sehr stark vom Menschen geprägt. **Gärten, Kleingärten, Parks, Grünanlagen** und **Waldfriedhöfe** bieten vor allem Vogelarten, die ursprünglich in lichten, unterholzreichen Wäldern zu Hause sind, einen passenden Ersatzlebensraum. Besonders wichtig sind dichte Hecken und Gebüsche als Schutz vor Kälte, Schnee und Wind. Auch bieten die hier oft zahlreich aufgehängten Nistkästen im Winter geschützte Übernachtungsmöglichkeiten, vor allem für die Höhlenbrüter unter ihnen.

Kohlmeise *Parus major* 14 cm

Kennzeichen: Unverkennbar durch schwarz-weißen Kopf und gelbe Unterseite mit schwarzem Bauchstreifen, der beim Männchen deutlich breiter ist als beim Weibchen.

Stimme: Vielfältige Rufe, z. B. „zi pink“, „pink zui“ „dädädädä“, auch zeternd „zrrrettetett“. An milden Spätwintertagen ist bereits Gesang zu hören, bestehend aus wechselnden, jeweils vielfach wiederholten zweisilbigen oder dreisilbigen Motiven mit metallischer Klangfärbung.

Nahrung: Fettfutter, Sämereien, Insekten, Larven, Spinnen. Häufiger Gast an Futterstellen.

Verhalten: Im Winter oft in kleinen reinartigen Trupps oder in gemischten Schwärmen mit anderen Meisenarten, auch mit anderen Vogelarten.

Status: Jahresvogel

Besonderes: Die Kohlmeise ist die größte und häufigste heimische Meisenart.

Blaumeise *Cyanistes caeruleus* 11,5 cm

Kennzeichen: Durch blaue Kopfplatte und Flügel im Kontrast zu gelber Unterseite unverwechselbar. Geschlechter nicht leicht zu unterscheiden, Kopfplatte wirkt beim Männchen leuchtender, für die Vögel selbst ultraviolett leuchtend.

Stimme: Vielfältige, häufig hell klingelnde Rufe, z. B. „zjidididi", „itzizit", „pitzizä", ärgerlich „tjerr err err" oder ähnlich Kohlmeise zeternd, aber etwas weicher klingend „zrrätätett". Beginnt bereits an milden Spätwintertagen zu singen, variable Motive, meist mit feinem, „silbrigem" Endtriller, etwa „zi zi zihihihihiii"

Nahrung: Fettfutter, Sämereien, Insekten, Larven, Spinnen. Häufiger Gast an Futterstellen.

Verhalten: wie Kohlmeise

Status: Jahresvogel, Jungvögel teilweise über weitere Strecken abwandernd, Zuzügler aus nördlichen und nordöstlichen Populationen in jährlich stark wechselnder Anzahl, mitunter Invasionen.

Besonderes: Die Blaumeise hängt oft mit dem Rücken nach unten in feinem Gezweig.

Schwanzmeise *Aegithalos caudatus* 13–15 cm

Kennzeichen: Puschelig wirkendes Federbällchen mit überlangem Schwanz („Pfannenstielchen"). Vögel nordischer Herkunft unterseits heller und mit rein weißem Kopf. Von der Größe des Vogels entfallen zwei Drittel auf den Schwanz.

Stimme: Hoch und fein, wiederholtes „tsi si si", häufig bei Ortswechsel. Schnurrend „tserr" und etwas schmatzend kurz „pt" oder „tk"

Nahrung: Kleine Insekten, Larven, Spinnen, Fettfutter. Besucht regelmäßig Futterstellen.

Verhalten: Sehr gesellig, tritt fast stets in Trupps auf. Bewegt sich bei der Nahrungssuche äußerst geschickt und akrobatisch.

Status: Jahresvogel, Zuzügler aus Skandinavien und möglicherweise Nordosteuropa in jährlich wechselnder Anzahl.

Besonderes: Schwanzmeisen zeigen sich Menschen gegenüber oft wenig scheu.

Sicherlich allgemein bekannt sind Meisen, insbesondere als regelmäßige Besucher von Futterstellen. Sehr häufig zu beobachten sind die **Kohlmeise** und die etwas kleinere **Blaumeise**. Menschen gegenüber zeigen sie sich häufig sehr vertraut und kommen auf die Hand geflogen, um sich ein Futterbröckchen abzuholen oder sind sofort zur Stelle, wenn man das Futterhäuschen auffüllt oder neue Meisenknödel aufhängt. Manche der klugen Meisen scheinen ihre menschlichen Nachbarn regelrecht aufzufordern, Essensnachschub zu liefern, indem sie wiederholt und energisch mit dem Schnabel an die Fensterscheiben klopfen. Dieses Verhalten zeigen sie vor allem dann, wenn sie wissen, dass die Futtergaben stets zur selben Zeit erfolgen und der Futterspender sich aus irgendeinem Grunde verspätet. Dennoch fressen Meisen auch im Winter in sehr erheblichem Maße auch überwinternde Insekten und deren Larven. Insbesondere Blaumeisen picken diese geschickt aus hohlen, verholzten Staudenstängeln. Untereinander wie auch zwischenartlich verhalten sich Kohlmeisen und Blaumeisen mitunter sehr zänkisch. In den Trupps der **Schwanzmeise** ist hingegen so gut wie niemals aggressives Verhalten zu beobachten. Oft hängen sich gleich mehrere Vögel an einen Futterknödel und bilden ein regelrechtes „Knödelknäuel". Durch ständige hohe, feine und schnurrende Laute halten die Vögel eines Schwarms untereinander Kontakt. Trotz ihres Namens gehört die Schwanzmeise nicht zur Verwandtschaft der echten Meisen, sondern bildet eine eigene Vogelfamilie innerhalb der Singvögel. Namengebend ist der überlange Schwanz, der knapp zwei Drittel der gesamten Körperlänge ausmacht und der Schwanzmeise auch den volkstümlichen Namen „Pfannenstielchen" eintrug. Die meisten unserer Schwanzmeisen zeigen einen breiten, dunklen Längsstreifen an den Kopfseiten, doch wer genau hinschaut, wird unter ihnen vielleicht auch Vögel mit reinweißem Kopf und sehr heller Unterseite entdecken. Bei ihnen handelt es sich um eine Unterart, die in Nordosteuropa brütet und hier den Winter verbringt. Allerdings gibt es in Mitteleuropa auch Mischformen, die den nordöstlichen Artgenossen ähnlich sehen.

Eine sehr auffallende Erscheinung ist der **Kleiber**. Er wird auch Spechtmeise genannt, doch zählt er weder zu den Meisen noch zu den Spechten. Wie letztere sind die Kleiber hervorragende Baumkletterer, die sogar mit dem Kopf voran am Stamm herabklettern können – da muss selbst der geschickteste Specht passen. Mit ihrem starken, spitzen Schnabel stochern Kleiber in Rindenspalten nach verborgenen Insekten, hebeln Rindenstückchen ab oder hacken Haselnüsse auf. Am Futterhaus zeigen sie eine ausgesprochene Vorliebe für Sonnenblumenkerne. Wenn der Vogel satt ist, werden überschüssige Kerne sorgfältig versteckt (s. S. 24) – als Notration für schlechte Zeiten (die nie kommen werden, solange das Futterhäuschen stets gut gefüllt wird). Kleiber fallen nicht nur durch

Kleiber *Sitta europaea* 14 cm

Kennzeichen: Kontrastreiche Gefiederfärbung mit blaugrauer Oberseite und rostbeiger Unterseite unverkennbar. Beim Männchen hintere Flanken intensiv rotbraun gefärbt, beim Weibchen blasser. Auffallender, verlängerter schwarzer Augenstreif. Wirkt „halslos" mit großem Kopf und langem spitzen Schnabel.

Stimme: Ruft laut und auffallend, explosiv „twit twit twit twitwit...", auch zart und meisenähnlich „sit". Gesang ab Februar zu hören, laut pfeifend „tiü tiü tiü...", auch schnell trillernd „wiwiwiwiwiwi...".

Nahrung: Kleine Wirbellose, Nüsse, Samen, liebt Sonnenblumenkerne. Besucht regelmäßig Futterstellen.

Verhalten: Lebhaft und temperamentvoll, klettert ruckartig und energisch an Baumstämmen und Ästen.

Status: Jahresvogel

Besonderes: Der Kleiber kann im Gegensatz zu Spechten und Baumläufern kopfunter am Stamm klettern.

Amsel *Turdus merula* 25 cm

♂

♀

Kennzeichen: Adultes Männchen mattschwarz (Schwarzdrossel) mit gelbem Schnabel und gelbem Augenring, Weibchen und Jungvögel düster bräunlich.

Stimme: Warnend „dück dück dück", zeternd „dackderrigigi duckduck", Flugruf dünn „tsih". Der melodische volltönende Flötengesang ist meist ab Mitte Februar zu hören.

Nahrung: Würmer, Beeren, Fallobst, an Futterstellen auch Haferflocken.

Verhalten: Einzelne Männchen verteidigen oft eifersüchtig eine Futterquelle gegen Artgenossen und andere Drosseln.

Status: Teilzieher. Stadtamseln sind überwiegend Standvögel, Waldamseln ziehen nach Frankreich/Spanien, besonders Weibchen und junge (diesjährige) Vögel.

Besonderes: Der Amselbestand ist in den letzten Jahren durch eine Virus-Epidemie (Usutu) gebietsweise stark eingebrochen.

ihr lebhaftes Verhalten auf, sondern auch durch ihre durchdringenden, explosiven Rufe „twit twit twit...“. Ähnlich wie bei den Meisen ist ab dem Spätwinter auch Gesang zu hören (s. S. 31).

Zu den bekanntesten Vogelarten unserer Gärten, Parks und Grünanlagen gehört neben den Meisen sicherlich die **Amsel**. Sie wird wegen der mattschwarzen Gefiederfärbung der erwachsenen Männchen auch Schwarzdrossel genannt. Amseln sind typische Teilzieher: Ein Teil der Population überwintert in unseren Gefilden, ein anderer Teil zieht in den südwestlichen Mittelmeerraum. Das gilt vor allem für Weibchen und Jungvögel. Die tatsächlichen Verhältnisse scheinen allerdings recht komplex zu sein: Gegenwärtig dürfte bei uns der größte Teil der in Städten lebenden Amseln im Brutgebiet überwintern und zudem ein Teil der „Waldamseln“ im Herbst in die Stadt einwandern. Unterschiede im Anteil der Zugvögel unter den Amseln gibt es auch zwischen rein städtischen und dörflichen Populationen. Je nach Strenge des Winters variiert in einer solchen Teilzieherpopulation der jeweilige Anteil von Zug- und Standvögeln (s. S. 14). Neben unseren heimischen Amseln überwintern teilweise auch Artgenossen aus Skandinavien bei uns. Das gilt auch für das **Rotkehlchen**. Hier sind es sogar überwiegend nordische Vögel, die den Winterbestand ausmachen. Allerdings hat in den letzten Jahrzehnten die Anzahl der Überwinterer unter den hier brütenden Rotkehlchen stark zugenommen. Die Geschlechter sind weder optisch noch am Gesang voneinander zu unterscheiden. Denn außerhalb der Brutzeit singen auch die Weibchen und verteidigen ein eigenes Revier. Was in unseren Ohren wie liebliches, silberhell perlendes Gezwitscher klingt, ist also aus Vogelsicht eine

Rotkehlchen *Erithacus rubecula* 14 cm

Kennzeichen: Durch orangerote oder braunrote Färbung von Brust, Kehle und Gesicht unverkennbar, Geschlechter gleich gefärbt. Im Winter oft pummelig aufgeplustert (s. auch S. 19).

Stimme: Warnruf ein gereihtes „zickzickzick...“ („Schnickern“). Der Gesang, ein silberhelles Perlen, ist bei nicht allzu strengem Wetter auch im Winter häufig zu hören.

Nahrung: Insekten, Spinnen und andere Wirbellose, Beeren, auch Haferflocken.

Verhalten: Menschen gegenüber oft sehr vertraut, gegenüber Artgenossen aggressiv. In der Regel sieht man Rotkehlchen nur einzeln.

Status: Teilzieher. Viele nordeuropäische Rotkehlchen überwintern bei uns.

Besonderes: Rotkehlchen, auch die Weibchen, besetzen und verteidigen Winterreviere.

Kampfansage oder zumindest eine Drohung gegen Artgenossen. Rotkehlchen sind die einzigen Vögel, die nahezu den gesamten Winter über singen, wenngleich weniger eifrig als zur Brutzeit zwischen März und Juli (s. S. 31). Wegen ihres ausgeprägt territorialen Verhaltens sieht man Rotkehlchen am Futterplatz stets einzeln, wenn sie am Boden nach Haferflocken, Rosinen oder Bröckchen von herabgefallenem Fettfutter picken. Ihr spitzer Schnabel weist sie als Insektenfresser aus. Als solche sollten sie eigentlich in den wärmeren Süden fliegen, da es im Winter nur wenige Insekten gibt und deren Larven oft gut verborgen die kalte Jahreszeit überdauern. Ein Rotkehlchen benötigt also ein eigenes Revier, in dem es ungestört von futterneidischen Artgenossen genügend Insekten, Raupen, Spinnen und anderes Kleingetier finden kann, um den nahrungsarmen Winter zu überstehen. Auch Beeren werden gern genommen.

Die **Heckenbraunelle** ist ein unscheinbarer, scheuer Gast an der Winterfütterung – und ein recht seltener dazu: Die meisten Vögel verlassen Deutschland im Herbst Richtung Mittelmeerraum, vor allem im Nordwesten überwintert aber ein Teil von ihnen. Auf den ersten Blick könnte man die Heckenbraunelle mit einem Spatzenweibchen verwechseln. Von diesem unterscheidet sie sich durch eine blaugraue Färbung von Kopf und Brust sowie rötliche Augen, vor allem aber durch den schlanken, spitzen Schnabel, der die Heckenbraunelle als überwiegenden Insektenfresser ausweist. Vor allem im Winter stehen allerdings auch feine Sämereien auf ihrem Speisezettel, die unzerkleinert gefressen werden. Als Anpassung an den zeitweise hohen Anteil pflanzlicher Nahrung besitzt die Heckenbraunelle einen Kropf und einen muskulösen Magen, in dem sie mithilfe aufgepickter Steinchen die Samen zerquetschen kann – genau wie Finken oder Spatzen. Damit nimmt sie eine bemerkenswerte Zwischenstellung zwischen Insektenjäger und Körnerfresser ein.

Echte Körnerfresser, ganz besonders im Winter, sind die Finken. Einer der farblich auffallendsten Vertreter ist der **Gimpel**. Mit seiner leuchtend blutroten Brust und der markanten schwarzen Färbung des Oberkopfes bietet das Gimpelmännchen einen prächtigen Anblick – in einer verschneiten Tanne sitzend geradezu ein perfektes Motiv für eine Weihnachtskarte. Da diese Farbkomposition, gepaart mit einer recht korpulent wirkenden Gestalt, die Menschen früher an die Robe eines wohlbeleibten katholischen Domherrn erinnerte, bekam der Vogel den gebräuchlichen Zweitnamen „Dompfaff“. Regional ist er auch als „Blutfink“ bekannt. Die Weibchen sind mit ihrem graurötlichen Brustgefieder wesentlich schlichter gefärbt als die Männchen. Im Winterhalbjahr schließen sich die Vögel zu kleineren Trupps zusammen, sanfte „djü“-Pfiffe dienen dem Zusammenhalt. Im Englischen heißt der Gimpel „bullfinch“, eine Bezeichnung, die viel besser auf den **Kernbeißer** zutreffen würde:

Heckenbraunelle *Prunella modularis* 14,5 cm

Kennzeichen: Düster bräunlicher Gesamteindruck, blaugraue Färbung von Kopf und Brust, spitzer Schnabel, rötliche Augen, Geschlechter gleich gefärbt.

Stimme: Scharf klingende Rufe wie „siih“ oder „stiih“, aber wenig auffallend. Der eilig quietschende Gesang ist gebietsweise bereits ab Mitte Februar zu hören.

Nahrung: Insekten, Spinnen, Sämereien.

Verhalten: Im Winter schwer zu sehen, am Futterplatz scheu und „huschig“: Die Vögel huschen am Boden wie eine Maus schnell und stets fluchtbereit unter einem Busch hervor, picken hastig ein paar heruntergefallene Sämereien oder Fettkrümel auf und verschwinden eilig wieder in der Deckung. Singende Vögel sitzen gern frei auf der Spitze eines kleinen Nadelbaumes.

Status: Teilzieher. Die meisten bei uns brütenden Heckenbraunellen ziehen in den Mittelmeerraum, ein kleiner Teil überwintert. Der Winterbestand wird durch Zuzügler aus Nord- und Nordosteuropa ergänzt.

Besonderes: Heckenbraunellen sind vor allem im atlantischen Klimabereich verbreitet.

Gimpel *Pyrrhula pyrrhula* 16 cm

♀

♂

Kennzeichen: Unterseite beim Männchen leuchtend rot, beim Weibchen braunrötlich gefärbt.

Stimme: Kontaktrufe sanft pfeifend „djü“. Der Gesang besteht aus weichen Pfeiftönen, durchmischt mit knarrenden und knirschenden Lauten. Die Rufe der „Trompetergimpel“, die als Angehörige einer anderen Unterart als Wintergäste aus Nordosteuropa bei uns erscheinen, erinnern an eine Kindertrompete.

Nahrung: Sämereien, Knospen, Beeren.

Verhalten: Die Vögel treten im Winter meistens in kleinen Trupps auf.

Status: Jahresvogel und Überwinterer aus Nordosteuropa.

Besonderes: Der Gimpel wird auch Dompfaff genannt.

Diese größten heimischen Vertreter der Finkenfamilie (daher früher auch „Finkenkönig“ genannt) machen mit ihrer gedrungenen, auffallend kurzschwänzigen Gestalt, ihrem „Stiernacken“ und dem mächtigen Kegelschnabel einen wahrhaft bulligen Eindruck. Im Sommer leben Kernbeißer scheu und zurückgezogen in den Baumwipfeln, im Winter jedoch sieht man sie häufig am Boden nach Nahrung suchen. Sie besuchen regelmäßig auch Futterstellen. Vom **Buchfink**, im Sommer neben der Amsel die häufigste Brutvogelart Deutschlands, sind im Winter nahezu ausschließlich die Männchen zu sehen. Weibchen und Jungvögel überwintern überwiegend in Südfrankreich und Spanien. Daher gab der schwedische Naturforscher Carl von Linné, der 1758 als Erster allen damals bekannten Tier- und Pflanzenarten zweiteilige wissenschaftliche Namen zuordnete, dem Buchfinken den Namen *Fringilla coelebs*, der zölibatäre, ehelose Fink. „Strohwitwer“ wäre die passendere Bezeichnung, denn ab März, wenn die Weibchen zurückkehren, ist der ehelose Zustand beendet. Seinen deutschen Namen verdankt der Buchfink seiner Vorliebe für Bucheckern, die Nussfrüchte der Rotbuche. **Grünfinken** zählen zum festen Inventar jeder Winterfutterstelle. Als Standvögel kann man ihnen das ganze Jahr über in unseren Gärten und Parks begegnen, viel häufiger übrigens als in ihrem ursprünglichen Lebensraum, dem lichten Nadelmischwald. In den letzten Jahren kam es aufgrund einer seuchenhaften Erkrankung, einer tödlichen Infektion mit dem einzelligen Erreger *Trichomonas gallinae*, zu großen Verlusten und entsprechenden Bestandsrückgängen. **Erlenzeisige** treten häufig in großen Trupps auf. Mit ihrer gelblich grünen Gefiederfärbung ähneln sie bei oberflächlicher Betrachtung den Grünfinken, sind aber viel

Kernbeißer *Coccothraustes coccothraustes* 18 cm

Kennzeichen: Sehr großer, auffallend kurzschwänziger Fink mit bulliger Erscheinung, „Stiernacken“ und gewaltigem hellbeigen Schnabel (im Sommer blaugrau gefärbt). Weibchen etwas schwächer gefärbt als Männchen.

Stimme: Sehr kennzeichnendes scharfes „zicks“, ansonsten sehr schweigsam.

Nahrung: Baumsamen (z.B. Hainbuche, Ahorn, Ulme), Knospen, Sonnenblumenkerne.

Verhalten: Im Winter kommen die ansonsten paarweise zurückgezogen in den Baumkronen lebenden Vögel zur Nahrungssuche regelmäßig auf den Boden, gern in kleineren Trupps, und besuchen auch Futterstellen.

Status: Jahresvogel und häufiger Überwinterer aus Nordosteuropa

Besonderes: Der starke Schnabel kann mühelos Kirschkerne knacken.

Buchfink *Fringilla coelebs* 14,5 cm

Kennzeichen: Weibchen viel unscheinbarer gefärbt als das bunte Männchen, in beiden Geschlechtern doppelte weiße Flügelbinde und grünlicher Bürzel charakteristisch (besonders gut beim Auffliegen zu sehen). Männchen sind im Winter durch graue Federsäume blasser und weniger kontrastreich gezeichnet als im Frühjahr und Sommer.

Stimme: Ruft scharf „pink" (auch gereiht), Flugruf weiches „djüb". Der Gesang, der charakteristische Finkenschlag, ist mitunter bereits im Februar zu hören.

Nahrung: Sämereien, liebt besonders Bucheckern. Besucht auch Futterstellen.

Verhalten: Schließt sich häufig zu größeren Trupps zusammen, die gemeinsam umherstreifen.

Status: Teilzieher und häufiger Überwinterer aus nördlichen/nordöstlichen Populationen. In der Regel überwintern nur Männchen bei uns, Weibchen und Jungvögel ziehen nach Frankreich oder Spanien.

Besonderes: Der Name „Buchfink" stammt von der Vorliebe für Bucheckern und dem kennzeichnenden Ruf „pink" oder „fink".

Grünfink *Chloris chloris* 15 cm

Kennzeichen: Männchen im Winter dumpf olivgrün, Weibchen matter gefärbt. In beiden Geschlechtern gelbe Abzeichen in Flügeln und Schwanz kennzeichnend.

Stimme: Vielfältige Rufe, etwa „djüit", „gük", im Abflug klingelnd „gigigi". Bereits im Februar beginnen Grünfinken zu singen, eine Folge klingelnder und geräuschhafter Laute („Schwunschen" oder „Rülschen").

Nahrung: Sämereien. Frisst von Hagebutten nur die Kerne. Regelmäßiger Gast an Futterstellen.

Verhalten: Schließt sich im Herbst/Winter gern zu großen Trupps zusammen, oft mit anderen Finken vergesellschaftet, die weit umherstreifen.

Status: Meist Jahresvogel, häufiger Überwinterer aus nördlichen/nordöstlichen Populationen.

Besonderes: Die Bestände sind regional durch epidemiehafte Infektionen mit Trichomonaden teilweise stark rückläufig.

kleiner, zarter und agiler. Im Winter bekommen die heimischen Brutvögel Verstärkung durch nordische Artgenossen. Die großen Schwärme von Erlenzeisigen, die man im Winter sieht, stammen ganz überwiegend aus Skandinavien. Ihren Namen verdanken sie der Vorliebe für die winzigen Samen von Erlen (und Birken), die im Winter ihre Hauptnahrung ausmachen. Im Garten sind ihnen aber Meisenknödel ebenso lieb. Ähnlich wie Schwanzmeisen klammern sich oft mehrere der munteren Vögelchen gleichzeitig daran, fressen sich satt und ziehen bald darauf wieder weiter.

Den winzigen **Zaunkönig** wird man an einer herkömmlichen Futterstelle kaum jemals beobachten können. Obwohl ein Insektenfresser, bleiben Zaunkönige im Winter bei uns, wandern aber teilweise aus dem Umland in den Siedlungsbereich ein. Die Wälder der Mittelgebirge und der Alpen werden vollständig geräumt, dort wären die Winterverluste zu groß. Angehörige von nördlichen Populationen ziehen aber sehr wohl gen Süden und überwintern teilweise bei uns. Auf ihrer Wanderung überwinden die nur gut neun Zentimeter kleinen und weniger als zehn Gramm leichten Vögelchen Hindernisse wie die Ostsee und die Hochalpen und legen dabei ausnahmsweise Distanzen von bis zu 2800 Kilometer zurück. Der Zaunkönig lässt seinen lautstark schmetternden Gesang auch im Winter ertönen – nicht selten sogar bei Eis und Schnee. Für unser Gefühl wirkt er gerade zu dieser Jahreszeit fröhlich und keck.

Erlenzeisig *Spinus spinus* 12 cm

Kennzeichen: Sehr klein (viel kleiner als Grünfink), Männchen mit kontrastreicher grün-gelbschwarzer Zeichnung, Weibchen viel schlichter, aber auch mit gelbschwarzer Zeichnung von Flügel und Schwanz.

Stimme: Rufe im Schwarm sehr charakteristisch, aber schwer zu beschreiben, ein gleichzeitig auf- und absteigendes „ptiüüii"

Nahrung: Kleine Sämereien, besonders die Samen von Erle (Name!) und Birke.

Verhalten: Oft in großen, dicht gedrängten Schwärmen unterwegs, die stets unruhig und etwas hektisch wirken. Bei der Nahrungssuche bewegen sich die Vögel sehr geschickt und hängen oft wie Blaumeisen rücklings in feinem Gezweig.

Status: Die allermeisten Erlenzeisige sind Wintergäste aus Nordeuropa, heimische Brutvögel wohl überwiegend Jahresvögel.

Besonderes: Im Sommer leben Erlenzeisige im Fichtenwald – ganz anders als im Winter, wo sie sich bevorzugt in Erlenbeständen aufhalten (ökologischer Wechsel).

Daraus entstand die Redewendung „sich freuen wie ein Schneekönig". Wie die kleinen Könige es schaffen, den Winter bei uns zu überleben, wird ab S. 15 geschildert.

Ein ganz besonderer Wintergast ist der **Seidenschwanz**. Dieser hübsche Singvogel brütet in den Taigawäldern des hohen Nordens und erscheint nur sporadisch und in stark wechselnder Anzahl in Mitteleuropa. Während es in manchen Jahren kaum Beobachtungen gibt, treten in anderen die Seidenschwänze überall und in großer Zahl auf. Sie sind damit

Zaunkönig *Troglodytes troglodytes* 9,5 cm

Kennzeichen: Winziger, rotbrauner Federball mit häufig steil aufgestelltem kurzem Schwanz, Geschlechter gleich gefärbt.

Stimme: Warnruf „zerrb" oder gereiht „ze ze zezeze". Gesang auch im Winter regelmäßig zu hören, eine für die Größe des Vögelchens erstaunlich laute, schmetternde Strophe mit Rollern.

Nahrung: Kleine Insekten, Larven, Spinnen.

Verhalten: Huscht durch dichtes Gebüsch wie eine Maus, sitzt beim Singen auch ganz frei.

Status: Jahresvogel, spärlicher Wintergast aus Nordeuropa.

Besonderes: Bei strengem Frost kuscheln sich die sonst einzelgängerisch lebenden Zaunkönige zu Schlafgesellschaften zusammen.

Seidenschwanz *Bombycilla garrulus* 18 cm

Kennzeichen: Durch gelbe Abzeichen an Flügeln und Schwanz, schwarze Kehle und Augenmaske sowie aufrichtbare Federhaube unverkennbar. Geschlechter gleich gefärbt.

Stimme: Helles Sirren oder Schwirren „sirrr sirrr...", besonders im Schwarm zu hören.

Nahrung: Fast ausschließlich Beeren.

Verhalten: Flug starenartig, meist in kleineren oder größeren Trupps zu sehen. Menschen gegenüber zeigen die Vögel kaum Scheu.

Status: Unregelmäßiger Wintergast aus dem Norden.

Besonderes: Seidenschwänze erscheinen manchmal invasionsartig in großer Zahl, in anderen Jahren bleiben sie selten oder fehlen ganz.

typische Invasionsvögel (s. S. 30). Im Mittelalter folgten auf manche dieser winterlichen Invasionen im darauffolgenden Jahr zufälligerweise verheerende Pestausbrüche – Grund genug für die abergläubische Bevölkerung, die Seidenschwänze als „Pestvögel" zu brandmarken. Wenn die wenig scheuen Tiere in mehr oder weniger großen Trupps in unsere Gärten und Parks einfallen, um dort übriggebliebene Beeren und Früchte zu ernten, können wir diesen nicht alljährlichen Anblick genießen – ganz ohne Angst vor Pest, Cholera oder anderem Ungemach. Seidenschwänze sehen exotisch, zumindest ungewohnt aus, andere sind tatsächlich Exoten: **Halsbandsittiche** stammen ursprünglich aus Afrika und Asien und leben heute wild in vielen Städten, vor allem im klimatisch begünstigten Westen und Süden Deutschlands. Sie stammen von entflogenen und ausgesetzten Vögeln ab. Die winterharten großen Sittiche sind im kahlen Geäst der Bäume gut zu sehen und vor allem mit ihren kreischenden Rufen nicht zu überhören. Die geselligen Vögel nächtigen besonders im Winterhalbjahr in großen Trupps an bestimmten Schlafplätzen. In manchen Großstädten, z. B. in Stuttgart, kann man neben dem Halsbandsittich auch weiteren freilebenden Papageienarten begegnen, etwa dem Großen Alexandersittich oder der Gelbkopfamazone.

Von vielen Menschen gar nicht gern gesehen wird die **Elster**, genießt sie doch einen zweifelhaften Ruf als Eierdiebin und Jungvogelkillerin. Dass der vermeintliche „Schaden", den sie angeblich in der Singvogelwelt anrichtet, nach wissenschaftlichen Untersuchungen völlig übertrieben ist, soll an dieser Stelle nicht weiter vertieft werden. Denn in diesem Buch geht es um die Winteraspekte und im Winter gibt es in dieser Hinsicht ohnehin nichts zu holen für die Elster. Wie viele Rabenvögel schließen sich Elstern im Winter

Halsbandsittich *Psittacula krameri* 37-43 cm

Kennzeichen: Männchen mit schwarzem Kinnlatz, schwarzem Halsband und orangerosa Nackenband, die dem Weibchen fehlen.

Stimme: Durchdringend laut kreischend „kii-ak".

Nahrung: Früchte, Knospen, an Futterstellen Körnerfutter.

Verhalten: Versammelt sich abends an Gemeinschaftsschlafplätzen in großen lärmenden Trupps.

Status: Jahresvogel

Besonderes: Der Halsbandsittich ist ein Neubürger in Deutschland, dessen Bestand von entflogenen und ausgesetzten Vögeln abstammt.

zu größeren Gruppen zusammen, an gemeinschaftlichen Schlafplätzen versammeln sich oft Dutzende, mitunter sogar Hunderte der schwarzweißen Vögel. Dieses Phänomen lässt für viele Menschen den Eindruck einer „Übervermehrung“ entstehen. Noch im ausgehenden Winter lösen sich die Trupps auf, die Brutpaare besetzen ihre Reviere und beginnen mit dem Bau oder der Renovierung ihrer typischen kugelförmigen, oben geschlossenen Reisignester. Längst nicht jedes Nest wird vollendet oder für das Brutgeschäft benutzt. Diese sogenannten „Spielnester“, die gern von Nachmietern wie Turmfalke und Waldohreule für deren eigene Brut angenommen werden, täuschen ebenfalls einen höheren Brutbestand der Elster vor. Für diese war die zunächst stürmische Eroberung des Siedlungsraumes eine Überlebensfrage, denn in der häufig ausgeräumten, intensiv genutzten Agrarlandschaft, lange Zeit Hauptlebensraum der Elster, findet sie schon lange keine geeigneten (Über)Lebensbedingungen mehr. Nun macht ihr in Stadt und Dorf die Konkurrenz mit ebenfalls dort eingewanderten Raben- und Nebelkrähen zu schaffen. Das führt vielerorts bereits zu deutlichen Bestandsrückgängen der Elster.

Wo es viele Singvögel gibt, stellen sich auch Vogeljäger wie der **Sperber** ein. Vor allem im Winter zieht es den kleinen Greifvogel in Gärten und Parks. Die Futterhäuschen und ihre hungrigen Besucher fest im Blick, lauert er verborgen auf eine günstige Gelegenheit zum Angriff. In blitzschnellem Jagdflug, jede Deckung ausnutzend, manövriert er tollkühn durch dichtes Astgewirr, schießt halsbrecherisch um Hausecken und durch Zäune und pariert jedes Fluchtmanöver der ins Visier genommenen Beute unfassbar reaktionsschnell. Selbst wenn sich der angegriffene

Elster *Pica pica* 44-46 cm

Kennzeichen: Weibchen etwas kleiner und kurzschwänziger als Männchen, nur im direkten Vergleich sichtbar.

Stimme: Am auffälligsten ist das bekannte Schackern „schackschackschack...“.

Nahrung: Allesfresser

Verhalten: Elstern schließen sich im Winter zu kleineren oder größeren Trupps zusammen. Übernachtung an Gemeinschaftsschlafplätzen. Bereits im ausgehenden Winter kehren die Brutpaare in ihre Brutreviere zurück und inspizieren die Nester. Nichtbrüter verbleiben im Trupp.

Status: Jahresvogel

Besonderes: Elstern zählen zu den intelligentesten Vögeln überhaupt.

Vogel in ein Gebüsch retten konnte, versucht der Sperber ihn mit seinen langen Beinen und scharfen Krallen zu greifen – nicht selten mit Erfolg. Ebenso wenig wie die Elster hat der Sperber einen negativen Einfluss auf seine Beutetiere, häufig Spatzen, Meisen und Amseln. **Ringeltauben** sind für den kleinen Greif hingegen eine Nummer zu groß. Früher sah man

Sperber *Accipiter nisus* 28 cm (Männchen) – 38 cm (Weibchen)

Kennzeichen: Geschlechter unterscheiden sich durch Größe und Färbung: Männchen (Sprinz) mit individuell unterschiedlich ausgeprägter rostrot gebänderter Unterseite und blaugrauem Rücken, Weibchen mit dunkler Querstreifung („Sperberung") auf hellem Grund und schiefergrauem Rücken, kann mit Habicht (s. S. 97) verwechselt werden. Flugbild mit breiten Flügeln und langem Schwanz.

Stimme: Im Winter meist stumm.

Nahrung: Fast ausschließlich Vögel. Das kleinere Männchen schlägt Kleinvögel bis Amselgröße, Weibchen können auch Beute bis zur Größe eines Eichelhähers überwältigen.

Verhalten: Sperber lauern in der Deckung und überraschen ihre Opfer in blitzschnellem, wendigem Angriffsflug.

Status: Jahresvogel, Jungvögel ziehen aber teilweise Richtung Südosten ab.

Besonderes: Die schneidigen Jäger stürzen sich oft ungestüm in dichtes Dorngebüsch, um Vögel zu fangen, und verunglücken dabei gelegentlich.

Ringeltaube *Columba palumbus* 40-42 cm

Kennzeichen: Ist im Fluge stets an den weiß leuchtenden Bändern auf den Oberflügeln und den weißen Halsflecken (fehlen im Jugendkleid) zu erkennen. Geschlechter gleich gefärbt.

Stimme: Das typische fünfsilbige Gurren ist bei milden Temperaturen in der Stadt mitunter selbst im Hochwinter zu hören. Sonst im Winter stumm.

Nahrung: Bucheckern, Eicheln, Samen, Knospen.

Verhalten: Im Winter meistens in kleineren Trupps anzutreffen.

Status: Ursprünglich Zugvogel mit Winterquartier im südwestlichen Mittelmeerraum, mittlerweile in zunehmender Anzahl bei uns überwinternd.

Besonderes: Ringeltauben sind die größten heimischen Wildtauben.

diese größten unserer heimischen Wildtauben im Winter nur ganz ausnahmsweise, heute kann man ihnen auch in der kalten Jahreszeit regelmäßig begegnen, sofern die Witterungsbedingungen nicht allzu harsch sind. Viele von ihnen ziehen zwar nach wie vor im Herbst nach Frankreich und Spanien. Doch mittlerweile bleiben zunehmend mehr Ringeltauben (wie auch andere Kurzstreckenzieher) ganzjährig in heimischen Gefilden (s. ab S. 188). Manche von ihnen beginnen in der Stadt bereits mitten im Winter mit dem Brutgeschäft. Auch das dürfte zu der starken Bestandszunahme der Ringeltaube in den letzten Jahren beigetragen haben, mittlerweile zählt sie als einziger Nichtsingvogel zu den 20 häufigsten Brutvogelarten Deutschlands. Die Anzahl der kleineren **Türkentaube** ist dagegen in vielen Gegenden Deutschlands rückläufig. Ursprünglich von Vorderasien bis nach China verbreitet und zur Zeit des Osmanischen Reiches auf dem Balkan eingebürgert, hatte sie seit den 1930er-Jahren ganz Europa besiedelt. Entsprechend ihrer ursprünglichen Herkunft ist die Türkentaube empfindlich gegen stärkere Fröste, bleibt aber dennoch ganzjährig bei uns. In Stadt und Dorf ist sie ebenso zu finden wie umherstreifend auf Feldern und Brachen, wo sie nach Körnern und Sämereien sucht – immer öfter vergeblich (s. S. 212).

Dicht bebaute Bereiche wie **Wohnblockviertel** oder **Innenstädte** mit höheren Gebäuden weisen häufig eine besondere Vogelwelt auf, die als ehemalige Felsbrüter in den zahlreichen „Kunstfelsen" geschützte Nischen und Spalten finden. Das gilt auch für ältere **Industriebauten**, etwa Fabrikhallen oder sonstige Produktionsstätten, in denen häufig warme Abluft für stellenweise angenehme Temperaturen sorgt. Manche

Türkentaube *Streptopelia decaocto* 31-33 cm

Kennzeichen: Schwarzer, halbmondförmiger Nackenring. Geschlechter gleich gefärbt.

Nahrung: Getreide, Sämereien. Oft bei Geflügelhaltungen (Hühnerfutter).

Stimme: Klangvoll dreisilbig „bú-bukuh", in der Stadt häufig bereits im ausgehenden Winter zu hören.

Verhalten: Wo Türkentauben noch häufiger vorkommen, suchen größere Trupps auf Stoppelfeldern nach Nahrung, sonst meist einzeln oder paarweise zu sehen.

Status: Jahresvogel

Besonderes: Jungvögel siedeln sich oft weit vom Geburtsort an.

ursprünglichen Zugvögel können hier bei nicht allzu strengem Frost sogar überwintern und finden zudem auf wildkräuterreichen Brachflächen ausreichend Nahrung (s. auch ab S. 188).

Ganzjährig und zahlreich sind in der Stadt die **Straßentauben** anzutreffen. Häufig ignoriert (auch von den meisten Vogelbeobachtern) oder gar als „Ratten der Lüfte" verunglimpft und verfolgt, sind es bei näherer Betrachtung doch interessante und oft auch sehr ansprechend gefärbte Vögel. Die Straßentaube stammt ursprünglich von der Felsentaube ab, die noch heute wild in Bergregionen Südeuropas und an schroffen Klippen der Britischen Inseln lebt. Bereits vor etwa 3000 bis 4000 Jahren begann der Mensch, die Felsentaube zu domestizieren und züchterisch zu verändern. So entstanden verschiedene Farbschläge, Typen und Rassen, die wieder verwilderten und zu den heutigen Stadttauben wurden. Dementsprechend variieren Straßentauben sehr stark: Neben wildfarbenen Vögeln, gekennzeichnet durch einen starken Kontrast zwischen hellgrauem Rücken und schiefergrauem Kopf und Leib, gibt es schwarze, graublaue, rötliche und weiß gescheckte Farbtypen mit vielen Übergängen. Im Gegensatz zu anderen typischen Stadtvögeln wie Amseln oder Kohlmeisen, die auch im Wald zu Hause sind, leben Straßentauben ausschließlich an und in den „Kunstfelsen" der Stadt. Nur selten fliegen kleinere Schwärme noch hinaus auf umliegende Felder, um dort nach Getreidekörnern zu suchen. Ansonsten verlassen sie sich vorwiegend auf weggeworfene Essensreste oder gezielte Fütterung. Davon profitieren auch **Haussperlinge** oder **Spatzen**, ebenfalls enge Begleiter des Menschen seit Jahrtausenden. Man findet sie in bäuerlich geprägten Dörfern mit Viehhaltung und frei laufenden Hühnern genauso wie inmitten von Großstädten mit einem hohen Anteil an

Straßentaube *Columba livia f. domestica* 31-34 cm

Kennzeichen: Sehr variable Färbung, grünliche Halsflecken. Geschlechter äußerlich nicht zu unterscheiden.

Stimme: Typisches Gurren „u-gruuh".

Nahrung: Sämereien, Brot, Essensreste.

Verhalten: Sehr ortstreu, oft in großen Gruppen auf belebten Plätzen, zeigt keinerlei Scheu vor dem Menschen.

Status: Jahresvogel

Besonderes: Straßentauben balzen und brüten das ganze Jahr hindurch.

Verhaltensstudien am Futterhäuschen

Wohl nur selten lassen sich wildlebende Vögel so nah beobachten wie an einer Winterfütterung (s. ab S. 202). Wer genau hinschaut, wird schnell bemerken, dass sich die einzelnen Arten und nicht selten auch verschiedene Individuen der gleichen Art unterschiedlich verhalten. **Spatzen** und **Grünfinken** etwa besetzen ein Futterhäuschen schwarmweise und fressen so lange, bis sie satt sind oder kein Futter mehr übrig ist. Während die gesellig lebenden Spatzen sich dabei fast berühren können, halten die streitbareren Grünfinken in der Gruppe immer einen gewissen Individualabstand zu ihren nächsten Nachbarn ein. Andere Vögel haben bei dieser schwarmweisen Belagerungstaktik kaum eine Chance, ein Körnchen zu ergattern. Selbst einzelne Grünfinken können sich sehr dominant zeigen: In typischer Drohhaltung mit waagerecht vorgestrecktem Körper, geöffnetem Schnabel und angehobenen Flügeln verwehren sie anderen Kostgängern den Zutritt zum Futter. Nur gegenüber einem **Kernbeißer** mit seinem gewaltigen Schnabel, der selbst Kirschkerne mühelos knacken kann, räumen selbst Grünfinken und Spatzen kampflos das Feld.

Ganz anders verhalten sich Meisen: **Kohl-** und **Blaumeisen** fliegen meist einzeln an, schnappen sich einen Sonnenblumenkern und fliegen damit gleich wieder ab. Verzehrt wird der Futterbrocken auf einem Baum oder Busch in der Nähe: Der Vogel klemmt den Kern auf einem waagerechten Ast zwischen die Füße und hackt die Schale mit dem spitzen Oberschnabel auf. **Spatzen** und **Finken** dagegen entspelzen die Körner, indem sie sie mit ihren kräftigen Schnäbeln zerquetschen oder durch blitzschnell kauende Bewegungen mit den Schnabelkanten aufschneiden.

Die zarte Tannenmeise (vorn) sieht sich einer Übermacht von Gimpeln gegenüber.

Wer länger beobachtet, wird besonders bei den **Kohlmeisen** individuelle Unterschiede erkennen können. Anhand der Ausprägung des schwarzen Bauchstreifens lassen sich das Geschlecht und die soziale Stellung der einzelnen Vögel erkennen: Dominante Kohlmeisen-Männchen zeigen einen besonders breiten, tiefschwarzen Bauchstreifen. Sie sind es, die in der innerartlichen Rangordnung das Sagen haben und rangniedere Vögel, besonders Weibchen und junge Männchen, durch aggressive Anflüge vom Futter vertreiben. Auch zwischenartlich gibt es unter Meisen eine Rangordnung: Die **Kohlmeise** als größte Art ist normalerweise allen anderen Meisenarten überlegen. Erfahrene, starke **Blaumeisen**-Männchen können sich aber nicht selten auch gegen rangniedere Kohlmeisen behaupten und diese sogar vertreiben. Gegenüber den gleichgroßen **Sumpfmeisen** und **Tannenmeisen** sind Blaumeisen in jedem Fall dominant. Eine solche ausgeprägte inner- und zwischenartliche Rangordnung gibt es allerdings nur an einer Futterstelle, an der das begehrte Futter in großer Menge auf sehr kleinem Raum konzentriert ist. In der freien Natur ist Nahrung dagegen viel spärlicher und großräumig verteilt. Unter solchen Bedingungen kommen alle Vögel zu ihrem Recht – unabhängig von ihrer sozialen Stellung in der Gruppe. Mehr noch: Häufig schließen sich unterschiedliche Meisenarten zu gemischten Trupps zusammen, denen sich auch **Kleiber**, **Baumläufer** und gelegentlich ein **Kleinspecht** anschließen können.

Altbauten, selbst an unwirtlich scheinenden Orten wie ausgedehnten Industriegebieten, in Fabrikhallen oder auf Flughäfen. Städtische Spatzen ernähren sich von allem, was fressbar scheint: Sie inspizieren Abfalleimer und schütteln auf Bahnsteigen, mitunter mehrere Etagen tief, aus Papiertüten Brotkrümel heraus. Sie lungern vor Bäckereien, Bahnhöfen und Haltestellen herum und nehmen, ähnlich wie Straßentauben, auch mit Pommes, Currywurststückchen und sonstigen Nahrungsresten vorlieb – notgedrungen, denn ihre natürliche Nahrung, Wildkrautsamen und Insekten (als Nestlingsfutter), ist in Städten kaum noch in ausreichender Menge zu finden. Trotz ihrer Intelligenz und Anpassungsfähigkeit sind die Bestände des Haussperlings vielerorts rückläufig, auch durch die Vernichtung von Brutmöglichkeiten an Gebäuden durch verbreitete Maßnahmen zur Wärmedämmung der Fassaden. Allein in Hamburg ging sein Bestand innerhalb weniger Jahrzehnte um mehr als 75 Prozent zurück. Ein Lichtblick aus Spatzensicht ist die Hauptstadt Berlin. Dort gibt es noch zahlreiche Plattenbauten mit Nistmöglichkeiten und an Straßenrändern gedeihen zahlreiche Wildpflanzen – für viele Menschen schlicht „Unkraut", aber eben auch begehrtes Spatzenfutter.

Noch viel bedrohter als vielerorts der Spatz ist die **Haubenlerche.** Sie bleibt meist auch im Winter in Deutschland, doch ist die Wahrscheinlichkeit, diesem einstigen Charaktervogel von Trümmerflächen,

Schulhöfen und ungeteerten Straßen zu begegnen, heutzutage denkbar gering: Die Haubenlerche ist inzwischen in weiten Teilen Deutschlands verschwunden, nur im Nordosten sowie in der Oberrheinischen Tiefebene kommt sie noch verbreiteter vor – doch auch hier in stetig sinkender Zahl.

Haussperling / Spatz *Passer domesticus* 15 cm

Kennzeichen: Männchen recht bunt, Weibchen unscheinbar bräunlich. Schwarzer Kehllatz des Männchens im Winter durch graue Federränder weitgehend verdeckt.

Stimme: Spatzentypisches Tschilpen.

Nahrung: Sämereien, Brot, Essensreste.

Verhalten: Haussperlinge treten meist in Gruppen auf und tun alles als Aktionsgemeinschaft. Sie sind sehr intelligent und lernfähig und passen ihr Verhalten den jeweiligen Gegebenheiten an.

Status: Jahresvogel

Besonderes: Spatzen leben mit dem Menschen zusammen, seitdem dieser vom Jäger und Sammler zum Ackerbauern und Viehzüchter wurde.

Haubenlerche *Galerida cristata* 17 cm

Kennzeichen: Eine lange, spitze Haube (auch angelegt gut zu erkennen), ein kräftigerer Schnabel und eine grauere, weniger deutlich gemusterte Oberseite unterscheiden die Haubenlerche von der Feldlerche (s. S. 180). Die Geschlechter sind gleich gefärbt.

Stimme: Drei- bis viersilbig „tritri(tri)-trieh“ o. ä.

Nahrung: Kleine Sämereien.

Verhalten: Ausgesprochener Bodenvogel, der eifrig auf Straßen, Wegen, Industrieflächen, Trümmergrundstücken und Schulhöfen hin und her läuft.

Status: Jahresvogel

Besonderes: Haubenlerchen sind in großen Teilen Deutschlands ausgestorben.

Wintervögel in Wald und Forst (Tiefland und Mittelgebirge)

Laub(misch)wald

Buntspecht, Mittelspecht, Kleinspecht, Grünspecht, Grauspecht, Schwarzspecht, Raufußkauz, Waldkauz, Uhu, Waldschnepfe, Eichelhäher, Bergfink, Gartenbaumläufer, Sumpfmeise, Weidenmeise, Sommergoldhähnchen

Nadelholzforsten

Wintergoldhähnchen, Tannenmeise, Haubenmeise, Waldbaumläufer, Fichtenkreuzschnabel, Sperlingskauz, Waldohreule

Weitere mögliche Arten (Auswahl):

Kohlmeise, Blaumeise, Schwanzmeise, Kleiber, Amsel, Rotkehlchen, Zaunkönig, Buchfink, Kernbeißer, Gimpel, Ringeltaube, Sperber (s. Lebensraum „Stadt und Dorf“)

Habicht, Kolkrabe (s. Lebensraum „Feld und Flur“)

Tannenhäher (nur Mittelgebirgswälder, s. Lebensraum „Hochgebirge und Bergwald“)

Wälder und Forsten haben eines gemeinsam: Es sind von Bäumen dominierte Lebensräume. Je nach Baumarten-Mischung, Standort, Alter, Nutzung und Strukturvielfalt können sie sich stark unterscheiden. Entsprechend unterschiedlich ist auch ihre jeweilige Vogelwelt. In Mitteleuropa unterliegen nahezu alle Wälder dem Einfluss des Menschen und werden in unterschiedlich starkem Ausmaß forstwirtschaftlich genutzt, sind also keine Urwälder, sondern streng genommen Forsten. Eine Ausnahme bilden lediglich einige wenige kleine Bestände an Steilhängen der Gebirge, die einer Nutzung nicht zugänglich sind, sowie die Kernzonen von Waldnationalparken wie dem Bayerischen Wald, in denen sich neuer Urwald entwickeln darf. Das Spektrum reicht von sehr naturnah bewirtschafteten Laubmischwäldern bis zu plantagenartigen Beständen von Stangenhölzern wie Fichte und Kiefer. Diese gleichaltrigen und gleichförmigen Monokulturen sollen an dieser Stelle als „Nadelholzforsten" bezeichnet werden.

Je nach Standort dominieren in unseren Wäldern auch ohne den Einfluss des Menschen unterschiedliche Baumarten. Vögel sind jedoch selten an eine bestimmte Baumart gebunden, wohl aber an bestimmte Strukturen wie grobborkige Rinde, an einen ausreichenden Anteil an Tot- und Morschholz oder an bestimmte Altersstufen der Baumbestände und deren Durchmischung. Diese Bindung ist im Winter oft lockerer und flexibler als zur Brutzeit. Windschutz und dadurch bedingte mildere Temperaturen im Waldesinneren sowie das Vorhandensein von Nahrung und geschützten Übernachtungsmöglichkeiten in Baumhöhlen oder Dickicht sind entscheidende Faktoren, die das Überleben von im Wald lebenden Vögeln im Winter beeinflussen.

Zu den typischen Waldbewohnern zählen viele Spechtarten. Sie beginnen teilweise bereits im Februar mit der Balz. Zu dieser Zeit sind bei einem Waldspaziergang die Trommelserien des **Buntspechts** nicht zu überhören. Das Trommeln ist ein sogenannter Instrumentallaut, wird also nicht mit der Stimme, sondern in diesem Fall mit dem Schnabel erzeugt: Auf einen morschen Ast oder Stammabschnitt im Wipfelbereich von Bäumen, der als Resonanzkörper dient, schlägt der Specht einen schnellen Trommelwirbel aus (beim Buntspecht) durchschnittlich zehn bis 16 Einzelschlägen. Diese häufig wiederholten Trommelwirbel, die als kurzes, aber lautes „brorrrrr" bis zu 800 Meter weit hörbar sind, dienen der Revieranzeige und der Verständigung der Partner untereinander, sind also in ihrer Funktion vergleichbar mit dem Gesang anderer Vogelarten. Auch Weibchen trommeln, wenngleich kürzer und schwächer als die Männchen. Die ebenfalls häufig zu hörenden unregelmäßigen Klopfgeräusche, die entstehen, wenn ein Specht eine Baumhöhle zurechtzimmert oder wenn er die Rinde auf der Suche nach morschen Stellen im Holz und darin verborgenen Käferlarven absucht, haben dagegen keine Signalfunktion, sondern sind gewissermaßen „Arbeitsgeräusche“. Mit etwas Übung kann man die einzelnen Spechtarten an ihrem jeweils artspezifisch ausgeprägten Trommeln unterscheiden. Ein im Vergleich zum Buntspecht schwächeres Trommeln, dafür anhaltender und typischerweise mit kurzem Abstand zweimal hintereinander zu hören, verrät den nur spatzengroßen **Kleinspecht**. Er ist in seinem Vorkommen auf Weichhölzer wie Weiden und Pappeln mit einem hohen Anteil an Totholz angewiesen. Auwälder sind daher sein Verbreitungsschwerpunkt, doch ist er überall dort zu finden, wo diese Bäume in ausreichender Zahl wachsen. Nicht alle Spechte trommeln: Der **Mittelspecht**, wie der Kleinspecht ebenfalls ein Vertreter der Buntspechte mit schwarz-weiß-roter Färbung, lässt stattdessen eine Folge quäkender Laute hören. Dieses Quäken ist nur zur Balzzeit zu hören und dient der Revieranzeige, ist also nach wissenschaftlicher Definition als Gesang zu werten (s. S. 31). Im Gegensatz zum äußerst anpassungsfähigen Buntspecht, der mit allen Baumarten und Waldtypen vorliebnimmt und auch in größeren Gärten und Parks lebt, braucht der Mittelspecht starke Bäume mit grobborkiger Rinde. Lange Zeit galt er als typischer „Eichenspecht“, doch inzwischen weiß man, dass er auch ein charakteristischer Bewohner sehr alter Buchenurwälder ist. Im Forstbetrieb werden Rotbuchen meist im Alter von 120 bis 140 Jahren für die Holzgewinnung eingeschlagen – lange bevor diese Bäume eine grobborkige Rinde ausbilden und dem Mittelspecht passende Lebensbedingungen bieten können. In den letzten Jahren zeigt

Buntspecht *Dendrocopos major* 22-23 cm

Kennzeichen: Schwarz-weiße Färbung mit satt rotem Steiß, grauweiße Unterseite ungezeichnet, schwarze Halszeichnung „geschlossen“. Männchen mit rotem Fleck im Nacken, der dem Weibchen fehlt.

Stimme: Scharfes „kix“, auch gereiht, bei Erregung raues „Schnattern“. Trommelwirbel recht kurz und abrupt endend.

Nahrung: Sehr vielseitig, im Winter meist Samen von Nadelbäumen. Kommt regelmäßig an Futterstellen.

Verhalten: Klettert geschickt an Stämmen und starken Ästen, hängt sich „u-förmig“ mit dem Rücken nach unten an Meisenknödel.

Status: Jahresvogel

Besonderes: Buntspechte nutzen für verschiedene Zapfen passgenau bearbeitete Schmieden, eine Form von gezieltem Werkzeuggebrauch.

Kleinspecht *Dryobates minor* 14-15 cm

Kennzeichen: Nur spatzengroß, kein Rot am Steiß, auffallende schwarz-weiße Bänderung von Rücken und Flügeln. Männchen mit an den Seiten schwarz eingefasster roter Kopfkappe, die dem Weibchen fehlt.

Stimme: Schwach „kick“, häufig gereihtes, falkenähnliches „ki-ki-ki-ki-ki-ki“. Trommelwirbel im Vergleich zum Buntspecht anhaltender und schwächer, oft schnell zweimal mit kurzer Unterbrechung wiederholt.

Nahrung: Kleine Insekten, Spinnen.

Verhalten: Nahrungssuche häufig im äußeren Kronenbereich auf kleinen Zweigen, sammelt die Beutetiere ab, pickt auch an Schilfhalmen auf der Suche nach darin verborgenen Larven und Puppen. Erscheint gelegentlich an Futterstellen und fliegt „Meisenknödel“ an.

Status: Jahresvogel

Besonderes: Einzelne Kleinspechte schließen sich umherziehenden Trupps von Meisen an.

Mittelspecht *Dendrocoptes medius* 20-22 cm

Kennzeichen: Ausgedehnte rote Kopfplatte ohne schwarze Einfassung bei beiden Geschlechtern (ähnlich jungem Buntspecht, der aber im Winter dieses Merkmal in der Regel nicht mehr zeigt, überdies bei diesem mit schwarzer Einfassung an den Seiten, s. auch Kleinspecht!), Steiß rosa, Unterseite schwach gestrichelt, „unvollständige“ schwarze Zeichnung an Halsseiten.

Stimme: Ruf ähnelt im Ton dem des Buntspechts, wird aber meist regelmäßiger in einer Serie wiederholt: „kyck-kyck-kyck-kyck“. Gesang quäkend „giääh giääh giääh...“. Trommelt sehr selten.

Nahrung: Hauptsächlich Insekten, die aus Rindenritzen gestochert werden. Besucht gelegentlich waldnahe Futterstellen.

Verhalten: Ähnlich Buntspecht, benutzt Gelegenheitsschmieden, die nicht eigens bearbeitet werden.

Status: Jahresvogel

Besonderes: Der Mittelspecht zeigt zumindest regional eine Tendenz zur Verstädterung.

Grauspecht *Picus canus* 25-26 cm

Kennzeichen: Grüne Oberseite mit gelblichem Bürzel (im Flug sichtbar) wie Grünspecht, aber Männchen mit viel weniger Rot am Kopf und Weibchen ohne Rotfärbung. Dünner schwarzer Bart und schwarzer Strich zwischen bernsteinfarbenem Auge und Schnabelansatz. Körper grau, nicht grünlich weiß wie beim Grünspecht.

Stimme: Gesangsstrophe kraftloser als bei Grünspecht und am Ende „jämmerlich" abfallend, „als wenn Batterie plötzlich alle ist". Singt wie Grünspecht erst gegen Ende des Winters, trommelt auch.

Nahrung: Ameisen und andere Insekten und deren Larven, gelegentlich Beeren und Obst. Im Winter auch an Futterstellen (Fettfutter).

Verhalten: Ähnlich Grünspecht, aber weniger am Boden als dieser. Flugweise wie Grünspecht.

Status: Jahresvogel

Besonderes: Grauspechte fehlen in der Norddeutschen Tiefebene.

Schwarzspecht *Dryocopus martius* 45-47 cm

Kennzeichen: Gefieder völlig schwarz, Männchen mit rotem Scheitel, Weibchen mit rotem Fleck am Hinterkopf, auffallend helle Augen

Stimme: Sehr lautfreudig: Flugruf rollend „prrüü-prrüü-prrüü-prrüü-prrüü-prrüüh", Sitzruf klangvoll schallend „kliiööh!". Gesang klingt wie Mischung aus Grünspecht und Seeadler: „klüi-klüi-klüi-klüi...". Trommelt laut und anhaltend.

Nahrung: Insekten, besonders große Ameisen, und deren Larven, die aus morschem Holz und Baumstümpfen gehackt werden.

Verhalten: Typischer Hackspecht, schlägt bei der Nahrungssuche mitunter halbmeterlange Öffnungen in morsche Bäume.

Status: Jahresvogel

Besonderes: Der krähengroße Schwarzspecht gehört zu den größten Spechtarten der Welt.

Der frühe Vogel: Balzen und Brüten im Winter

Manche Vogelarten beginnen schon sehr früh im Jahr mit Balz und Brut. **Eulen** und **Spechte** werben vor allem akustisch um einen Partner, **Kolkraben** und **Seeadler** zeigen ausgeprägte paarweise Balzflüge über den Brutrevieren, vor allem bei den Raben mit oft atemberaubenden Flugmanövern und lautem Gekrächze. Da bei Raben und Adlern die Brutpartner oft über Jahre, vermutlich sogar ein Leben lang zusammenbleiben, dienen diese Flüge in jedem Frühjahr auch der engen Paarbindung. **Kraniche** besetzen in milden Wintern, wenn viele von ihnen früh zurückkehren oder gleich in heimischen Gefilden bleiben, schon im Verlauf des Februars ihre angestammten Brutreviere in Mooren oder nassen Erlenbrüchen. Ihre weithallenden Rufe, im Duett vorgetragen, zeigen ihre Anwesenheit und ihren Revieranspruch an. Auch die ersten **Graureiher**, im Gegensatz zu den Kranichen während der Brutzeit gesellig lebend, tauchen im Februar, vereinzelt sogar schon im Januar, in ihren Kolonien auf und besetzen ihre oft mächtigen Baumhorste.

Bei **Waldkäuzen, Raben** und **Seeadlern** können ab Mitte bis Ende Februar die ersten Eier in den Nestern liegen. **Uhus** und **Wanderfalken**, insbesondere solche Paare, die im Siedlungsraum leben, beginnen ebenfalls schon sehr früh, ausnahmsweise bereits ab Mitte Januar, mit dem Brutgeschäft. In Städten brüten **Straßentauben** praktisch rund ums Jahr, auch **Ringeltauben, Amseln** und **Kohlmeisen** werden durch die nächtliche Beleuchtung, die ihnen einen längeren Tag vorgaukelt, mitunter zu extrem frühen Bruten in der Stadt animiert.

Die wohl erstaunlichste Leistung in dieser Hinsicht vollbringen **Fichtenkreuzschnäbel:** Anders als bei anderen Singvögeln wird die Brut mit vorverdauten Fichtensamen ernährt und ist nicht auf eiweißreiche Insektenkost als Nestlingsnahrung angewiesen. Die Vögel brüten daher immer dann, wenn ein reichliches Samenangebot zur Verfügung steht – häufig mitten im Winter. Ein erfolgreiches Brutgeschäft bei Eis und Schnee erfordert besondere Anpassungen: Das Nest wird, oft in großer Höhe, so angelegt, dass überhängende Zweige Schutz vor Niederschlägen bieten, und mit einer dicken, wärmenden Schicht aus Flechten, Moos, Haaren und Federn warm ausgekleidet. Das allein brütende Weibchen darf das Gelege nicht einen Augenblick lang verlassen, damit es nicht auskühlt und die Embryonen absterben. Nach einer Brutzeit von 14-16 Tagen schlüpfen die nackten Jungvögel, die weitere zwei Wochen von der Vogelmutter permanent gehudert und gewärmt werden müssen. In dieser ganzen Zeit ist sie vollkommen abhängig vom Männchen, das sein Weibchen und die kleinen Jungvögel allein mit Nahrung versorgen muss. Erst im Alter von etwa 16 Tagen sind die Nestlinge robust genug, dass beide Eltern Nahrung heranschaffen können – Berechnungen zufolge bis zum Ausfliegen der Brut etwa 85.000 Fichtensamen. Die Zeit bis zum Flüggewerden kann – einzigartig unter heimischen Singvögeln – in Abhängigkeit von Witterung und Tageslänge zwischen 16 und 25 Tagen schwanken.

Die klangvollen Rufe des Schwarzspechts, an denen man sogar unterscheiden kann, ob der Vogel gerade fliegt oder sitzt, und der ebenso klangvolle Gesang, der an eine Mischung aus Grünspecht und Seeadler erinnert, sind während der Balzzeit nicht zu überhören. Auch sein charakteristisches Trommeln, viel länger und tiefer als beim häufigeren Buntspecht, ist häufig und weithin zu hören.

Spechte nehmen im Wald eine ökologische Schlüsselrolle ein: Die Vögel bauen oft jedes Jahr neue Höhlen, insgesamt mehr als sie für ihren aktuellen Bedarf benötigen. Die leerstehenden Spechthöhlen werden schnell und gern von Nachmietern bezogen, die auf die Vorarbeit der „Zimmerleute des Waldes" angewiesen sind. Ein Nachmieter von Schwarzspechthöhlen ist der **Raufußkauz**. Zu sehen bekommt man ihn nur selten, denn diese kleine Eule wird erst in der tiefen Dämmerung aktiv. Die besten Chancen, den sonst so heimlichen Raufußkauz und andere Eulenarten aufzuspüren, hat man in klaren, kalten Nächten in der Zeit von November bis Ende Februar. Dann markieren die heimlichen Nachtjäger mit Rufen und Gesängen ihre Reviere und werben um die Weibchen. Im November beginnt die sogenannte Vorbalzphase, der Höhepunkt liegt je nach Witterung von Ende Januar bis Ende Februar – früher als bei den Spechten, bei denen die Balz im März ihren Höhepunkt erreicht. Der Raufußkauz und ebenso der nur gut spatzengroße **Sperlingskauz** sind sogenannte Eiszeitrelikte: Ursprünglich Bewohner der nordischen Taiga, mussten sie während der Eiszeit in eisfreie Bereiche im Süden ausweichen. In den Nadelwäldern der Alpen und der höheren Lagen der Mittelgebirge fanden sie geeignete Ausweichquartiere. Als die Gletscher zurückwichen, konnten Raufußkäuze und Sperlingskäuze ihre ursprünglichen Lebensräume im hohen Norden wieder besiedeln, aber ein Teil von ihnen lebt bis heute bei uns, übrigens nicht nur in höheren Lagen, sondern auch im norddeutschen Flachland, zum Beispiel in den ausgedehnten Nadelforsten der Lüneburger Heide. Während der Raufußkauz anhand seiner Lebensraumansprüche – älterer Buchenwald mit Schwarzspechthöhlen und umgeben von oder durchmischt mit dichten Fichtenbeständen und Freiflächen für die Mäusejagd – mit einiger Erfahrung relativ leicht zu finden ist, ist dies beim Sperlingskauz sehr viel schwieriger, denn er brütet in alten Buntspechthöhlen im Fichtenforst. Wo soll man da gezielt nachsuchen? Hierfür kann man sich einen Trick zunutze machen: Der Sperlingskauz ist ein Kleinvogeljäger, der es auf Meisen, Goldhähnchen und ähnliche Arten abgesehen hat. Imitiert man tagsüber die Rufe der kleinen Eule, die wie scharfe, laute Gimpelpfiffe klingen, so kommen unter Umständen Kleinvögel zeternd angeflogen, um auf den vermeintlichen Todfeind zu hassen. Dies tun sie allerdings nur, wenn sie Erfahrung mit dem Sperlingskauz haben. Aus ihrem Verhalten kann man also Rückschlüsse ziehen, ob am jeweiligen Ort aktuell Sperlingskäuze leben. Auch die Eulen selbst kann man mit der Imitation ihrer

Raufußkauz *Aegolius funereus* 24-26 cm

Kennzeichen: Klein, großköpfig mit grauweißem Gesichtsschleier und gelben Augen. Ober- und Unterseite hell gefleckt. Geschlechter gleich gefärbt.

Stimme: Balzgesang hohl flötend (wie auf einer Okarina, einer tönernen Gefäßflöte, geblasen), etwas vibrierend und am Ende anschwellend: „dudududududuh", nur nachts zu hören. Unterschiedliche Rufe wie „küweük", „guick guick guick", „käck" o.ä.

Nahrung: Kleinsäuger, Kleinvögel.

Verhalten: Rein nachtaktiv und am Tage meist gut verborgen in Höhlen oder in dichtem Nadelgehölz. Legt bei ausreichendem Angebot oft Beutevorräte an.

Status: Standvogel und Teilzieher. Weibchen sind wenig ortsgebunden und streifen oft über hunderte von Kilometern umher.

Besonderes: Der Raufußkauz gilt als sogenanntes Eiszeitrelikt.

Sperlingskauz *Glaucidium passerinum* 16-18 cm

Kennzeichen: Winzige Eule, nur wenig größer als ein Spatz und daher unverkennbar. Geschlechter gleich gefärbt.

Stimme: Gesang erinnert an scharfen, lauten Gimpelpfiff, ein rhythmisch wiederholtes „pjuh" oder (aus der Nähe) „pjük". Besonders im Herbst lassen die Vögel auch eine ansteigende, sich am Ende beschleunigende „Tonleiterfolge" hören.

Nahrung: Überwiegend Kleinvögel, in geringerem Maße Kleinsäuger. Kann auch Beute schlagen, die größer und schwerer ist als er selbst.

Verhalten: Vor allem in der Morgen- und Abenddämmerung aktiv. Sitzt gerne frei auf einer Fichtenspitze. Im Winter folgen Sperlingskäuze Kleinvögeln auch in offeneres Gelände.

Status: Jahresvogel

Besonderes: Sperlingskäuze zeigen sich Menschen gegenüber häufig wenig scheu und lassen sich, wenn man sie erst einmal gefunden hat, gut beobachten.

Gesänge oder mit dem Abspielen sogenannter Klangattrappen aus der Reserve locken, etwa um die Zahl der besetzten Reviere zu ermitteln. Hierbei ist allerdings besondere Umsicht vonnöten: Die Reaktion der Vögel, die ihr Revier gegen den vermeintlichen Eindringling verteidigen wollen, ist oft sehr heftig und langanhaltend – mit dem Effekt, dass Beutegreifer wie größere Eulen angelockt werden. Gerade der **Waldkauz**, unsere häufigste Eule, schreckt nicht davor zurück, seine kleineren Verwandten als Abendessen zu verspeisen. Waldkäuze leben paarweise und bleiben Partner und Revier ein Eulenleben lang treu. Viel geselliger ist die **Waldohreule**: In dichten Nadelbäumen, im Nadelwald genauso wie in Koniferen in Gärten und Parks, finden sich an bestimmten, häufig traditionell genutzten Schlafplätzen mehrere bis dutzende Vögel ein, die dort den Tag verdösen. Hinweise auf solche „Eulenbäume" geben Gewölle (s. S. 34), die in großer Zahl darunter liegen. Diese ausgewürgten Speiballen enthalten unverdauliche Reste ihrer Beutetiere wie Haare oder Knochen, an denen man analysieren kann, was die Eulen gefressen haben. Nachts fliegen sie in offenes Kulturland, um Feldmäuse, ihre Hauptbeute, zu jagen. In sehr schneereichen Wintern geraten Waldohreulen daher leichter in Not als Waldkäuze, die ein sehr viel breiteres Nahrungsspektrum haben und von Kleinsäugern bis zu Tauben alles schlagen, was sie mit ihren dolchartigen Klauen bewältigen

Waldohreule *Asio otus* 35-37 cm

Kennzeichen: Schlanker als Waldkauz, mit aufrichtbaren Federohren und orangeroten Augen, wirkt wie eine verkleinerte Ausgabe des Uhus.

Stimme: Das Männchen ruft bzw. singt in Abständen von ca. drei Sekunden pumpend und hohl „huuu", was klingt, als wenn man in eine leere Flasche bläst. Das Weibchen antwortet mit hellerem, langgezogenem „huüüü" oder stöhnend mit „leidend" klingendem Ruf „dchääå".

Nahrung: Hauptsächlich Feldmäuse.

Verhalten: Waldohreulen bilden im Winter tagsüber oft Schlafgemeinschaften, die sich an häufig traditionell genutzten Plätzen zusammenfinden. Die Eulen sitzen dann oft recht frei auf den Ästen. Einzelvögel dagegen pressen sich meist in sehr aufrechter, schlanker Körperhaltung mit hoch aufgerichteten Federohren eng an einen Baumstamm, um nicht von Krähen und Kleinvögeln entdeckt und belästigt zu werden. Sie jagen in der Dämmerung, aber auch in völliger Dunkelheit über offenem Gelände.

Status: Jahresvogel und Wintergast aus nördlichen und nordöstlichen Populationen.

Besonderes: Die aufrichtbaren Feder"ohren" haben nichts mit dem Hörsinn zu tun, sondern dienen wohl unter anderem dazu, die jeweilige Stimmung der Vögel auszudrücken.

Waldkauz *Strix aluco* 37-39 cm

Kennzeichen: Dunkle Augen, ohne aufrichtbare Federohren. Gefiedergrundfärbung grau, braun oder rotbraun, Geschlechter gleich gefärbt.

Stimme: Dumpfe Heulstrophe des Männchens wie „huuuh - huhuhu huuuuh“ (wird in Film und Fernsehen verwendet, um gruselige Stimmung zu erzeugen). Weibchen (und in bestimmten Fällen auch Männchen) rufen gellend „keü-viik!“. Tremoloruf erinnert etwas an Balzstrophe des Raufußkauzes, aber viel verhaltener: „hu u u u u“.

Nahrung: Kleine bis mittelgroße Säuger und Vögel.

Verhalten: Fliegt erst in der späten Dämmerung aus.

Status: Jahresvogel

Besonderes: Waldkäuze bleiben Partner und Revier ein Leben lang treu.

Uhu *Bubo bubo* 60-75 cm

Kennzeichen: Mit einem Gewicht von bis zu vier Kilogramm und einer Spannweite von 160 bis 180 Zentimetern ist der Uhu die größte Eule der Welt. Weibchen sind deutlich größer und schwerer als die Männchen. Wirkt wie eine riesige Waldohreule, etwa doppelt so groß und zehnmal so schwer. Im Flug sind die überraschend schnellen, flachen, steifen Flügelschläge, die breiten Flügel, der kurze Schwanz und ein etwas spitz wirkender Kopf kennzeichnende Merkmale.

Stimme: Das Männchen äußert ein kilometerweit schallendes „BU-o“ oder „U-hu“, das Weibchen antwortet mit ähnlichen, aber etwa eine Oktave höheren Lauten, oft im wechselseitigen Duett.

Nahrung: Mittelgroße bis größere Säugetiere und Vögel, meist Ratten, Igel, Kaninchen, Krähen, Tauben. Schlägt häufig andere, kleinere Eulen und kann selbst starke Greifvögel wie den Habicht überwältigen.

Verhalten: Uhus ruhen und jagen mitunter selbst in der Großstadt.

Status: Jahresvogel. Jungvögel streifen im ersten Lebensjahr oft weit umher.

Besonderes: Uhus waren in Deutschland durch starke Verfolgung fast ausgerottet und wurden durch das Aussetzen in Gefangenschaft gezüchteter Tiere vielerorts wieder sehr erfolgreich angesiedelt.

Waldschnepfe *Scolopax rusticola* 33-35 cm

Kennzeichen: Langer, gerader Schnabel, durch rotbraun-dunkel gemustertes Tarnkleid im trockenen Laub des Waldbodens kaum zu entdecken.

Stimme: Im Winter nicht zu hören.

Nahrung: Würmer, Larven, die im Boden stochernd aufgenommen werden.

Verhalten: Presst sich bei Gefahr reglos an den Boden und fliegt erst im letzten Moment auf.

Status: Kurzstreckenzieher, der aber oft erst spät abzieht und in kleinerer Zahl regelmäßig auch in Deutschland überwintert.

Besonderes: Auf dem Zug, aber auch mitten im Winter, verirren sich Waldschnepfen nicht selten in die Stadt und hocken dann tagsüber in Tiefgaragen, Treppenabgängen und ähnlich dunklen, verwinkelten Ecken. Wenn solche Irrflieger gefunden werden, sollten sie von Fachleuten geborgen und an geeigneten Orten wieder ausgesetzt werden.

Eichelhäher *Garrulus glandarius* 34 cm

Kennzeichen: Himmelblaue Federn im Flügel und dicker, schwarzer Bartstreif kennzeichnend, zeigt im Flug auffallend weißen Bürzel und schwarz-weiß-blaues Flügelmuster. Geschlechter gleich gefärbt.

Stimme: Bei Gefahr durchdringend und misstönend kreischend „räätsch! räätsch-äätsch!“ Ansonsten sehr vielfältig, unter anderem ein bussardartiges Miauen. Eichelhäher sind gute Imitatoren. Gesang nur aus der Nähe zu hören, zusammengesetzt aus murmelnden, girrenden und bauchrednerischen Lauten.

Nahrung: Lebt im Winter hauptsächlich von im Herbst gebunkerten Vorräten (Eicheln, Haselnüsse), nimmt auch Beeren und andere pflanzliche Nahrung.

Verhalten: Im Winter sind Eichelhäher häufig in kleinen Trupps unterwegs. Sie sind neugierig und wirken oft verspielt.

Status: Jahresvogel und häufiger Wintergast aus nordöstlichen Populationen.

Besonderes: In manchen Jahren kommt es zu invasiven Einflügen von Eichelhähern.

können. Mit ihren orangeroten Augen und den aufrichtbaren Federohren sieht die Waldohreule aus wie eine verkleinerte Ausgabe des **Uhus**. Diese größte Eule der Welt war in Deutschland bereits so gut wie ausgerottet, doch etwa ab Mitte der 1980er-Jahre starteten Vogelschützer in mehreren Bundesländern systematische Auswilderungsaktionen zur Wiederansiedlung des Uhus. Das Vorhaben verlief erfolgreich, so erfolgreich, dass es in manchen Regionen, etwa in Schleswig-Holstein, inzwischen wahrscheinlich weit mehr Uhus gibt als vor der Dezimierung. Die Freude darüber ist mittlerweile getrübt, denn der unnatürlich hohe Bestand des großen Beutegreifers, der auch die menschliche Nähe nicht scheut, geht mittlerweile auf Kosten anderer bedrohter Vögel, wie etwa der Schleiereule (s. S. 98). Die Überreste der zur Uhubeute gewordenen Vögel findet man gelegentlich im Wald als sogenannte Rupfungen. Auf diese Weise kann man auch heimliche Wintervögel wie die **Waldschnepfe** nachweisen. Ursprünglich Zugvögel, bleiben in milden Wintern mittlerweile vermutlich viele Schnepfen in unseren Breiten. Die dämmerungsaktiven Tiere ruhen am Tage am Waldboden und sind dort mit ihrem tarnfarbigen Gefieder kaum zu entdecken. Bei drohender Gefahr ducken sie sich reglos und fliegen erst bei zu großer Annäherung auf.

Sehr auffallend ist hingegen der **Eichelhäher**. Mit lärmendem Geschrei macht der Vogel schon von weitem auf sich aufmerksam und warnt gleichzeitig andere Waldbewohner vor möglichen Feinden – wobei der Alarm gelegentlich auch gegen harmlose Spaziergänger gerichtet wird. In manchen Jahren bekommen unsere hiesigen Eichelhäher im Herbst Verstärkung von Artgenossen aus nordöstlichen Populationen, mitunter gibt es regelrechte Invasionen (s. S. 30). Im Winter überwiegend Vegetarier, zehren die heimischen Eichelhäher von ihren opulenten Vorräten an Eicheln und Haselnüssen, die sie den Herbst über gesammelt und in zahlreichen Verstecken gebunkert hatten. Die Vögel finden den Großteil ihrer Vorräte zielsicher auch unter hohem Schnee wieder. Das setzt eine erstaunliche Orientierungsleistung voraus – und das Bewusstsein der Objektpermanenz. Darunter versteht man die kognitive Fähigkeit, zu wissen, dass ein Objekt auch dann weiterhin existiert, wenn es für das Individuum unsichtbar ist. Dazu sind nur wenige geistig hoch entwickelte Tiere in der Lage. Dennoch: Einige Vorräte werden vergessen, nicht benötigt oder der Vogel, der sie versteckt hatte, stirbt. So können die deponierten Eicheln auskeimen und mit etwas Glück zu neuen Bäumen heranwachsen. Der Eichelhäher spielt also eine enorm wichtige Rolle bei der Verbreitung von Eichen und anderen Gehölzen. Die Früchte der Rotbuche, die Bucheckern, locken andere Liebhaber: **Bergfinken**, Wintergäste aus der nordischen Taiga, wo sie ebenso häufig vorkommen wie der nahverwandte Buchfink in unseren Wäldern. In Regionen mit üppiger Buchenmast sammeln sich die Vögel manchmal zu Abertausenden und bedecken bei der Nahrungssuche den Waldboden wie ein bunter Teppich. In manchen Jahren kommt es zu Masseneinflügen. Vor allem in ausgedehnten Buchenwäldern am Alpenrand und im Voralpenraum, auf der Schwäbischen Alb oder im Schwarzwald überwintern mitunter viele Millionen Bergfinken. Von Massenschlafplätzen aus, in der Regel in dichten Beständen von Fichten oder Tannen, die Schutz vor der Witterung bieten, fliegen sie morgens bis zu 40 Kilometer weit in die Umgebung, um die jeweils günstigsten Nahrungsgründe aufzusuchen. Wo genau dieses Naturschauspiel zu bewundern ist, hängt von dem jährlich wechselnden Nahrungsangebot ab. Nicht zu Millionen, aber in kleinen Gruppen oder auch größeren Trupps, sind diese hübschen Vögel auch in anderen Gegenden Deutschlands in Laubmischwäldern zu beobachten und sie kommen auch an Futterstellen im Garten.

Fast stets einzeln oder paarweise sieht man für gewöhnlich den unscheinbaren **Gartenbaumläufer**. Mit seinem tarnfarbigen Gefieder wirkt er wie eine rindenfarbige Maus. Der Gartenbaumläufer hat einen optischen Doppelgänger, den **Waldbaumläufer**. Diese beiden Zwillingsarten sind im Freiland äußerlich nicht (oder extrem schwer) zu unterscheiden,

Bergfink *Fringilla montifringilla* 15,5 cm

Kennzeichen: Bergfinken tragen im Winter ein ausgeprägtes Schlichtkleid, bei dem die im Brutkleid satten schwarzen Farben des Männchens an Kopf und Rücken durch rostbeige Federränder verdeckt sind. Männchen im Schlichtkleid ähneln den Weibchen, wirken aber an Kopf und Rücken gescheckter und sind von Weibchen am sichersten am durchscheinenden Schwarz an den Kopfseiten und am leuchtend gelben Schnabel mit schwarzer Spitze (beim Weibchen eher düster gefärbt) zu unterscheiden. Im Fluge ist der weiße Bürzel (beim Buchfink grünlich, s. S. 51) auffallend.

Stimme: Nasales „dschää" oder „äähp", Flugruf kurz „jäck" (härter als das weiche „jüb" des Buchfinken).

Nahrung: Mit Vorliebe Bucheckern, sonst verschiedene Sämereien. Kommt auch an Futterstellen.

Verhalten: Bergfinken bilden in Gebieten mit reicher Buchenmast oft riesige Schwärme, die von Gemeinschaftsschlafplätzen aus tagsüber zu ergiebigen Nahrungsgründen fliegen.

Status: Sehr häufiger Durchzügler und Wintergast aus Skandinavien.

Besonderes: Bergfinken sind häufig mit Buchfinken vergesellschaftet.

Gartenbaumläufer *Certhia brachydactyla* 12,5 cm

Kennzeichen: Am Baum gut getarnt durch rindenartig gefärbte und gemusterte Oberseite. Unterseite ungemustert hell. Spitzer, nach unten gebogener Schnabel kennzeichnend.

Stimme: Ruft fein, hoch, aber durchdringend „ti ti ti...". Gesangsstrophe wie „titi titeroititit".

Nahrung: Kleintiere, die aus Rindenritzen gestochert werden.

Verhalten: Baumläufer eilen in ruckartigen Schüben am Baumstamm empor. Oben angekommen, lassen sie sich fallen, fangen sich knapp über dem Boden und gleiten in elegantem Schwung an den Fuß eines benachbarten Baumes, wo sie erneut wie eine rindenfarbige Maus emporklettern.

Status: Jahresvogel

Besonderes: Gartenbaumläufer sind auf starke Bäume mit rissiger Borke angewiesen. Ursprünglich in Eichenmischwäldern zu Hause, kommen sie häufig in städtischen Parks mit entsprechendem Baumbestand vor.

Waldbaumläufer *Certhia familiaris* 12,5 cm

Kennzeichen: Wie Gartenbaumläufer. Beide Zwillingsarten sind unter Freilandbedingungen nach äußeren Merkmalen so gut wie nicht zu unterscheiden, am besten nach Stimme und Lebensraum. Bestehende minimale Unterschiede sind nur an toten oder gefangenen Vögeln zu erkennen.

Stimme: Ruft rau trillernd „srriii". Gesang erinnert an eine Mischung aus Fitis und Blaumeise.

Nahrung: wie Gartenbaumläufer

Verhalten: wie Gartenbaumläufer

Status: Jahresvogel

Besonderes: Waldbaumläufer leben im Gegensatz zum Gartenbaumläufer in Nadelmischwäldern.

wohl aber an ihren Lebensraumansprüchen und auch an ihren Rufen und Gesängen: Der Gartenbaumläufer besiedelt lichte Laubwälder, in denen alte Eichen oder andere Bäume mit grobrissiger Borke stehen, und kommt auch in städtischen Parks regelmäßig vor. Sein Zwilling dagegen ist ein Bewohner von Nadelmischwäldern mit einer Vorliebe für Fichtenbestände. Die hohen „ti ti ti"-Rufe des Gartenbaumläufers und das rau trillernde „srii" des Waldbaumläufers sind für ungeübte Ohren leicht zu überhören. Auffallend ist aber ein charakteristisches Verhalten, das die Baumläufer beim Ortswechsel von Baum zu Baum zeigen: Sie lassen sich aus dem Kronenbereich im Sturzflug fallen, wechseln kurz über dem Boden elegant und ohne erkennbaren Flügelschlag in die Horizontale und gleiten in sanftem Schwung an den Fuß des Nachbarbaumes. Von dort streben sie in ruckartigen Schüben, häufig spiralig um den Stamm herum, wieder nach oben und sondieren dabei die Rindenritzen mit ihrem pinzettenartig spitzen, gebogenen Schnabel auf der Suche nach kleinen Insekten und Spinnen, von denen sie sich hauptsächlich ernähren.

Auch bei den Meisen stehen kleine Wirbellose neben pflanzlicher Kost auch im Winter auf dem Speiseplan. Weniger bekannt als Kohlmeise und Blaumeise (s. S. 45) sind die übrigen vier Vertreter der in Deutschland heimischen echten Meisen. In Kiefern- und vor allem in Fichtenbeständen, aber auch in Parks und auf Friedhöfen mit Gruppen größerer Nadelbäume, ist die **Tannenmeise** regelmäßig anzutreffen. Allerdings ist sie viel häufiger zu hören als zu sehen, denn in den dichten Kronen der

Tannenmeise *Periparus ater* 11,5 cm

Kennzeichen: Wirkt wie kleine, graue Kohlmeise ohne schwarzen Bauchstreifen und mit weißem Nackenfleck. Geschlechter gleich gefärbt.

Stimme: Rufe fein und unauffällig „psitt" oder goldhähnchenartig „si si si". Gesang rhythmisch wie Kohlmeise, aber ohne deren metallischen Klang: „wize wize wize..." oder „zewi zewi zewi...", selten dreisilbig „wizewi wizewi..."

Nahrung: Im Winter hauptsächlich Koniferensamen, besucht auch Futterstellen.

Verhalten: Die Tannenmeise ist im Wald schwer zu entdecken. Sie bewegt sich schnell und rastlos im oberen Bereich von Nadelbäumen.

Status: Jahresvogel, häufiger bis sehr häufiger Wintergast aus nördlichen und östlichen Populationen.

Besonderes: Die Tannenmeise brütet mitunter in Erdlöchern wie Mäusebauen.

Nadelbäume ist sie nur schwer auszumachen. Sie besucht regelmäßig auch waldnahe Futterstellen und kann dann gut beobachtet werden. Ebenfalls in Nadelwäldern und Forsten lebt die **Haubenmeise**, unverkennbar durch ihre spitze Haube. Sie verlässt ihre Brutlebensräume nur selten und besucht auch Futterstellen nur gelegentlich. Die auffallende schwarz-weiße Zeichnung von Hals und Nacken der Haubenmeise wirkt aus bestimmter Perspektive auf den Betrachter wie ein Gesicht mit großen, schwarzen Augen. Dieses sogenannte Scheingesicht oder Okzipitalgesicht soll einem Vogel, der vielleicht gerade bei der Nahrungssuche ist und seine Aufmerksamkeit deshalb nicht auf mögliche Gefahren in der Umgebung richtet, eine gewisse passive Schutzwirkung verleihen. Potenzielle Feinde werden häufig auf eine Attacke verzichten, wenn sie glauben, dass ihr anvisiertes Opfer sie ansieht und entdeckt hat. Auch einer der ärgsten Feinde der Haubenmeise, der Sperlingskauz (s. o.) trägt ein solches Scheingesicht im Nacken, das ihn vor den Angriffen von größeren Eulen oder Greifvögeln schützen soll. Auch wenn die Täuschung nicht in jedem Falle schützt, so doch offensichtlich häufig genug, denn sonst hätte sich eine solche Gefiederzeichnung nicht entwickelt und im Laufe der Evolution stabilisiert.

Die **Sumpfmeise** und die **Weidenmeise** sind „Zwillingsarten", die sich optisch sehr ähnlich sehen (s. S. 80). Akustisch lassen sie sich anhand ihrer Rufe und Gesänge viel leichter unterscheiden. Beide leben in feuchten, totholzreichen Laubmischwäldern, in den Alpen und den Mittelgebirgen lebende Weidenmeisen sind auch in lichten, unterholzreichen

Haubenmeise *Lophophanes cristatus* 11,5 cm

Kennzeichen: Durch aufrichtbare Haube und auffällige Kopfzeichnung unverkennbar.

Stimme: Ruft weich „zigürr zizigürr". Haubenmeisen haben offenbar keinen eigenständigen Gesang.

Nahrung: Sämereien, vor allem Koniferensamen.

Verhalten: Nicht scheu, aber unauffällig und im dicht benadelten Gezweig von Nadelbäumen nicht leicht zu entdecken. Verlässt ihren Brutlebensraum nur sehr selten.

Status: Jahresvogel

Besonderes: Das auffallende schwarz-weiße Muster von Hals und Nacken der Haubenmeise ist ein sogenanntes Scheingesicht, das potenzielle Feinde von einem Überraschungsangriff abhalten soll.

Sumpfmeise *Poecile palustris* 11,5 cm

Kennzeichen: Glänzend schwarze Kopfkappe, akkurater Kinnlatz, kein helles Flügelfeld (s. Weidenmeise).

Stimme: Verschiedene Rufe, u.a. ein „niesendes", kurzes „pstjät" oder mit angehängtem Gezeter „pstjädät pstjädädät" (Achtung: Das kann auch die Kohlmeise!). Gesang ein klapperndes „tjetjetjetjetjet" o.ä.

Nahrung: Sämereien (auch Koniferensamen, Birkensamen u.a.), Insekten. An Futterstellen Fettfutter, Sonnenblumenkerne.

Verhalten: Turnt akrobatisch durch Büsche und Baumkronen, hängt oft mit dem Rücken nach unten an kleinen Zweigen.

Status: Jahresvogel

Besonderes: Sumpfmeisen legen bei Nahrungsüberfluss Vorräte an, die kurzfristig genutzt werden.

Weidenmeise *Poecile montanus* 11,5 cm

Kennzeichen: Mattschwarze, weiter in den Nacken reichende Kopfkappe, größerer ausgefranster Kinnlatz und helles Flügelfeld unterscheiden die Weidenmeise von der Zwillingsart Sumpfmeise (s. dort). Bei beiden Arten sind die Geschlechter gleich gefärbt.

Stimme: Ruft breit und gedehnt „(zi zi)dääh dääh dääh". (Achtung: Auch diese Rufe beherrscht die Kohlmeise!). Gesang regional unterschiedlich: Im Tiefland mit abfallenden Silben „ziü ziü ziü...", Vögel der Alpenpopulation, die einer anderen Unterart angehören, singen mit Silben auf gleicher Höhe, wie „zie zie zie..." oder „düh düh düh".

Nahrung: Wie Sumpfmeise. Besucht anders als diese Futterstellen im Garten nur selten.

Verhalten: Wie Sumpfmeise, aber im Allgemeinen etwas weniger lebhaft.

Status: Jahresvogel, Wintergast aus nördlichen und nordöstlichen Populationen in jährlich stark wechselnder Zahl.

Besonderes: Weidenmeisen zimmern ihre Bruthöhlen selbst in vermorschte Stellen von Weichhölzern.

Nadelwäldern anzutreffen. Beide Meisenarten bleiben nach Möglichkeit auch im Winter in ihren Revieren, die ganzjährig verteidigt werden. Diese Vögel legen, ähnlich wie der Kleiber, bei ausreichendem Nahrungsangebot Samenvorräte an, die kurzfristig genutzt werden. Es ist dies vermutlich eine günstige(re) Alternative zum energetisch „kostspieligen" Aufbau und Halten körpereigener Fettreserven und kann nach einer kalten Winternacht über Leben und Tod entscheiden, wenn die Nahrung knapp ist. Besonders bei strengem Frost schließen sich mitunter verschiedene Meisenarten (v. a. Kohl-, Blau-, Tannen- und Haubenmeise) zu gemischten Trupps zusammen, die gemeinsam auf der Nahrungssuche durch die Wälder ziehen. Das Schwarmverhalten ist temperaturabhängig: Je tiefer die Temperaturen unter den Gefrierpunkt sinken, desto stärker ist die Neigung zur Geselligkeit. Neben Schwanzmeisen und Kleibern sind gelegentlich auch Goldhähnchen in diesen „Multi-Kulti-Gruppen" zu beobachten. In der Regel handelt es sich um **Wintergoldhähnchen**, das ähnlich gefärbte **Sommergoldhähnchen** ist ein Zugvogel, der normalerweise im Herbst in den Mittelmeerraum zieht. Ein reiner Standvogel ist auch das Wintergoldhähnchen nicht: Mitteleuropa ist das Winterquartier nordischer Vögel und das Zugverhalten der bei uns brütenden

Wintergoldhähnchen *Regulus regulus* 9 cm

Kennzeichen: Winziges Vögelchen mit gelbem (Weibchen) bzw. gelborangenem (Männchen) Krönchen. Die Orangefärbung kommt vor allem dann zur Geltung, wenn die Kopffedern bei Erregung gespreizt werden. Das dunkle Auge ist von einer hellen Zone umgeben.

Stimme: Rufe sehr fein und hochtonig, oft dreisilbig: „sii-sii-sii". Gesang nadelspitz, mit galoppierendem Rhythmus und abgeschlossen durch einen deutlichen, variablen Schlussschnörkel: „si titisiss titisiss titisiss titisiüh".

Nahrung: Winzige Insekten.

Verhalten: Goldhähnchen huschen oft unstet durchs Geäst und zeigen dabei ein nervös wirkendes, einseitiges Flügelzucken. Speziell das Wintergoldhähnchen sucht seine Nahrung an der Unterseite von Kammästen der Fichte und klammert sich dabei, mitunter rücklings hängend, an die kleinen, herabhängenden Nebenäste oder zwängt sich durch eng stehendes, biegsames Zweiggewirr (vgl. Sommergoldhähnchen).

Status: Jahresvogel, Teilzieher (Zugopportunist) und Wintergast aus nordischen Populationen.

Besonderes: Das Wintergoldhähnchen ist eng an die Fichte gebunden.

Artgenossen hängt stark von den jeweiligen Witterungsbedingungen und dem Nahrungsangebot ab. Fachleute sprechen in diesem Fall von „Zugopportunisten“. Wenn sich die die winzigen Vögel ausreichend Fettreserven für anstrengende Langstreckenflüge anfuttern konnten und günstige Luftströmungen und Windverhältnisse herrschen, ziehen sie Richtung Süden, wenn nicht, müssen sie eben dableiben. Trotz ihrer geringen Körpergröße können die Goldhähnchen selbst eisige Temperaturen von 20 Minusgraden und mehr aushalten, solange sie genügend Nahrung finden (s. auch S. 16).

Der zur Familie der Finken zählende **Fichtenkreuzschnabel** ist ein ausgesprochener Nahrungsspezialist, der sich fast ausschließlich von den

Sommergoldhähnchen *Regulus ignicapillus* 9 cm

Kennzeichen: Kontrastreiche Kopfzeichnung mit schwarzem Strich durchs Auge und breitem hellem Überaugenstreif. Orangefärbung beim Männchen viel deutlicher als beim männlichen Wintergoldhähnchen. „Krönchen“ beim Weibchen gelb. Ein deutlicher Bronzeton auf Halsseiten und Schultern ist ebenfalls ein Unterscheidungsmerkmal zum Wintergoldhähnchen.

Stimme: Rufe ähnlich hochtonig wie bei der Zwillingsart, Gesang eine Reihe feiner, sich beschleunigender und am Ende ansteigender Töne: „sississisississisit“.

Nahrung: Kleine Insekten und Spinnen, bevorzugt größere Beutetiere als Wintergoldhähnchen.

Verhalten: Sucht seine Nahrung weniger akrobatisch und in normaler, waagerechter Haltung auf der Oberseite der Äste. So machen sich beide Arten, wo sie nebeneinander vorkommen, keine Konkurrenz.

Status: Kurzstreckenzieher, teilweise (v.a. in Süddeutschland) auch überwinternd.

Besonderes: Die lateinische Gattungsbezeichnung „Regulus“ bedeutet „kleiner König“ und bezieht sich auf die gelben oder orangefarbenen Scheitelfedern, die aufgerichtet an ein Federkrönchen erinnern.

winzigen, aber gehaltvollen Fichtensamen ernährt. Sein merkwürdig geformter Schnabel mit den gekreuzten Schnabelspitzen ist ein hochspezialisiertes Werkzeug, mit dem er die begehrten Fichtensamen auch aus noch geschlossenen Zapfen holen kann. Damit ist er in der Lage, ein reiches Nahrungsreservoir zu nutzen, das den meisten anderen potenziellen Nutznießern nicht zugänglich ist – zumindest soweit diese nicht über scharfe Nagezähne wie Mäuse oder Eichhörnchen oder über die geniale Technik des Buntspechts verfügen (s. S. 35). In geringerem Umfang verzehren Fichtenkreuzschnäbel auch die Samen anderer Nadelbaumarten, besonders die von Lärche und Douglasie. Die starke Abhängigkeit von Fichtensamen zwingt die Vögel zu hoher Mobilität: Sie sind stets dort zu finden, wo es gerade reich fruchtende Fichtenbestände gibt.

Fichtenkreuzschnabel *Loxia curvirostra* 17 cm

Kennzeichen: Gekreuzte Schnabelspitzen und intensiv ziegelrote Färbung der Männchen unverkennbar, Weibchen grünlich gefärbt mit ebensolchem Schnabel.

Stimme: Kontakt- und Flugrufe hart und metallisch „kipp kipp kipp…" oder weicher „glipp glipp glipp". Gesang schwer zu beschreiben: eine Mischung aus weichen Trillern und gepresstem Gezwitscher mit eingestreuten Rufen.

Nahrung: Fichtensamen, in deutlich geringerem Maße auch Samen anderer Koniferenarten, besonders von Lärche und Douglasie.

Verhalten: Der Vogel ist mithilfe seines spezialisierten Schnabels in der Lage, an einem noch geschlossenen Zapfen die Zapfenschuppen zu spalten und aufzubiegen, um so an die gehaltvollen Samen zu gelangen. Oft werden die hängenden Zapfen für die Samenernte nach Papageienart mit einem Fuß festgehalten oder aber abgebissen und zu einem stabilen, waagerechten Ast als Untergrund getragen, wo sie dann bearbeitet werden.

Status: Jahresvogel, Teilzieher, Zugvogel, Wintergast. Da Gruppen von Fichtenkreuzschnäbeln auf der Suche nach reifenden Fichtenzapfen oft weit umherstreifen, sind die Bewegungsmuster dieser Vögel insgesamt sehr komplex und unübersichtlich. Von Zeit zu Zeit gibt es Invasionen aus dem Norden und Osten Europas.

Besonderes: In Abhängigkeit vom Vorkommen reifer Fichtenzapfen können Fichtenkreuzschnäbel auch mitten im Winter brüten (s. S. 69).

„Normallandschaft“

Saatkrähe, Dohle, Rabenkrähe, Nebelkrähe, Kolkrabe, Wacholderdrossel, Rotdrossel, Star, Feldlerche, Mäusebussard, Raufußbussard, Kornweihe, Turmfalke, Merlin

Kleinteilig genutztes, naturnahes Kulturland mit Hecken, Feldgehölzen, Säumen, Brachen, Streuobstwiesen, Randlagen kleinbäuerlich geprägter Dörfer

Feldsperling, Stieglitz, Bluthänfling, Taigabirkenzeisig, Alpenbirkenzeisig, Goldammer, Grauammer, Rebhuhn, Jagdfasan, Habicht, Schleiereule, Steinkauz, Raubwürger

Agrarsteppe (Äcker, Intensivgrünland, Fluss- und Seemarschen)

Graugans, Blässgans, Zwerggans, Tundrasaatgans, Kurzschnabelgans, Waldsaatgans, Kanadagans, Weißwangengans, Rothalsgans, Nilgans, Singschwan, Zwergschwan, Kranich, Weißstorch, Großtrappe, Goldregenpfeifer, Sumpfohreule, Bergpieper

Weitere mögliche Arten (Auswahl):

Amsel, Rotkehlchen, Buchfink, Grünfink, Girlitz, Erlenzeisig, Kohlmeise, Blaumeise, Schwanzmeise, Zaunkönig, Ringeltaube, Türkentaube, Seidenschwanz (s. Lebensraum „Stadt und Dorf“)

Buntspecht, Grünspecht, Kleinspecht, Weidenmeise, Eichelhäher, Sperber, Waldohreule (s. Lebensraum „Wald und Forst“)

Höckerschwan, Stockente, Graureiher, Silberreiher, Lachmöwe, Sturmmöwe, Rohrammer (s. Lebensraum „See und Fluss“)

Wer schon einmal mit der Bahn oder dem Auto durch Deutschland gefahren ist, wird vielleicht festgestellt haben, dass die landwirtschaftlich genutzten Landschaftsräume sich in unterschiedlichen Regionen vielfach recht stark ähneln: Zwischen Dörfern und Ortschaften ausgedehnte Ackerflächen und intensiv genutztes Grünland, sauber und gerade voneinander abgegrenzt, Baumreihen, Heckenreste, hie und da ein paar Einzelbäume oder ein eingestreutes Feldgehölz, durchzogen von asphaltierten Feldwegen, Straßen und kanalisierten Bächen – landauf, landab ein normaler Anblick. Man bezeichnet diese Landschaft denn auch als „Normallandschaft". (Auch Ortschaften und Forsten zählen dazu, diese wurden in den vorangegangenen Kapiteln behandelt.) Abgesehen davon, dass noch vor wenigen Jahrzehnten eine wesentlich abwechslungsreichere Kulturlandschaft „normal" war (s. unten), sind auch in der winterlichen **„Normallandschaft"** durchaus Vögel zu beobachten.

Häufig fallen als erstes große Schwärme von Krähenvögeln ins Auge und durch ihre krächzenden oder quorrenden Rufe machen sie auch akustisch auf sich aufmerksam. **Saatkrähen** und die kleineren, graunackigen **Dohlen** sind im Winterhalbjahr häufig miteinander vergesellschaftet. Beide Arten leben ganzjährig gesellig und bilden – jede Art für sich – größere Brutkolonien. Im Laufe des Herbstes bekommen unsere hiesigen Brutvögel Verstärkung aus Osteuropa. Tagsüber suchen sie gemeinsam auf Äckern und Wiesen nach Nahrung, die Nächte verbringen sie an festen Massenschlafplätzen, wo sich oft Hunderte oder Tausende Vögel versammeln. Auch die schwarzen **Rabenkrähen** und die grauschwarz

Saatkrähe *Corvus frugilegus* 44-46 cm

Kennzeichen: Altvögel mit unbefiedertem Schnabelgrund. Jungvögel ähneln wegen des noch befiederten Schnabelgrundes der Rabenkrähe, haben aber spitzeren Schnabel als diese.

Stimme: Quorrender als Raben- und Nebelkrähe: „korrr", „oarrr" o. ä.

Nahrung: Allesfresser, pflanzlicher Anteil überwiegt.

Verhalten: Saatkrähen leben ganzjährig gesellig und brüten in Kolonien. Im Winterhalbjahr umfassen Schwärme oft viele Hundert Individuen. Die Vögel zeigen im Gegensatz zu Raben- und Nebelkrähen oftmals Flugspiele.

Status: Jahresvogel, häufiger Wintergast aus Ost-/Nordosteuropa.

Besonderes: Saatkrähen sind außerhalb der Brutzeit häufig mit Dohlen vergesellschaftet.

gezeichneten **Nebelkrähen**, zur Brutzeit revierbildend, schließen sich im Winter zu Trupps zusammen, die für gewöhnlich aber weniger kopfstark sind als die der Saatkrähen und Dohlen. Rabenkrähe und Nebelkrähe wurden früher als Unterarten der „Aaskrähe" angesehen, heute gelten beide als eigenständige, wenngleich sehr eng verwandte Arten. Früher wanderten Nebelkrähen aus ihren nordostdeutschen Brutgebieten und aus Osteuropa im Winter häufig in den klimatisch milderen Westen, heute sieht man sie dort kaum noch oder nur in einzelnen Exemplaren – vermutlich eine Folge der zunehmend milderen Wintertemperaturen im

Dohle *Coloeus monedula* 33-34 cm

Kennzeichen: Grauer Nacken und helle Iris. Geschlechter gleich gefärbt.

Stimme: Helle Rufe wie „kjack", „kja" o. ä.

Nahrung: Allesfresser, im Wesentlichen kleine Wirbellose, auch Pflanzliches.

Verhalten: Die Vögel leben ganzjährig gesellig und sind verspielte Flugkünstler.

Status: Jahresvogel, häufiger Wintergast aus Ost-/Nordosteuropa.

Besonderes: Dohlen sind wie alle Krähenverwandten außerordentlich intelligent.

Rabenkrähe / Nebelkrähe *Corvus corone / C. cornix* 45-49 cm

Kennzeichen: Rabenkrähe ganz schwarz. Nebelkrähe mit grauem Körper, zu dem Kopf, Brust, Flügel und Schwanz schwarz kontrastieren. Geschlechter jeweils gleich gefärbt.

Stimme: Rau krächzend „krah", „arrr" o. ä.

Nahrung: Allesfresser, tierische Nahrung überwiegt, profitiert auch von menschlichen Abfällen.

Verhalten: Im Winterhalbjahr in Trupps unterwegs. Zur Brutzeit werden paarweise Brutreviere besetzt, Nichtbrüter verbleiben im Schwarm.

Status: Jahresvogel

Besonderes: Rabenkrähe und Nebelkrähe galten früher als Unterarten der „Aaskrähe".

Zuge des Klimawandels. Auf den ersten Blick sind Saatkrähen und Rabenkrähen wegen ihrer schwarzen Befiederung und ähnlicher Größe zu verwechseln, doch weisen erstere (bei Altvögeln) einen unbefiederten, „grindigen" Schnabelgrund auf. Auch im Flug, wenn dieses Merkmal ohne Fernglas nicht zu sehen ist, sind beide Arten gut zu unterscheiden: Saatkrähen haben schmalere Flügel und einen eleganteren Flug als die eher schwerfällig daherrudernden Rabenkrähen und zeigen im Gegensatz zu diesen häufig wilde Flugspiele mit akrobatischen Sturzflügen und anderen Flugmanövern – offensichtlich allein aus spielerischer Freude am Fliegen. Auch die Stimmen sind wichtige Merkmale: Die Lautäußerungen der Saatkrähe klingen mehr quorrend als das raue Krächzen der Rabenkrähen und – von dieser praktisch nicht unterscheidbar – auch der Nebelkrähen. Wer genau hinsieht und hinhört, wird vielleicht auch die viel größeren **Kolkraben** entdecken. Auch sie schließen sich im Winter zu größeren Gruppen zusammen. Früher in Deutschland fast ausgerottet, hat sich der Bestand in den letzten Jahrzehnten wieder gut erholt, sodass Raben vielerorts zur winterlichen Vogelwelt der Agrarlandschaft zählen.

Auf Grünland, in Hecken mit beerentragenden Sträuchern oder in nicht vollständig abgeernteten Obstplantagen kann man großen Trupps der bunt gefärbten **Wacholderdrosseln** begegnen. Zu den hiesigen Brutvögeln gesellen sich Artgenossen aus Nord- und Osteuropa. Ein Teil von ihnen verbringt den Winter in Deutschland, andere ziehen weiter Richtung Südwesten nach Frankreich und Spanien. Häufig sind sie dabei mit nordischen **Rotdrosseln** vergesellschaftet. Bei Frost, wenn die Suche nach Würmern und anderen Bodentieren auf Wiesen und Weiden unmöglich wird und Beeren und Wildobst in der freien Landschaft weitgehend von den Vögeln abgeerntet sind, kommen die Drosseln in kleinen

Kolkrabe *Corvus corax* 65 cm

Kennzeichen: Sehr groß, metallischer Gefiederglanz, klobiger Schnabel, im Flug keilförmiger Schwanz.

Stimme: Vielfältige, klangvolle Rufe wie „rab rab rab", „krroap krroap", „kraahk", „klong"...

Nahrung: Allesfresser, häufig auch an Aas oder Beuteresten großer Beutegreifer.

Verhalten: Kolkraben sind scheu und wachsam. Im Gegensatz zu Krähen segeln sie häufig.

Status: Jahresvogel

Besonderes: Kolkraben gehören zu den größten Singvögeln der Welt.

Trupps auch in Gärten und Parks. Einzelne Wacholderdrosseln können dann einen guten Futterplatz, etwa Fallobstansammlungen, die für ein Dutzend Vögel reichen würden, vehement verteidigen, auch gegen ansonsten dominante Amselhähne, die ein ähnliches Verhalten zeigen.

Über der offenen Agrarlandschaft lohnt ein Blick in den Himmel: Häufig sind dort kreisende **Mäusebussarde** zu sehen, die aus der Höhe nach passender Beute Ausschau halten. Gern nutzen diese häufigsten heimischen

Wacholderdrossel *Turdus pilaris* 25,5 cm

Kennzeichen: Sehr bunt gefärbt, Geschlechter gleich.

Stimme: Am häufigsten sind die elsternartig schackernden Flugrufe zu hören.

Nahrung: Würmer, Insektenlarven, Beeren, Früchte.

Verhalten: Wacholderdrosseln vergesellschaften sich gerne zu großen Trupps, auch mit anderen Drosselarten.

Status: Jahresvogel, häufiger Wintergast aus Ost-/Nordosteuropa.

Besonderes: Einzelne Wacholderdrosseln können ergiebige Futterquellen im Garten (Fallobst) vehement gegen Artgenossen und andere Drosseln verteidigen.

Rotdrossel *Turdus iliacus* 21 cm

Kennzeichen: Weinrote Flanken, Achselfedern und Unterflügeldecken. Auffallender heller Überaugenstreif (im Winter eher beige gefärbt, im Sommer weiß).

Stimme: Flugruf durchdringend scharf „ziiiieh!" Im beginnenden Frühjahr hört man von Trupps vielstimmig zwitschernden Chorgesang.

Nahrung: Im Winter und auf dem Zuge hauptsächlich Beeren und Früchte.

Verhalten: Rotdrosseln sind sehr gesellig und oft mit Wacholderdrosseln vergesellschaftet.

Status: Häufiger Durchzügler und spärlicher Überwinterer aus Nordeuropa.

Besonderes: Die Rotdrossel wird wegen ihrer weinroten Gefiederpartien auch Weindrossel genannt.

Mäusebussard *Buteo buteo* 50-57 cm

Kennzeichen: Im Fluge sind die breiten, beim Segeln leicht nach vorn gestreckten Flügel kennzeichnend. Schwanz oft eng gebändert. Gefiederfärbung sehr variabel.

Stimme: Miauend „hiäää!", im Winter wenig zu hören. Achtung: Dieser Ruf wird häufig vom Eichelhäher imitiert!

Nahrung: Überwiegend Kleinsäuger, auch Aas.

Verhalten: Hält oft stundenlang von einem erhöhten Ansitz Ausschau nach Beute, häufig auch an Straßenrändern zu beobachten.

Status: Jahresvogel, in wechselndem Maße Zuzug aus Skandinavien.

Besonderes: Der Mäusebussard ist der häufigste heimische Greifvogel.

Raufußbussard *Buteo lagopus* 50-61 cm

Kennzeichen: Ähnlich Mäusebussard, unterscheidet sich von diesem u. a. durch vollkommen befiederte Läufe (nur im Sitzen sichtbar, Mäusebussard zeigt zwischen Fängen und „Hosen" unbefiederte Beine) und weißen Schwanz mit 2-4 schmalen Binden am Schwanzende, die aus der Entfernung oft wie eine einzige breite Binde wirken (besonders bei Weibchen). Junge Vögel sind sehr hell gefärbt mit schwarzem Bauch und dunklen Flügelbugflecken und zeigen eine diffuse breite, dunkle Endbinde im Schwanz.

Stimme: Ähnlich Mäusebussard, aber bei uns kaum zu hören.

Nahrung: Kleinsäuger

Verhalten: Raufußbussarde jagen oft aus dem „Rüttelflug" heraus wie ein Turmfalke (s. S. 91), d. h. sie „stehen" flügelschlagend über längere Zeit auf der Stelle. Mäusebussarde tun dies nur selten und kurzzeitig, In jedem Falle deutlich schwerfälliger als der Raufußbussard.

Status: Regelmäßiger Wintergast aus den skandinavischen Tundren, besonders im norddeutschen Flachland.

Besonderes: Der Bruterfolg des Raufußbussards ist stark abhängig von den periodisch schwankenden Vermehrungszyklen der Lemminge, seiner Hauptbeute. Gab es im Sommer (zu) wenige Lemminge, sind im darauffolgenden Winter entsprechend weniger Raufußbussarde bei uns zu sehen.

Greifvögel auch einen Weidezaunpfahl oder einen Baum als Ansitz, um von dort aus Mäusen und anderen Kleinsäugern aufzulauern. Fallwild, Verkehrsopfer und Beutereste von größeren Säugetieren wie Fuchs oder Wolf spielen ebenfalls eine wichtige Rolle als Winternahrung. Bei genauerem Hinsehen wird man vielleicht auch einen Verwandten aus der nordischen Tundra entdecken, der vor allem in Norddeutschland überwintert, den **Raufußbussard**. Sein Name nimmt Bezug auf die bis zu den Fängen befiederten Läufe, die allerdings nur beim stehenden Vogel zu erkennen sind – dann aber ein eindeutiges Unterscheidungsmerkmal zum farblich sehr variablen Mäusebussard darstellen, der lediglich halblange befiederte „Hosen" trägt. (Zu weiteren Unterscheidungsmerkmalen s. Artporträts auf S. 89). Ebenfalls ein Wintergast aus der skandinavischen Tundra und wie der Raufußbussard vor allem im norddeutschen Flachland zu beobachten, ist die **Kornweihe.** Die Geschlechter sehen sehr unterschiedlich aus: Weibchen sind, ebenso wie Jungvögel beiderlei Geschlechts im ersten Winter, braun mit auffallendem weißen Bürzel, erwachsene Männchen erinnern mit ihrem hellgrauen Federkleid und schwarzen Flügelspitzen eher an eine große Möwe als an einen Greifvogel. Typisch ist ihr gaukelnder Jagdflug mit V-förmig angehobenen Flügeln knapp über dem Boden. **Turmfalken** erkennt man leicht an ihrem typischen Rüttelflug, bei dem sie mit schnellen Flügelschlägen und ausgebreitetem Schwanz in der Luft auf der Stelle stehen und nach Mäusen Ausschau halten. Mit ihren sprichwörtlich scharfen Falkenaugen können sie sogar die ultraviolett leuchtenden Urinspuren

Kornweihe *Circus cyaneus* 43-50 cm

Kennzeichen: Im Vergleich zum Bussard mit verhältnismäßig längeren und schmaleren Schwingen und längerem Schwanz. Weibchen und Jungvögel bräunlich mit starker Bänderung auf der Unterseite und auffallendem weißen Bürzel. Erwachsene Männchen sind möwenartig hellgrau mit schwarzen Flügelspitzen und ebenfalls weißem Bürzel. (Achtung: Aus der Entfernung besteht Verwechslungsgefahr mit großer Möwe!)

Stimme: Im Winter kaum zu hören.

Nahrung: Kleinsäuger, Kleinvögel.

Verhalten: Kornweihen fliegen bei der Jagd mit V-förmig angehobenen Flügeln dicht über dem Boden, oft mit abrupten „Ausfallmanövern".

Status: Regelmäßiger Wintergast aus der skandinavischen Tundra.

Besonderes: Die Kornweihe kann theoretisch mit der sehr ähnlich gefärbten Wiesenweihe verwechselt werden, doch ist letztere als ausgesprochener Zugvogel im Winter bei uns praktisch auszuschließen.

sehen, mit denen die Nager ihre oberirdischen Laufwege markieren. Der Falke braucht also nur das „Straßensystem“ der Mäuse im Auge zu behalten und im richtigen Moment im Sturzflug mit den Fängen voran zuzugreifen. Trotz aller Flugkünste ist längst nicht jeder Beutestoß erfolgreich. Auf Kleinvögel als Beute ist eine andere Falkenart spezialisiert, der **Merlin**. Er

Turmfalke *Falco tinnunculus* 32-39 cm

♀

Kennzeichen: Typisch falkenartiges Flugbild mit langen, schmalen Flügeln und langem Schwanz. Männchen (Terzel) mit blaugrauem Schwanz und Bürzel und grauem Kopf, Weibchen mit braunem, schmal gebänderten Schwanz und deutlicher dunkel gezeichneter Oberseite.

Stimme: Durchdringend „kikikiki...“.

Nahrung: Kleinsäuger, seltener Kleinvögel.

Verhalten: Zeigt den typischen „Rüttelflug“ und steht mit schnellen Flügelschlägen oft minutenlang über einer Stelle, um plötzlich mit angelegten Schwingen und vorgestreckten Fängen zu Boden zu stürzen, um eine Maus zu greifen. Jagt auch von erhöhtem Ansitz aus.

Status: Jahresvogel

Besonderes: Die sprichwörtlich scharfen Falkenaugen können sogar die Urinspuren einer Maus erkennen.

Merlin *Falco columbarius* 25-30 cm

Kennzeichen: Sehr kleiner Falke mit auffallend kompakter Flügelsilhouette. Flügel an der Basis kurz und breit, Schwanz lang und scharf abgeschnitten. Männchen deutlich kleiner als Weibchen, oberseits blaugrau, unterseits hell rostfarben mit dunklen Flecken. Weibchen oberseits dunkelbraun, unterseits auf hellem Grund kräftig braun gefleckt.

Stimme: Ähnlich Turmfalke, im Winter kaum zu hören.

Nahrung: Hauptsächlich Kleinvögel.

Verhalten: Schießt bei der Jagd oft sehr dicht über dem Boden dahin und zeichnet dabei jede Bodenkontur nach.

Status: Regelmäßiger Durchzügler und spärlicher Wintergast aus Skandinavien.

Besonderes: Hoch am Himmel kreisende Merline können ohne Größenvergleich mit dem wesentlich größeren Wanderfalken (s. S. 155) verwechselt werden.

fliegt oft sehr schnell und sehr dicht über dem Boden, elegant jede Bodenwelle nachzeichnend, und schlägt Vögel bis zur Größe einer Drossel im Überraschungsangriff. Manchmal wirkt der Flug des Merlins nicht falkenartig, sondern erinnert durch den Wechsel von einigen schnellen Flügelschlägen und Gleitphasen mit angelegten Flügeln an eine Drossel. Ob dies der gezielten Täuschung potenzieller Beutevögel dient, um auf diese Weise möglichst nahe an sie heranzukommen, ist bislang nicht sicher geklärt.

Vor allem Körnerfresser wie Spatzen, Finken und Ammern haben es mittlerweile schwer, in unserer intensiv landwirtschaftlich genutzten „Normallandschaft" zu überleben (s. S. 212): Nur in **kleinteilig genutztem, naturnahem Kulturland** und in **kleinbäuerlich geprägten Dörfern** finden sie im Winter ihr Auskommen.

Viele Körnerfresser schließen sich im Herbst und Winter zu gemischten Trupps zusammen, immer auf der Suche nach den besten Futterplätzen. Besonders im Umfeld der Dörfer sind auf Feldern, Brachen und in Hecken **Feldsperlinge** zu beobachten. Sie sind auf die menschliche Nachbarschaft nicht so zwingend angewiesen wie die Haussperlinge und unterscheiden sich von diesen unter anderem durch die markanten schwarzen „Ohrflecken". **Stieglitze**, wegen ihrer Vorliebe für Distelsamen auch **Distelfinken** genannt, fallen schon von weitem auf durch ihr lebhaftes, unruhiges Temperament, die kontrastreiche schwarzgelbe Flügelzeichnung und durch ihre Rufe, ein munteres „tigglit stiggelitt…", denen sie ihren lautmalerischen Namen verdanken. Diese bunten Finkenvögel verhalten sich bei der Nahrungssuche sehr geschickt: Auf einer Staude oder einem Zweig sitzend, können sie sich weit vorbeugen, kopfüber oder sogar nach Meisenart mit dem Rücken nach unten hängen. Mit dem Schnabel ziehen die Vögel, falls

Feldsperling *Passer montanus* 14 cm

Kennzeichen: Braune Kopfkappe, schwarze Ohrflecken und weißes Nackenband unterscheiden den Feldsperling vom Haussperling (s. S. 61). Geschlechter gleich gefärbt.

Stimme: Verschiedenartige Rufe wie „tschlp", „tschep", tonloser und „verwaschener" als beim Haussperling.

Nahrung: Im Winter überwiegend kleine Sämereien.

Verhalten: Gesellig, oft in großen Trupps.

Status: Jahresvogel

Besonderes: Feldsperlinge sind weniger stark vom Menschen abhängig als Haussperlinge.

nötig, einen benachbarten Samenstand zu ihrer Sitzwarte heran und halten ihn mit einem Fuß fest, um ihn bearbeiten zu können. In hüpfendem Flug streifen die Trupps weit umher. Die Nächte verbringen sie gemeinschaftlich an bestimmten Schlafplätzen. Größere Trupps von **Bluthänflingen** sieht man leider immer seltener: Ihr Bestand hat in den letzten Jahren so stark abgenommen, dass diese einstige „Allerweltsart" bundesweit inzwischen

Stieglitz *Carduelis carduelis* 14 cm

Kennzeichen: Durch bunte Kopffärbung und auffallende gelbe Flügelbinde unverwechselbar. Geschlechter gleich gefärbt.

Stimme: Fröhlich klingende, häufig wiederholte Rufe wie „tigglitt", „stiggelitt" o. ä.

Nahrung: Sämereien, mit Vorliebe Samen von Disteln, Kratzdisteln und Karden, besucht auch Futterstellen und bedient sich am Körnerfutter.

Verhalten: Gesellig, oft in großen Trupps unstet umherfliegend. Die Vögel turnen akrobatisch an Disteln und anderen samentragenden Pflanzen.

Status: Jahresvogel

Besonderes: Stieglitze werden wegen ihrer Vorliebe für Distelsamen auch Distelfinken genannt.

Bluthänfling *Linaria cannabina* 14 cm

Kennzeichen: Im Winter ähneln sich die Geschlechter stark, Männchen ohne die zur Brutzeit kennzeichnenden roten Flecken an Stirn und Brust, aber mit intensiverer rosabeiger Tönung auf der Brust als Weibchen. Im Fluge brauner Mantel und hellgraue Flügelbinden kennzeichnend.

Stimme: Flugrufe klingen wie „gegege...", „knett-ätt..."

Nahrung: Sämereien

Verhalten: Gesellig, im Winterhalbjahr in größeren Trupps, gern auch mit anderen Finken und Ammern vergesellschaftet.

Status: Jahresvogel

Besonderes: Der früher sehr häufige Bluthänfling gilt heute in Deutschland als gefährdete Brutvogelart. Dementsprechend sind auch die Winterschwärme kleiner und seltener geworden.

als gefährdete Brutvogelart gilt. Von den sonst so auffallenden blutroten Flecken auf Brust und Stirn der Männchen ist im Winter nichts zu sehen. Erst wenn sich die deckenden beigebräunlichen Federspitzen an diesen Körperpartien zum Frühjahr hin abnutzen oder abbrechen, tritt das leuchtende Rot wieder zutage, das dem Bluthänfling seinen Namen gab (s. auch S. 37). Ebenfalls zur großen Finkenfamilie zählen die Birkenzeisige. Seit kurzem unterscheiden Fachleute zwei Arten, den **Taigabirkenzeisig** und den **Alpenbirkenzeisig**. Letztere brüten nicht nur im Alpenraum, sondern sind inzwischen in vielen Gegenden Deutschlands ganzjährig zu beobachten. Sie sind etwas kleiner und heller als die Wintergäste aus der nordischen Taiga, doch ohne den direkten Vergleich ist dieser Unterschied unter Freilandbedingungen häufig schwer zu beurteilen. In manchen Jahren kommt es zu regelrechten Invasionen (s. S. 30) von Taigabirkenzeisigen aus Skandinavien. Dann ziehen sie, ähnlich wie die Erlenzeisige (s. S. 52) und nicht selten mit diesen gemeinsam, in großen, unablässig rufenden Schwärmen umher, um in Birken und Erlen die winzigen Samen zu ernten.

Die **Goldammer** und die etwas größere **Grauammer** schließen sich ebenfalls gern untereinander und mit verschiedenen Finkenarten zu

Taigabirkenzeisig / Alpenbirkenzeisig — 11,5-14,5 cm

Acanthis flammea / *Acanthis cabaret*

Kennzeichen: Klein und kurzschnäbelig, ähnlich Berghänfling (s. S. 158). Von diesem durch rote Stirn und das Fehlen von Rosa am Bürzel zu unterscheiden. Weibchen und männliche Jungvögel im ersten Winter ohne rote Brustfärbung. Der Alpenbirkenzeisig (re.) ist kleiner und insgesamt wesentlich brauner als der grauere und dunklere Taigabirkenzeisig (li.), vor allem auf Bürzel und Rücken.

Stimme: Flugrufe „tschett tschett...“. Im ausgehenden Winter auch Gesang zu hören, mit typischem Schwirren oder Surren wie „serrrr“ oder „tschrrrr“, rauer als das Sirren des Seidenschwanzes (s. S. 53).

Nahrung: Im Winter hauptsächlich Baumsamen, sehr gerne von Birken, auch Koniferen.

Verhalten: Geselliger Schwarmvogel, turnt oft akrobatisch in Baumwipfeln herum.

Status: Jahresvogel (Alpenbirkenzeisig) bzw. Wintergast aus Skandinavien (Taigabirkenzeisig).

Besonderes: Alpen- und Taigabirkenzeisig galten bis vor kurzem als Unterarten und werden jetzt als eigenständige, sehr nah verwandte Arten betrachtet.

gemischten Trupps zusammen. Der Grauammer kann man vor allem in Ostdeutschland begegnen, im Westen ist sie nahezu völlig verschwunden. Ammern suchen meist am Boden nach Sämereien und können, wie Hänflinge und Stieglitze, nur dort langfristig überleben, wo eine reich strukturierte Agrarlandschaft mit wildkrautreichen Brachen und Ackerrainen ihnen genügend Winterfutter bietet. In solchen Lebensräumen fühlt sich

Goldammer *Emberiza citrinella* 16,5 cm

Kennzeichen: Männchen im Prachtkleid unverkennbar durch satte Gelbfärbung an Kopf und Unterseite, zu Beginn des Winters aber durch graugrüne Federspitzen mehr oder weniger überlagert. Weibchen blasser und eher beigegelb gefärbt und mit stärker gestreifter Brust, im ersten Winter überwiegend braunbeige und olivbraun und ohne Gelbtönung. Beide Geschlechter mit rostbraunem Bürzel und weißen Schwanzkanten.

Stimme: Typisch kurz „tzeck", Lockruf weicher „dzüh". Gesang ab März zu hören: „zizizizi-ziiieh".

Nahrung: Sämereien

Verhalten: Wenig scheu, schließt sich mit ihresgleichen sowie mit anderen Ammern und Finken gern zu lockeren Trupps zusammen. Sucht ihre Nahrung ganz überwiegend am Boden.

Status: Jahresvogel

Besonderes: Die Goldammer kommt im Winter auch in Ortschaften und besucht Futterstellen.

Grauammer *Emberiza calandra* 18 cm

Kennzeichen: Große, graubraune Ammer mit kräftigem Schnabel. Geschlechter gleich gefärbt.

Stimme: Kurz „zick". Gesang ab März, klingt wie klirrender Schlüsselbund.

Nahrung: Sämereien

Verhalten: Im Winter gesellig und in Trupps umherstreifend.

Status: Jahresvogel

Besonderes: Grauammern trifft man vor allem im Osten Deutschlands an.

auch das **Rebhuhn** wohl. Der Bestand dieses einst überall häufigen Feldhuhns hat seit 1980 durch intensive Landwirtschaft und Flurbereinigung europaweit um 94 Prozent abgenommen, sodass heutzutage schon sehr viel Glück dazugehört, um einen Wintertrupp Rebhühner in der Feldflur zu finden oder ab Mitte Februar den knarrenden „gierreck“-Rufen zu lauschen, mit denen die Hähne ihr Revier markieren. Viel häufiger begegnet man einem anderen Hühnervogel, dem **Jagdfasan**. Dieser Vogel stammt ursprünglich aus Mittelasien und wurde wohl schon von den alten Römern nach Europa gebracht. Als beliebtes Jagdobjekt setzen Jäger regelmäßig gezüchtete Fasanen aus, die oft kaum Scheu vor dem Menschen zeigen. Wo es viele potenzielle Beutetiere gibt, sind auch gefiederte Beutegreifer nicht weit. Die meisten **Habichte** verlassen im Winter ihren Sommerlebensraum im Wald, denn dort gibt es für sie zu dieser Jahreszeit viel weniger zu holen als in einer abwechslungsreichen Kulturlandschaft. Hecken und Waldränder bieten ihnen Deckung bei ihrer rasanten Jagd auf mittelgroße Vögel und Säugetiere, wie Hühnervögel, Enten, Tauben, Krähen und Kaninchen. Nachts holen sich **Schleiereulen** und **Steinkäuze** ihren Anteil, ganz überwiegend Mäuse. Schleiereulen sind im Winter darauf angewiesen, in Scheunen und Viehställen Schutz vor der Kälte und ausreichend Nahrung zu finden. Bei den Bauern sind sie als Mäusevertilger geschätzt, im Gegenzug bieten diese den

Rebhuhn *Perdix perdix* 29-31 cm

Kennzeichen: Orangebraunes Gesicht, schwarzer Bauchfleck und rotbraun gebänderte Flanken charakterisieren diesen rundlichen, kurzschwänzigen Hühnervogel. Geschlechter sehr ähnlich gefärbt, Männchen mit stärker ausgeprägtem Bauchfleck.

Stimme: Aufgescheucht „ripripriprip...“, der Hahn balzt bereits ab Ende Februar/Anfang März mit durchdringendem, wiederholtem „girrhek!“.

Nahrung: Sämereien

Verhalten: Außerhalb der Brutzeit in Familienverbänden oder größeren Gruppen. Bei Gefahr drücken sich die Vögel oder versuchen zunächst, laufend zu flüchten. Bedrängt oder überrascht fliegen sie mit laut burrendem Flügelgeräusch und hektischen Rufreihen auf.

Status: Jahresvogel

Besonderes: Rebhühner sind in Deutschland durch intensive Landnutzung, Einsatz von Pestiziden und Ausräumung der Feldflur mittlerweile vom Aussterben bedroht. EU-weit gingen die Bestände seit 1980 um 94 Prozent zurück.

Jagdfasan *Phasianus colchicus* 75-89 cm (Hahn), 53-62 cm (Henne)

Kennzeichen: Hahn sehr bunt gefärbt mit rotem Gesicht, grünem Hals, häufig weißem Halsring und sehr langen Schwanzfedern. Henne unscheinbar beigebraun mit dunklen Flecken, deutlich kurzschwänziger als der Hahn.

Stimme: Beim Auffliegen aufgeregt „gögöck gögöck gögöck...". Hahn balzt mit lautem „GÖ göck!" und gleichzeitigem Flügelburren.

Nahrung: Sämereien, Kleintiere.

Verhalten: Fasanen drücken sich bei Gefahr, so lange es geht und fliegen erst im letzten Moment auf. In Gruppen fliegen oft nicht alle Vögel gleichzeitig auf, sondern „schubweise" nacheinander.

Status: Jahresvogel, häufig werden zu Jagdzwecken gezüchtete Tiere ausgesetzt.

Besonderes: Jagdfasanen stammen ursprünglich aus Mittelasien und wurden möglicherweise bereits von den Römern, spätestens aber im Mittelalter, nach Mitteleuropa eingeführt.

Habicht *Accipiter gentilis* 48-61 cm

Kennzeichen: Helle Unterseite mit dunkler Bänderung („Sperberung"), oberseits graubraun. Geschlechter gleich gefärbt, aber Männchen (Terzel) etwa ein Drittel kleiner als das bussardgroße Weibchen. Im Jugendkleid unterseits rostbeige („Rothabicht") bis gelblich mit dunkler Längsfleckung. Augen stechend gelb.

Stimme: Im Winter wenig zu hören, am ehesten bussardähnliches „híjä", auf der ersten Silbe betont.

Nahrung: Mittelgroße Vögel (z.B. Enten, Krähen, Tauben) und Säuger (Hasen, Kaninchen), insgesamt sehr vielseitig, doch oft individuell spezialisiert.

Verhalten: Habichte lauern in der Deckung auf eine gute Jagdgelegenheit. Sie nutzen für den Angriffsflug jede verfügbare Deckung und überraschen ihre Beute, die sie in der Luft oder am Boden schlagen. Gerade Rothabichte verhalten sich dabei oft besonders tollkühn und draufgängerisch.

Status: Jahresvogel

Besonderes: Habichte, besonders die starken Weibchen, werden häufig von Falknern als Beizvögel benutzt.

Eulen oft spezielle Nistkästen oder zumindest Einfluglöcher im Giebel an. Die kleinen Steinkäuze sind wie die Schleiereulen ebenfalls Kulturfolger des Menschen. Sie haben ihren Verbreitungsschwerpunkt vor allem im nordwestdeutschen Tiefland vom Niederrhein bis ins Münsterland. Dort leben sie gerne in Höhlungen alter Kopfweiden, aber auch in alten Feldschuppen. Sogar ein Singvogel macht Jagd auf Mäuse und Kleinvögel:

Schleiereule *Tyto alba* 33-39 cm

Kennzeichen: Oft sehr helle, schlanke, langbeinige Eule mit weißlichem, herzförmigem Gesichtsschleier und dunklen Augen, Geschlechter gleich gefärbt.

Stimme: Explosiv gellende Rufe und kreischendes Schnarchen in der Nacht.

Nahrung: Mäuse und andere Kleinsäuger.

Verhalten: Schleiereulen jagen oft schon in der Dämmerung. Sie halten sich gerne in Scheunen und Kirchtürmen auf.

Status: Jahresvogel

Besonderes: Die Färbung der Unterseite variiert je nach Unterart zwischen fast weiß bis dunkel ockerfarben.

Steinkauz *Athene noctua* 21-23 cm

Kennzeichen: Kleine, koboldhafte Eule, gedrungen und breitköpfig, Augen bzw. Iris gelb.

Stimme: Revierruf langgezogen und ansteigend „guuuhk“. Hat diverse Rufe, häufig „kii-jo“ oder „kwiew“.

Nahrung: Kleinsäuger, im Sommer auch große Insekten und Regenwürmer.

Verhalten: Jagt häufig zu Fuß am Boden, bewegt sich dabei in Hüpfsprüngen. Erschreckt oder erregt, knickst der Steinkauz und bewegt Kopf und Oberkörper ruckartig hin und her.

Status: Jahresvogel

Besonderes: Steinkäuze sind in Deutschland fast nur noch im Rheinland und dessen Umgebung zu finden.

Es ist der amselgroße **Raubwürger**, besser **Grauwürger** genannt, denn diese Vögel „rauben“ im negativ besetzten menschlichen Sinne genauso wenig wie „Raubvögel“, die heute konsequent „Greifvögel“ genannt werden. Neben den selten gewordenen heimischen Brutvögeln sind es vor allem Wintergäste aus Skandinavien, die auf exponierten Warten, etwa auf der Spitze eines Dornbusches, sitzen und auf Beute lauern. Mäuse und Spitzmäuse machen bis zu 90 Prozent seiner Nahrung aus, doch bei hoher Schneelage, wenn diese Kleinsäuger für ihn unerreichbar sind, jagt der Grauwürger bevorzugt Vögel bis zur Größe einer Drossel, die in sperberartigem Angriffsflug überrascht und mitunter sogar im Fluge geschlagen werden. Der gefiederte Jäger vermag Beute zu überwältigen und wegzutragen, die so schwer ist wie er selbst. Große Beutetiere werden auf Dornen gespießt oder in Astgabeln geklemmt, um sie besser zerlegen zu können, denn anders als bei Greifvögeln und Falken sind die Füße des Grauwürgers nicht zum Festhalten der Beute geeignet. Wohl aber besitzt er wie Falken einen sogenannten „Falkenzahn“, einen zahnähnlichen Zapfen am Oberschnabel, der in eine entsprechende Vertiefung am Unterschnabel passt. Damit ist der Würger in der Lage, die Beute zu zerteilen. Diese wird auch nicht erwürgt, wie der martialische Name glauben machen könnte, vielmehr heißt die Familie der Würger so, weil die Vögel ähnlich wie Eulen (und auch viele andere Vogelarten) nach jeder Mahlzeit Speiballen aus unverdaulichen Bestandteilen auswürgen.

Raubwürger *Lanius excubitor* 24 cm

Kennzeichen: Auffallend grau-schwarz-weiß gefärbt, würgertypische schwarze „Banditenmaske“, langer Schwanz. Geschlechter gleich gefärbt.

Stimme: Im Winter meist stumm.

Nahrung: Kleinsäuger, Kleinvögel.

Verhalten: Sitzt oft auf der Spitze eines hohen Busches und hält Ausschau über sein Winterrevier.

Status: Seltener Jahresvogel, regelmäßiger Wintergast aus Skandinavien.

Besonderes: Der Raubwürger spießt seine Beute häufig auf Dornen, um sie besser zerteilen zu können. Bei reichlich vorhandener Beute legt er auf diese Weise auch Nahrungsdepots an.

Die bisher für den Lebensraum Agrarlandschaft vorgestellten Vogelarten bevorzugen ganz überwiegend einen gewissen Strukturreichtum. In einer völlig ausgeräumten **Agrarsteppe** mit Äckern bis zum Horizont, „aufgelockert" allenfalls durch Windkraftanlagen, können sie nicht (über)leben. Hier braucht man als Vogelbeobachter normalerweise gar nicht erst nach ihnen Ausschau zu halten. Anders ist es jedoch oft bei großflächigem **Intensivgrünland**, ganz besonders in den Niederungen der großen Flüsse und im Bereich der Nordseeküste, den **Fluss- und Seemarschen**.

Dort rasten und überwintern Vögel, die weite, störungsfreie Landschaften bevorzugen, allen voran Wildgänse und Schwäne. Neben der heimischen **Graugans** zählen **Bläss-, Zwerg-** und **Kurzschnabelgans** sowie die **Saatgänse** zu den Grauen Gänsen oder Feldgänsen der Gattung *Anser*. **Kanada-, Weißwangen-** und **Rothalsgans** werden dagegen als Meeresgänse (Gattung *Branta*) zusammengefasst. Auch die **Ringelgans**

Graugans *Anser anser* 75-90 cm

Kennzeichen: Große, massige Gans mit vergleichsweise hellem Hals und Kopf und rosafarbenen Beinen. Schnabel je nach Unterart orange bis kräftig rosa. Manche Individuen zeigen auf dem Bauch eine schwarze Fleckung, die sich aber nie zu schwarzen Bändern vereinigen (s. Bläss- und Zwerggans sowie Foto auf S. 227). Im Flug sind von oben betrachtet die silbergrau leuchtenden Vorderflügel kennzeichnend. Die Unterflügel der Graugans sind im Gegensatz zu allen anderen europäischen Gänsearten zweifarbig, bedingt durch den Kontrast der hell gefärbten kleinen Unterflügeldecken und Achselfedern zu den ansonsten dunklen Partien des Unterflügels. Die Geschlechter sind bei allen hier behandelten Gänsearten gleich gefärbt.

Stimme: Wie Hausgans. Verschiedenartige Rufe mit unterschiedlicher Bedeutung, z. B. nasales „gang gang gang gang", weithin trompetendes „aahng gagang", auf der zweiten Silbe betontes „Kijá ga ga" u. ä.

Nahrung: Land- und Wasserpflanzen, oft auf Wiesen und Feldern äsend.

Verhalten: Graugänse bleiben wie alle Gänse bis zum nächsten Frühjahr mit ihren Jungen im Familienverband und schließen sich außerhalb der Brutzeit zu großen Trupps zusammen.

Status: Jahresvogel und Teilzieher.

Besonderes: Die Graugans ist die wilde Stammform unserer Hausgans.

zählt dazu, sie wird jedoch unter dem Lebensraum „Meer und Strand" vorgestellt (s. S. 146), da sie ausschließlich im Wattenmeer und seinen vorgelagerten Salzwiesen überwintert und abseits der Nordseeküste nur ausnahmsweise beobachtet werden kann.

Graugänse sind die einzigen ursprünglich in Deutschland brütenden Wildgänse. Als Wildvogel einst nahezu völlig verschwunden, handelt es sich bei den heute zahlreich bei uns brütenden Tieren ganz überwiegend um verwilderte Nachkommen ausgesetzter Parkgänse. Viele überwintern auch hier, ein Teil wandert aber auch bis nach Holland, Großbritannien, Frankreich oder gar Südspanien. Das gilt selbst für Parkvögel, die in Städten brüten, aber nach der Brutzeit umherstreifen oder wie wilde Artgenossen gerichtet ziehen. Richtung und Entfernung können dabei von Jahr zu Jahr variieren. Zahlenmäßig dominieren als Wintergäste aus der sibirischen Arktis **Blässgänse** mit ihrer namengebenden weißen Stirnblässe und **Tundrasaatgänse**. Die **Waldsaatgans** wird erst seit kurzem als eigenständige Art geführt, zuvor wurde sie wie die Tundrasaatgans als Unterart der Saatgans angesehen. Beide unterscheiden sich allerdings nicht nur in ihrer äußeren Erscheinung erheblich, sondern auch in ihren Brut- und Überwinterungsquartieren. Waldsaatgänse brüten in einsamen Waldmooren Skandinaviens

Blässgans *Anser albifrons* 65-78 cm

Kennzeichen: Altvögel mit mehr oder weniger ausgedehnter weißer Befiederung (Blässe) vom Schnabelgrund bis auf die Stirn. Schnabel rosa (bei in Deutschland sehr selten auftretender grönländischer Unterart orange), Beine orange. Schwarze Bänderung am Bauch individuell verschieden ausgeprägt. Jungvögel anfangs noch ohne Bänderung und Stirnblässe.

Stimme: Insgesamt höher und melodischer als bei Grau- und Saatgänsen, etwa wie „kjau-ju, kjü-jü, kjü jock" in verschiedenen Variationen, Jungvögel wie „kick-elick".

Nahrung: Pflanzen, v. a. Gräser.

Verhalten: Wie Graugans. Blässgänse sind im Winterquartier oft mit anderen Gänsearten vergesellschaftet.

Status: Regelmäßiger, zahlreicher Wintergast (v. a. in Norddeutschland) aus der russischen Arktis.

Besonderes: Wegen ihrer schwarzen Bänderung am Bauch wird die Blässgans gelegentlich auch „Tigergans" genannt.

und Nordrusslands und überwintern in Deutschland in nennenswerter Zahl nur im äußersten Nordosten, etwa im Unteren Odertal oder auf Rügen. Die Brutheimat der Tundrasaatgans sind die arktischen Kältesteppen (Tundren) und Küstenbereiche Sibiriens. Dieser Art nahverwandt und ihr im Aussehen und Verhalten ähnlich ist die **Kurzschnabelgans**. Sie ist ein regelmäßiger Durchzügler an der deutschen Nordseeküste, überwintert dort allerdings nur selten und in wenigen Exemplaren. Die Vögel,

Waldsaatgans *Anser fabalis* 70-84 cm

Kennzeichen: Große, schlanke, langhalsige Gans, Hals und Kopf dunkler als der braungraue Körper, Schnabel lang, orange in variabler Ausdehnung mit dunkler Spitze. Beine orange.

Stimme: Auch in großen, ziehenden Trupps nicht sehr ruffreudig. Wechsel von tiefen, nasalen und höheren Rufen, etwa „kajak, kaiaia, ank ank, wink wink".

Nahrung: Gräser, Getreide, Klee und andere pflanzliche Nahrung.

Verhalten: Wie andere Gänse, scheint sich aber eher in artreinen Trupps aufzuhalten.

Status: Wintergast aus Skandinavien, brütet dort spärlich in Waldmooren.

Besonderes: Waldsaatgänse überwintern in Deutschland nur in wenigen Gebieten im Osten (Rügen, Unteres Odertal u.a.). Die Zahl der Überwinterer hat insgesamt stark abgenommen.

Tundrasaatgans *Anser serrirostris* 64-76 cm

Kennzeichen: Kleiner, kompakter und deutlich kurzhalsiger als Waldsaatgans. Wie bei dieser Hals und Kopf dunkler als der übrige Körper. Schnabel kürzer und in der Regel mit weniger Orangeanteil. Beine orange.

Stimme: Wie Waldsaatgans. Mögliche stimmliche Unterschiede wurden bisher nicht näher untersucht.

Nahrung: wie Waldsaatgans

Verhalten: Wie andere graue Gänse: Trupps pendeln zwischen Massenschlafplätzen und ergiebigen Weidegründen in der Umgebung.

Status: Häufiger Wintergast aus der sibirischen Tundra.

Besonderes: Wald- und Tundrasaatgans galten bis vor kurzem als Unterarten der Saatgans. Aufgrund deutlicher Unterschiede in Aussehen und Verhalten sowie unterschiedlicher Bruthabitate und Überwinterungsgebiete scheint eine Trennung in zwei Arten gut nachvollziehbar, aus wissenschaftlicher Sicht ist dies jedoch noch nicht endgültig geklärt.

die bei uns zu beobachten sind, stammen in der Regel von der arktischen Inselgruppe Spitzbergen. Gänse dieser Brutpopulation konzentrieren sich im Herbst zunächst auf bestimmten Sammelplätzen in Dänemark, überfliegen von dort aus im Oktober die Deutsche Bucht und überwintern im Bereich der westfriesischen (niederländischen) Nordseeküste. Eine Ausnahmeerscheinung bei uns ist die **Zwerggans**, die auf den ersten Blick wie eine kleine Ausgabe der Blässgans wirkt. Der Bestand dieser durch starke Bejagung weltweit vom Aussterben bedrohten Art (s. S. 108) wurde in der

Kurzschnabelgans *Anser brachyrhynchus* 64-76 cm

Kennzeichen: Ähnelt sehr der nahe verwandten Tundrasaatgans, aber mit rosafarbenen Beinen (im Freiland aus der Entfernung oft schwer zu sehen!) und wie frostig bereift wirkender Oberseite. Dunkler Schnabel sehr kurz, dreieckig und mit rosa Binde vor der Spitze.

Stimme: Ähnlich Saatgänsen, aber viel stimmfreudiger als diese. Rufe höher und teils quiekender: „ank ank, uink uink".

Nahrung: Gräser, Getreide, Wintersaaten.

Verhalten: wie Tundrasaatgans

Status: Regelmäßiger Durchzügler und seltener Wintergast.

Besonderes: Angehörige der Spitzbergen-Population ziehen über Norwegen und Dänemark über die Deutsche Bucht zu ihren niederländischen Überwinterungsplätzen.

Zwerggans *Anser erythropus* 53-66 cm

Kennzeichen: Wirkt wie eine kleine Blässgans (s. S. 101), Blässe jedoch ausgedehnter und bis auf den Scheitel reichend und von der Seite gesehen vom Schnabelgrund schräg ansteigend (bei Blässgans gerader Verlauf). Deutlicher gelber Augenring. Schwarze Bauchstreifung weniger ausgeprägt als bei der Blässgans.

Stimme: Ähnlich Blässgans, aber schriller und quiekender: „qui quiek".

Nahrung: Pflanzen, v. a. Gräser.

Verhalten: Wie Blässgans, oft mit dieser vergesellschaftet.

Status: Sehr seltener Durchzügler und Wintergast, meist Einzelexemplare. In letzter Zeit merkliche Zunahme der Beobachtungen in Deutschland durch schwedisches Wiederansiedlungsprojekt und bessere Bestimmungskenntnisse.

Besonderes: Die Zwerggans wurde durch starke Bejagung nahezu ausgerottet.

Vergangenheit durch Aussetzungsmaßnahmen in Schweden gestützt. Die ausgewilderten Tiere wurden auf für sie weniger gefährliche Zugwege und Überwinterungsgebiete geprägt. Auch wenn das Projekt insgesamt nicht so erfolgreich verlief wie erhofft und inzwischen eingestellt wurde, sind dadurch die Chancen auf eine Zwerggans-Beobachtung in Deutschland gestiegen, alljährlich werden einzelne Vögel gemeldet. Es ist allerdings nicht leicht, sie in den nach Tausenden zählenden Schwärmen von Bläss- und Saatgänsen zu entdecken. Überhaupt ist es im Freiland auf größere Distanz und bei ungünstigen Lichtverhältnissen oft schwierig, die grauen Gänse sicher auf Artniveau zu unterscheiden. Besonders knifflig ist die Aufgabe häufig bei dem Trio Tundrasaatgans, Kurzschnabelgans und junger Blässgans, der noch die weiße Stirnblässe und die dunklen Bauchstreifen der Altvögel fehlen (s. Artporträts). Viel leichter zu unterscheiden sind die *Branta*-Arten: **Kanadagänse**, die ursprünglich aus Nordamerika stammen, wurden vielfach als Parkvögel an städtischen Gewässern ausgesetzt. Ihre Nachkommen verwilderten und eroberten Seen und Flussauen in der näheren und weiteren Umgebung. Die Vögel bleiben im Winter an Ort und Stelle oder streifen in Trupps umher. Die Winterbestände werden in Norddeutschland ergänzt durch Wildvögel aus Schweden, wo Kanadagänse ebenso wie in Großbritannien zu Beginn des vorigen Jahrhunderts eingebürgert wurden. Die skandinavischen Vögel überwintern vor allem an der Ostseeküste Mecklenburg-Vorpommerns. Nur auf den ersten Blick der Kanadagans ähnlich wirkt die **Weißwangengans**, wegen ihrer schwarzweißen Kopfzeichnung, die an die Tracht einer Nonne erinnert, auch

Kanadagans *Branta canadensis* 90-110 cm

Kennzeichen: Sehr große graubraune Gans mit langem schwarzem Hals. Schwarzer Kopf mit auffallendem weißem Fleck im Wangen- und Kehlbereich.

Stimme: Laut trompetend und durchdringend „ah-honk" (zweite Silbe höher als die erste), daneben weitere Rufe, die teils an Rufe des Singschwans erinnern (s. S. 111).

Nahrung: Gräser und andere Pflanzen, auch Unterwasserpflanzen und Algen.

Verhalten: Im Winter gesellig in Familienverbänden, ernährt sich, anders als andere Gänse, auch im Flachwasser gründelnd wie Schwäne.

Status: Jahresvogel (heimische Brutvögel) und Überwinterer v. a. im vorpommerschen Ostseeraum aus der skandinavischen Brutpopulation.

Besonderes: Die Kanadagans ist ein Neubürger aus Nordamerika. Die heimische Brutpopulation geht auf ausgesetzte Parkvögel zurück. In Schweden und Finnland hat sich nach gezielter Ansiedlung von Wildvögeln eine größere Population etabliert.

Nonnengans genannt. Sie ist aber viel kleiner und kurzhalsiger und hat viel mehr Weiß am Kopf als die Kanadagans, deren Körper zudem braun und nicht schwarz-weiß-grau gezeichnet ist. Die Weißwangengans überwintert sehr zahlreich in den Fluss- und Seemarschen Norddeutschlands. Ihre Brutgebiete liegen in der Arktis: auf Grönland, Spitzbergen und an der sibirischen Eismeerküste. Auch ihr Bestand war einst durch intensive Jagd gefährdet, hat sich aber durch konsequenten Schutz gut erholt. Etwa ab Ende der 1970er-Jahre besiedelte sie auch die schwedischen Ostseeinseln Öland und Gotland in rasch wachsender Zahl und brütet inzwischen auch in Schleswig-Holstein, an der Ems und am Niederrhein, wo sich die traditionellen Gänserastplätze befinden. Entsprechend stark sind in den letzten Jahrzehnten die deutschen Winterbestände angestiegen. Mitunter sieht man in den großen Trupps der Weißwangengänse einzelne **Rothalsgänse** – wenn man sie denn sieht: Obwohl sehr auffallend und für eine Gans sehr bunt gefärbt, ist es oft erstaunlich schwierig, diese seltenen Gäste in der Masse der Vögel zu entdecken. Rothalsgänse überwintern vor allem am Schwarzen Meer oder noch weiter östlich, aber bei ihrem Zug von den arktischen Brutgebieten schließen sich einzelne Vögel, die vielleicht den Anschluss an ihre Artgenossen verloren, den großen Trupps von Weißwangengänsen, seltener auch Blässgänsen, an und werden von diesen „mitgerissen“, sodass sie bis nach Deutschland gelangen – sehr zur Freude hiesiger Vogelbeobachter.

Weißwangengans *Branta leucopsis* 58-70 cm

Kennzeichen: Schwarzer Hals und schwarzweiße Kopfzeichnung erinnern an Kanadagans. Bei der Weißwangengans ist das Weiß jedoch viel ausgedehnter, nur Scheitel und Augenpartie sind schwarz. Körper kontrastreich weiß-schwarz-grau gezeichnet. Weißwangengänse sind viel kleiner und kurzhalsiger als Kanadagänse.

Stimme: Vor allem in Trupps sehr stimmfreudig, Rufe meist einsilbig, schrill und bellend wie „ka“, „kak“, „kau“. Erinnert aus der Entfernung an kläffende Hunde.

Nahrung: Gräser (gern auch auf Salzwiesen), Queller, andere Pflanzen, Saaten.

Verhalten: Versammelt sich in geeigneten Gebieten oft in riesigen Trupps von Zehntausenden Vögeln.

Status: Wintergast aus der russischen Arktis. In kleiner Zahl Jahresvogel.

Besonderes: Wegen ihrer Kopfzeichnung, die an die Tracht einer Nonne erinnert, nennt man die Weißwangengans häufig auch Nonnengans. Sie brütet seit einigen Jahren in zunehmender Zahl auch in Norddeutschland.

Rothalsgans *Branta ruficollis* 54-60 cm

Kennzeichen: Kleine, dickhalsige Gans. Aus der Nähe durch kontrastreiche schwarz-weiß-rotbraune Färbung unverkennbar. Wirkt aus der Entfernung dunkel mit breitem, weißem Flankenstreif.

Stimme: Ruft schrill und hoch „ki-kwi“ oder „ki-jick“.

Nahrung: Gräser, Wintersaaten und andere Pflanzen.

Verhalten: Einzelvögel schließen sich Weißwangengänsen oder Blässgänsen an und sind in deren oft großen Trupps trotz ihrer auffallenden Färbung oft erstaunlich schwer zu entdecken.

Status: Vereinzelter, aber mittlerweile regelmäßiger Durchzügler und Wintergast aus der sibirischen Arktis.

Besonderes: Rothalsgänse überwintern normalerweise im Bereich des Kaspischen Meeres. Einzelne Vögel fliegen aus nicht bekannten Gründen mit artfremden Gänsetrupps zu deren mitteleuropäischen Überwinterungsplätzen.

Wilde Gänse im Spannungsfeld zwischen Landwirtschaft, Jagd und Vogelschutz

Arktische Wildgänse rasten und überwintern in Deutschland in großer Zahl. Daher tragen wir für sie auch aus internationaler Sicht eine besondere Verantwortung. Vor allem an der Nordseeküste, am Niederrhein und in den Elbtalauen, in der vorpommerschen Boddenlandschaft, im Oderbruch und im Havelland gibt es teils riesige Ansammlungen zu bestaunen, die Zehntausende von Tieren umfassen können. Was Vogelfreunde und Naturschützer freut, erfüllt die Landwirte mit Sorge, fallen die Gänse doch scharenweise auf Weiden und Feldern ein. Gänse sind Weidegänger, sie fressen mit Vorliebe frisch sprießendes, proteinreiches Gras. Bei manchen Arten stehen auch Wintersaaten und Feldfrüchte auf dem Speiseplan. Die Gänse passen ihr Äsungsverhalten flexibel an wechselnde Ackerkulturen und veränderte Erntemethoden an. Das gute Nahrungsangebot und die zunehmend milden Winter führten dazu, dass bei uns die Rast- und Winterbestände der meisten (aber nicht aller!) Gänsearten in den letzten Jahrzehnten deutlich angestiegen sind. Auch die Zunahme der Brutpopulationen einiger Arten durch verbesserten Schutz trug dazu bei.

Unter ungestörten, natürlichen Umständen übernutzen Gänse ihre Nahrungsflächen nicht, sondern halten einen bestimmten Beweidungsrhythmus ein – ganz so wie ein Landwirt, der sein Vieh regelmäßig auf eine andere Weide treibt: Die Vögel äsen immer nur für eine bestimmte Zeit auf einer Fläche und wechseln dann zu einer anderen, damit sich in der Zwischenzeit das Gras, gut gedüngt durch den Gänsekot, wieder erholen kann. Erst nach einer gewissen Zeit kehren sie auf die ursprünglichen Weidegründe zurück. Werden die Gänse allerdings häufig gestört (s. dazu auch ab S. 214), sei es unabsichtlich durch Spaziergänger oder absichtlich durch Vergrämungsmaßnahmen und Bejagung (s.u.), so funktioniert das natürliche Beweidungsmanagement nicht mehr: Die Gänse konzentrieren sich auf ungestörten Flächen und können hier unter Umständen tatsächlich erhebliche Schäden anrichten – wobei Fraßschäden nicht unbedingt gleichbedeutend mit Ernteverlusten sind, denn Gräser und Rapssaaten sind sehr regenerationsfähig. Nachgewiesene Verluste werden den betroffenen Landwirten auf Antrag finanziell ersetzt, was in einzelnen Bundesländern unterschiedlich gehandhabt wird. Gänse auf sogenannte Ablenkflächen zu konzentrieren, funktioniert wegen des beschriebenen Verhaltens der umschichtigen Nutzung von Nahrungsgebieten in der Regel nur sehr unzureichend. Der Aufwand, sie dort fernzuhalten, wo sie nicht erwünscht sind, ist sehr groß. Die Raumnutzung der Gänse wird auch durch passive Störfaktoren beeinflusst: Zu viel befahrenen Straßen, Hochspannungsleitungen und insbesondere zu Windrädern halten die Vögel zum Teil sehr beträchtliche Sicherheitsabstände ein.

Ein generelles und vielschichtiges Problem ist die Jagd auf Wildgänse. Landwirte sehen darin ein probates Mittel, die teilweise großen Bestände der Vögel zu reduzieren oder sie zumindest zu vertreiben. Aufgescheuchte Gänse verbrauchen 15-mal mehr Energie als in Ruhe äsende Tiere. Diesen erhöhten Energieaufwand müssen sie durch vermehrte Nahrungsaufnahme ausgleichen, die Fraßschäden steigen. Scheu geschossen, reagieren die Gänse zudem deutlich empfindlicher auch auf andere, für sie eigentlich harmlose Störreize. So wird es für sie schwieriger, für den weiten Flug in die arktischen Brutgebiete und das anstrengende Brutgeschäft dringend benötigte Fettreserven

Große Scharen von Wildgänsen (hier Weißwangengänse) auf Wiesen und Äckern sorgen häufiger für Verdruss bei den Landwirten.

aufzubauen, die den Vögeln ausreichend Energie liefern. Schon ein Unterschied von wenigen Dutzend Gramm Fett kann unter ungünstigen Umständen über Erfolg oder Misserfolg einer Brut entscheiden. Häufige Störungen im Winterquartier können daher mittelfristig die Entwicklung betroffener Gänsepopulationen negativ beeinflussen. In Deutschland ist die Jagd auf Wildgänse streng geregelt, wobei die einzelnen Bundesländer zum Teil unterschiedliche Jagdzeiten festgelegt und für einzelne Arten eine ganzjährige Jagdruhe erlassen haben (Übersicht bei www.Schonzeiten.de). Dennoch: In der Praxis sind auch ganzjährig geschonte Arten betroffen: Wenn etwa in gemischten Trupps auf Graugänse geschossen wird, verscheucht das alle anderen Gänse ebenso. Zudem ist die Verwechslungsgefahr auf Distanz bei schlechten Sichtverhältnissen und im Flug recht groß, vor allem bei den Jungvögeln. Gravierende Probleme bereitet bis heute die teils ungezügelte Bejagung durch Sportschützen in manchen osteuropäischen Ländern und in Russland entlang der Zugrouten und an traditionellen Rastplätzen der bei uns überwinternden Gänse. So wurde die früher häufige Zwerggans an den Rand des globalen Aussterbens geschossen, auch die Zahl der skandinavischen Waldsaatgänse ist seit Jahrzehnten sehr stark rückläufig. Wir kennen in der Regel nicht den jährlichen Bruterfolg in den einzelnen Populationen, noch wissen wir aufgrund der teils großräumigen Verlagerungen der Rastplätze nicht, wo und wann sich Vertreter unterschiedlicher Brutpopulationen einer Art in welcher Zahl aufhalten. Ohne eine genaue Kenntnis dessen ist eine „nachhaltige Nutzung“ durch die Jagd nicht möglich!

Zwerggänse

Gänse werden häufig mit Bleischrot beschossen. Eine Faustregel besagt, dass auf eine geschossene Gans sieben weitere Vögel kommen, die von den weit streuenden Bleisplittern getroffen werden. Darunter sind auch geschützte Arten, wie sich durch Röntgenaufnahmen leicht feststellen lässt. Blei im Körper führt zu schweren Vergiftungen, zu Siechtum und letztlich zum Tode. Seeadler, die eine geschwächte Gans erbeuten oder vom Aas fressen, nehmen die Bleikügelchen ebenfalls mit auf – Bleivergiftung ist mit Abstand die häufigste Todesursache bei heimischen Seeadlern. Bleifreie Munition ist daher grundsätzlich zwingend geboten.

Abgesehen von den direkten Verlusten hat die Bejagung von Gänsen noch viel weitreichendere Auswirkungen: Jungvögel bleiben mindestens bis zum nächsten Frühjahr bei den Eltern und lernen in dieser Zeit von ihnen alles über Zugrouten, Nahrungs-, Rast- und Überwinterungsgebiete. Auf Junge führende Elterntiere zu schießen, widerspricht jedoch jeglicher jagdlicher Ethik und auch den geltenden Jagdgesetzen. Wer je erlebt hat, wie sehr die äußerst intelligenten Vögel um einen toten Partner trauern oder wie Eltern und Jungvögel, die im Tumult bei panikartiger Flucht getrennt wurden, einander mitunter tagelang unter klagenden Rufen suchen, kann guten Gewissens nicht auf Gänse schießen oder eine Bejagung fordern.

Wir verlangen von Ländern im Mittelmeerraum oder in Afrika, dass Vögel, die bei uns brüten und dort überwintern, geschützt werden. Genauso tragen wir Verantwortung für Vögel, die aus der Arktis zu uns kommen, um in Deutschland den Winter zu verbringen.

Dass der Schutz wilder Gänse auch Gewinn bringen kann, zeigen verschiedene Beispiele von „Gänsetourismus“: Am Niederrhein und an der Unterelbe gibt es fachkundig geführte Bustouren zu den Gänserastplätzen, ebenso im ostfriesischen Rheiderland, wo man zudem bei einem „Frühstück mit den Wildgänsen“ deren morgendlichen Aufbruch von ihren Schlafplätzen im Watt zu den Nahrungsflächen in der Umgebung beobachten kann. Die Vögel werden dabei nicht gestört, die an ihnen interessierten Menschen werden „kanalisiert“ und erfahren viel über Lebensgewohnheiten und Schutzbedürfnis der charismatischen Vögel. Auf den Halligen der Nordseeküste haben sich die jährlich stattfindenden „Ringelganstage“ inzwischen zu einer wahren Touristenattraktion entwickelt. Die Gänse werden dort inzwischen nicht mehr gejagt oder verscheucht. Sie haben aus Erfahrung gelernt, dass ihnen von Menschen keine Gefahr droht, und lassen sich daher fast hautnah beobachten. Die Einnahmen aus dem Tourismus helfen den Landwirten vor Ort, etwaige Ertragseinbußen durch Gänsefraß mehr als auszugleichen. Eine Win-win-Situation für alle Beteiligten – Menschen wie Vögel.

Die **Nilgans** ist, ähnlich wie die Brandgans (s. S. 148), trotz ihres Namens keine Gans, sondern gehört zu den sogenannten Halbgänsen, einer Untergruppe der Enten. Nilgänse stammen ursprünglich aus Afrika und wurden in Großbritannien und den Niederlanden einst als Ziervögel ausgesetzt. Von Holland aus haben sie sich zunächst entlang des Rheins nach Deutschland ausgebreitet, wo die Expansion noch in vollem Gange ist. Die offensichtlich recht wetterharten Nilgänse kann man bei uns ganzjährig beobachten. Die zunehmend milden Winter, besonders im Flachland, haben sicherlich ihre enorme und schnelle Ausbreitung begünstigt oder überhaupt erst möglich gemacht. Ähnliche Ansprüche wie die oben genannten Wildgänse stellen auch Schwäne. Neben dem allbekannten Höckerschwan (s. S. 117) sind dies der **Singschwan** und der **Zwergschwan**. Ihre schwarzgelbe Schnabelfärbung ist auf größere Entfernung nicht immer leicht zu erkennen, hingegen wird man durch trompetende und hupende Laute oft schon von weitem auf die Vögel aufmerksam. Besonders Singschwäne machen während ihrer Gemeinschaftsbalz, die man bereits im Februar bei uns erleben kann, einen ohrenbetäubenden, gleichwohl melodischen Lärm. Nahrung finden sie vor allem auf Feldern mit frisch ausgekeimtem Raps und Wintergetreide. Schwäne wie auch

Wildgänse benötigen nicht nur Äsungsflächen auf Feldern und Wiesen, sondern ebenso sichere, ungestörte Schlafplätze auf Seen oder anderen Gewässern, zwischen denen sie regelmäßig auch über größere Entfernungen bis etwa 30 Kilometer (selten mehr) pendeln.

Ganz ähnliche Ansprüche an Nahrungsflächen und Schlafgewässer stellen **Kraniche**, die erst seit wenigen Jahren regelmäßig auch im Winter, zumindest in milden, schneearmen Wintern, bei uns zu beobachten sind. Im Herbst sammeln sich Brutvögel aus Deutschland, Schweden, Finnland, Polen und dem Baltikum zu Zigtausenden auf traditionellen Rastplätzen, etwa in der vorpommerschen Boddenlandschaft (Ostseeküste) oder in der Diepholzer Moorniederung in Niedersachsen. Von dort ziehen sie normalerweise Mitte bis Ende Oktober in ihre Überwinterungsgebiete in Frankreich oder der spanischen Extremadura. Angesichts zunehmend milder Wintertemperaturen in weiten Teilen Deutschlands verzichten viele Vögel inzwischen allerdings auf die (Weiter-)Reise nach Süden (s. dazu auch ab S. 188) und vertrauen darauf, dass nicht eine dauerhafte hohe Schneedecke die Nahrungssuche auf abgeernteten Feldern unmöglich macht und dass ihre Schlafgewässer nicht zufrieren. Sollte das der

Nilgans *Alopochen aegyptiaca* 63-73 cm

Kennzeichen: Stehende Vögel aus der Nähe betrachtet durch buntes Gefieder, dunklen Augenfleck im grauen Gesicht und lange rote Beine unverkennbar. Aus der Entfernung wirken Nilgänse insgesamt graubräunlich mit weißem Flügelspiegel, der im Fluge sehr auffallend ist. Geschlechter gleich gefärbt.

Stimme: Männchen heiser zischend. Weibchen rufen tief und schrill „ang-hää-hää-hää!“, oft ziemlich „krawallig“ klingend.

Nahrung: Gräser, Samen, Blätter und andere pflanzliche Bestandteile.

Verhalten: Außerhalb der Brutzeit gesellig, zur Brutzeit (die mitunter schon im Winter beginnen kann) äußerst aggressiv gegen Artgenossen und andere Wasservögel. Meist Bodenbrüter, manche Paare brüten auch in verlassenen oder eroberten Baumhorsten von Störchen oder Greifvögeln.

Status: Verwilderter Parkvogel, ganzjährig zu beobachten.

Besonderes: Die Nilgans ist keine echte Gans, sondern zählt systematisch zu einer Untergruppe der Enten. Sie stammt ursprünglich aus Afrika und breitet sich als invasive Art in Deutschland stark aus.

Singschwan *Cygnus cygnus* 140-165 cm

Kennzeichen: Unterscheidet sich vom gleichgroßen Höckerschwan (s. S. 117) durch „langes Gesicht" und schwarz-gelben Schnabel ohne Höcker. Die Gelbfärbung reicht vom Schnabelgrund bis zu den Nasenlöchern oder geringfügig darüber hinaus (vgl. Zwergschwan). Im Gegensatz zum anmutig gebogenen Hals des Höckerschwans hält der schwimmende Singschwan den Hals oft steif und gerade, als ob er einen Stock verschluckt hätte. Geschlechter gleich gefärbt, Jungvögel bräunlich.

Stimme: Sehr laut, klangvoll trompetend und oft melodisch, vielfältige Rufe meistens in drei oder vier Silben und häufig mit Obertönen wie „au hou hou" u. ä. Insgesamt sehr stimmfreudig. Ab Mitte Februar während der Gemeinschaftsbalz ohrenbetäubende Rufkonzerte, gleichermaßen gellend wie melodisch. Fliegende Vögel erzeugen nur ein Rauschen, aber keine „singenden" Flügelgeräusche wie Höckerschwäne.

Nahrung: Wasser- und Landpflanzen, Gräser, Getreide- und Rapssaaten.

Verhalten: Im Winter in Gruppen, häufig mit anderen Schwanenarten vergesellschaftet, wobei die einzelnen Arten innerhalb eines großen Schwanentrupps meist unter sich bleiben. Eindrucksvolle Gemeinschaftsbalz (s. o.).

Status: Regelmäßiger, häufiger Wintergast aus Skandinavien und Nordrussland.

Besonderes: Wenige Dutzend Paare brüten als verwilderte Parkvögel oder echte Wildvögel in Nord- und Ostdeutschland und bleiben ganzjährig bei uns.

Zwergschwan *Cygnus columbianus* 115-127 cm

Kennzeichen: Ein Drittel kleiner als Höcker- und Singschwan, wirkt von den Proportionen her eher wie eine Hausgans. Schwarzer Schnabel mit deutlich weniger Gelbanteil als beim Singschwan (s. dort), nicht spitz ausgezogen, endet deutlich vor den Nasenlöchern. Gelber Schnabelfleck ist individuell unterschiedlich ausgeprägt. Geschlechter gleich gefärbt, Jungvögel bräunlich.

Stimme: Ruffreudig, nicht so trompetend wie Singschwan, eher ein weiches, ein- bis dreisilbiges, hupendes Bellen: „hu - hu hu".

Nahrung: Wasserpflanzen, Gras, Klee, Raps, auch Hackfrüchte.

Verhalten: wie Singschwan

Status: Wintergast aus der sibirischen Tundra.

Besonderes: Die Winterbestände des Zwergschwans in Deutschland sind in den letzten Jahrzehnten stark rückläufig.

Fall sein, ziehen die Kraniche wenigstens ein Stück weit in südlichere Gefilde mit angenehmeren Bedingungen. Oft schon im Februar werden die hiesigen Brutreviere wieder bezogen, manche bleiben wohl auch inzwischen ganzjährig zumindest in deren Nähe. Selbst einzelne **Weißstörche**, eigentlich Langstreckenzieher, die bis nach Südafrika ziehen können, versuchen immer wieder, bei uns zu überwintern. Meistens mit Erfolg, weil hungrige Vertreter dieser sehr populären Art in Notzeiten von wohlmeinenden Menschen mit Fischen, Mäusen und Eintagsküken versorgt und so erfolgreich durch die nahrungsarme Zeit gebracht werden. Häufig suchen solche Winterstörche von sich aus die Nähe zum Menschen. Manche Exemplare haben ihren Zugtrieb inzwischen ganz verloren, besonders solche, die gezielt in Gebieten angesiedelt wurden, wo sie bereits verschwunden waren und regelmäßig gefüttert werden.

Ein anderer Großvogel ist inzwischen fast aus Deutschland verschwunden: Noch bis etwa Mitte des vorigen Jahrhunderts streiften die imposanten **Großtrappen** im Herbst und Winter häufig großräumig umher. Heute sind sie nicht nur extrem selten, sondern sie kämen auch nicht mehr weit: Hochspannungsleitungen und Windräder sind tödliche Gefahren für die Trappen, die zwar ausdauernd geradeaus fliegen, aber in der Luft kaum

Kranich *Grus grus* 114-130 cm

Kennzeichen: Sehr groß und langbeinig, mit buschig überhängendem „Schwanz“ aus verlängerten Armschwingen. Hals und Kopf schwarz-weiß gezeichnet, rote Kopfplatte. Geschlechter gleich. Jungvögel mit grauem Hals und bräunlichem Kopf. Im Gegensatz zum Graureiher (s. S. 135) fliegen Kraniche mit lang ausgestrecktem Hals (beim Reiher S-förmig eingezogen) und in Keilformation.

Stimme: Weit hallendes Trompeten, Flugrufe wie „krruu krrrr krrarr...“.

Nahrung: Im Winter Getreidekörner, Mais, Kartoffeln und andere Feldfrüchte, Regenwürmer und andere Wirbellose.

Verhalten: Im Herbst versammeln sich die Kraniche in teils riesigen Trupps an traditionellen Rastplätzen. Nachts suchen sie flache Schlafgewässer auf, tagsüber fliegen sie in kleineren Trupps auf Felder in der Umgebung zur Nahrungssuche. Jungvögel bleiben bis zum nächsten Frühjahr bei den Eltern. Ab Februar besetzen Kranichpaare ihre Brutreviere, aus denen sie alle Artgenossen vertreiben.

Status: Kurzstreckenzieher, in zunehmender Zahl Überwinterer.

Besonderes: Kraniche gelten als „Vögel des Glücks“.

manövrieren können. Mit einem Gewicht von bis zu 18 Kilogramm zählen alte Hähne, die am Boden wie kleine Strauße wirken, zu den schwersten flugfähigen Vögeln der Welt. Nur dank umfassender Unterstützung durch den Menschen konnten die in Deutschland vom Aussterben bedrohten Trappen in drei Schutzgebieten in Brandenburg und Sachsen-Anhalt bis

Weißstorch *Ciconia ciconia* 100-115 cm

Kennzeichen: Allgemein bekannt: schwarz-weißes Gefieder, Schnabel und Beine rot. Im Flug kontrastreich schwarz-weiß gefärbte Flügel kennzeichnend.

Stimme: Stumm, Schnabelklappern meist nur am Horst zu hören.

Nahrung: Im Winter Regenwürmer, Kleinsäuger.

Verhalten: Überwinternde Störche suchen in winterlichen Notzeiten häufig die Nähe des Menschen und zeigen oft nur wenig Scheu.

Status: Langstreckenzieher, Angehörige der westlichen Brutpopulation sind zunehmend Kurzstreckenzieher, die mitunter schon ab Ende Januar wieder in Deutschland eintreffen. Regelmäßig gibt es einzelne Überwinterer.

Besonderes: Immer mehr Weißstörche aus der „Westzieher"-Population sparen sich den langen Flug nach Afrika und überwintern auf spanischen Müllkippen.

Großtrappe *Otis tarda* 90-105 cm (Hahn), 75-85 cm (Henne)

Kennzeichen: Hahn riesig, mit dickem, grauem Hals und leuchtend rostbrauner Färbung im Bereich von Brust und Halsansatz. Oberseits tarnfarbig bräunlich dunkel gemustert, unterseits weiß. Henne ähnlich gefärbt, aber viel kleiner, zierlicher und mit schlankem Hals. Im Fluge mit sehr viel Weiß in den Flügeln.

Stimme: Im Winter meist stumm.

Nahrung: Pflanzenteile, Früchte, Kleinsäuger.

Verhalten: Hähne schreiten wie kleine Strauße „würdevoll" einher und leben außerhalb der Balzzeit in Männchengruppen. Trappen fliegen im Winter mitunter weit umher, sie „verstreichen".

Status: Jahresvogel

Besonderes: Großtrappen überleben in Deutschland nur noch dank intensiver menschlicher Unterstützung in drei Schutzgebieten in Brandenburg und Sachsen-Anhalt.

heute überleben. Die Großtrappe wird wegen entfernter Ähnlichkeit und ihrer Größe auch „märkischer Strauß" genannt, ist mit den Laufvögeln aber nicht näher verwandt. Ein echter Straußenvogel ist hingegen der **Nandu** (ohne Foto und Artporträt), dessen ursprüngliche Heimat in den weiten Graslandschaften (Pampas) Südamerikas liegt. Im Jahr 2000 entwichen einige Vögel aus einer Haltung bei Lübeck. In der angrenzenden großflächigen Agrarlandschaft Nordwestmecklenburgs konnten sie erfolgreich überleben und sich rasant vermehren. Trotz hoher Verluste in einigen strengen Wintern war die Nandu-Population zwischenzeitlich auf weit mehr als 500 Tiere angewachsen. Mittlerweile wird ihre Zahl durch gezielte Eingriffe in das Brutgeschäft reguliert.

Vor allem im küstennahen Grünland überwintern größere Trupps **Goldregenpfeifer**, Verwandte des Kiebitzes. Sie harren zumindest so lange aus, bis stärkere Fröste oder längere Frostperioden sie in mildere Gebiete, etwa nach Holland oder Spanien, treiben. Es sind Gäste aus Skandinavien, wo diese Vögel zahlreich in den kargen Tundren und Fjells brüten.

In wechselnder Zahl fliegen jagende **Sumpfohreulen**, ebenfalls überwiegend nordischer Herkunft, im Winter über der offenen Landschaft. Vor allem haben sie es auf Wühlmäuse und andere kleine Nager abgesehen, doch bei Gelegenheit erbeuten sie auch einen unvorsichtigen Kleinvogel, etwa einen **Bergpieper**. Diese Art brütet auf grasigen Hängen der Alpen und zieht, einzigartig in der heimischen Vogelwelt, im Herbst gen Norden. Bergpieper überwintern vom Alpenvorland bis hinauf zur norddeutschen Tiefebene.

Goldregenpfeifer *Pluvialis apricaria* 26-29 cm

Kennzeichen: Wirkt pummelig und im Winterkleid auf Entfernung oberseits bräunlich, unterseits heller und ohne die Schwarzfärbung des Brutkleides. Geschlechter im Schlichtkleid gleich gefärbt.

Stimme: Klagend-melodisch „püü(i)".

Nahrung: Würmer, Schnecken, Larven.

Verhalten: Rastet in oft großen Trupps auf kurzrasigen Wiesen. Im Flug wirken große Schwärme wie eine dunkle Wolke.

Status: Regelmäßiger, häufiger Durchzügler aus Skandinavien und spärlicher Überwinterer, v. a. in Norddeutschland.

Besonderes: Die einst in nordwestdeutschen Mooren brütende Population ist inzwischen ausgestorben.

Sumpfohreule *Asio flammeus* 34-42 cm

Kennzeichen: Mittelgroße, schlanke Eule mit sehr kurzen Federohren. Gesicht mit kennzeichnender schwarzer Umrandung der gelben Augen. Im Flug mit langen, schmalen Flügeln, von der im Flugbild ähnlichen Waldohreule (die auch über offenem Gelände jagt, s. S. 72) am besten durch schwarze Flügelspitzen zu unterscheiden.

Stimme: Im Winter meist stumm.

Nahrung: Kleinsäuger, Kleinvögel.

Verhalten: Sumpfohreulen jagen häufig auch am Tage und in der frühen Dämmerung.

Status: Jahresvogel und Wintergast aus Skandinavien in jährlich stark wechselnder Anzahl, mitunter invasionsartige Einflüge.

Besonderes: Die Anzahl und das Vorkommen der Sumpfohreulen werden sehr stark vom Beuteangebot beeinflusst.

Bergpieper *Anthus spinoletta* 17 cm

Kennzeichen: Im Schlichtkleid sehr unscheinbar mit graubrauner Oberseite und heller, gestrichelter Unterseite, Kopf ziemlich kontrastreich gezeichnet (vgl. auch Strandpieper, s. S. 156, und Wiesenpieper, s. S. 181).

Stimme: Ruft scharf „fiist“ oder rauer „friist“, auch leicht ansteigend „füiist“.

Nahrung: Kleine Wirbellose, im Winter wohl auch Sämereien.

Verhalten: Tagsüber meist einzeln, übernachtet an Gemeinschaftsschlafplätzen bodennah in dichter Vegetation. Sucht am Boden laufend (nicht hüpfend) nach Nahrung, gern am Rande von Feuchtstellen und Ufern. Bergpieper zeigen häufig ein langsames Schwanzwippen.

Status: Regelmäßiger, aber meist recht spärlicher Wintergast aus den Alpen.

Besonderes: Bergpieper und Strandpieper wurden erst vor kurzem als eigenständige Arten erkannt, die bis dahin als „Wasserpieper“ bekannte Art wurde aufgespalten, der alte Name entfällt somit.

Wintervögel an See und Fluss

Weiher, Teiche (inkl. Park- und Fischteiche), Seen (inkl. Stauseen, Talsperren)
Höckerschwan, Stockente, Schnatterente, Spießente, Pfeifente, Krickente, Löffelente, Mandarinente, Schellente, Zwergsäger, Gänsesäger, Reiherente, Bergente, Tafelente, Moorente, Kolbenente, Blässhuhn, Teichhuhn, Wasserralle, Haubentaucher, Zwergtaucher, Rothalstaucher, Ohrentaucher, Schwarzhalstaucher, Kormoran, Seeadler, Graureiher, Silberreiher, Rohrdommel, Rohrammer, Bartmeise
(Die meisten dieser Arten sind nicht auf einen Gewässertyp, allenfalls auf die Größe und Tiefe und auf die Ufervegetation des Gewässers festgelegt.)

Bäche, Flüsse, Gräben, Kanäle
Eisvogel, Wasseramsel, Gebirgsstelze

Süßwasserwatten, Überschwemmungswiesen, Flutpolder, Rieselfelder, wiedervernässte Moore
Zwergschnepfe, Bekassine, Waldwasserläufer

Weitere mögliche Arten (Auswahl):
Graugans, Blässgans, Tundrasaatgans, Kanadagans, Weißwangengans, Nilgans, Singschwan, Zwergschwan, Kranich (s. Lebensraum „Feld und Flur“)

Lachmöwe, Sturmmöwe, Silbermöwe, Steppenmöwe, Mittelmeermöwe, Sterntaucher, Prachttaucher, Wanderfalke (s. Lebensraum „Meer und Strand“)

Binnengewässer bieten ganzjährig gute Möglichkeiten zur Vogelbeobachtung – vorausgesetzt, sie frieren im Winter nicht zu. Stehende Binnengewässer variieren erheblich hinsichtlich ihrer Fläche und Tiefe. Dementsprechend unterscheidet man **Seen** (einschließlich Stauseen), **Weiher** und (künstliche) **Teiche**. Nach gängiger gewässerkundlicher Definition besitzen Seen eine stabile Wasserschichtung und eine lichtarme Tiefenzone, in den flachen Weihern und Teichen dringt in der Regel ausreichend Licht bis auf den Grund und ermöglicht ein uneingeschränktes Wachstum von Unterwasserpflanzen. Davon profitieren besonders pflanzenfressende Wasservögel, vor allem die verschiedenen Arten der Gründelenten. Darunter versteht man eine bestimmte nahrungsökologische Gilde, in diesem Falle solche Entenarten, die von der Wasseroberfläche aus mit dem Schnabel den Grund abweiden oder die Vegetation der oberen Wasserschichten durchschnattern. Neben Wasserpflanzen und Algen nehmen sie dabei auch Kleintiere auf, die in und an der Vegetation leben. Ein bekanntes Kinderlied beschreibt die charakteristische Körperhaltung, die die Vögel dabei einnehmen, treffend mit den Worten „Köpfchen in das Wasser, Schwänzchen in die Höh´". Nur selten zeigt auch der **Höckerschwan** ein solches Verhalten, wenn selbst sein langer Hals zu kurz ist, um an den Grund zu gelangen. Zusätzlich äsen Schwäne im Winter gern auf Rapsfeldern oder lassen sich an städtischen Gewässern von Passanten mit Brot füttern. An Parkteichen tummeln sich

Höckerschwan *Cygnus olor* 145-160 cm

Kennzeichen: Allgemein bekannt, Männchen mit gegenüber dem Weibchen deutlich stärker ausgeprägtem schwarzem Schnabelhöcker am Grund des orangefarbenen Schnabels. Jungvögel bis zum nächsten Frühjahr graubräunlich (selten weiß bei der *immutabilis*-Variante).

Stimme: Leise, aber durchdringend „wiihörrr", auch Zischlaute. Sonst weitgehend stumm.

Nahrung: Wasser- und Uferpflanzen, auch Rapssaaten.

Verhalten: Im Winter gesellig, auch mit anderen Schwanenarten vergesellschaftet. Bereits im ausgehenden Winter an Brutplätzen zunehmend territorial und aggressiv gegen Artgenossen.

Status: Jahresvogel

Besonderes: Fliegende Höckerschwäne sind schon von weitem an ihren charakteristisch „singenden" Flügelgeräuschen zu erkennen.

halbzahme **Stockenten** in oft großer Zahl. Die Stockente ist sicherlich die bekannteste Entenart und die Stammform unserer Hausenten. Wie bei allen Enten tragen die männlichen Tiere, die Erpel, im Winterhalbjahr und bis in den Frühsommer hinein ihr auffallendes und oft recht buntes Prachtkleid, in dem sie sich deutlich von den tarnfarbig schlicht gefärbten Weibchen unterscheiden. Anhand dieser Prachtkleider lassen sich die verschiedenen Entenarten auch für Einsteiger gut und sicher bestimmen, im Hochsommer, wenn auch die Erpel ihr unscheinbares Schlichtkleid anlegen, ist dies oftmals sehr viel schwieriger.

Auch im Prachtkleid eher schlicht gefärbt ist der Erpel der **Schnatterente**, doch schwarzes „Heck“ und weißer Flügelspiegel, der auch beim schwimmenden Vogel immer wieder aufblitzt, sind unverkennbare Merkmale dieser Art. Wie die Stockente ist die Schnatterente ein häufiger Brutvogel bei uns, der ganzjährig zu beobachten ist. **Spießenten** und **Pfeifenten** brüten hingegen nur ausnahmsweise in Deutschland, sind aber regelmäßige und sehr häufige Wintergäste aus Skandinavien. Spießenten sind an ihrer eleganten Erscheinung mit dem langen Schwanzspieß

Stockente *Anas platyrhynchos* 50-60 cm

Kennzeichen: Erpel mit flaschengrünem Kopf, dunkelbrauner Brust und weißlichem Halsring, schwarzem „Heck“ mit aufgebogenen Schwanzfedern („Erpellocken“), Schnabel gelb. Beide Geschlechter mit dunkelblauem, weiß eingefasstem Flügelspiegel. Weibchen sind wie bei fast allen Enten wesentlich schlichter und „tarnfarbig“. Sie werden in den folgenden Artporträts meist nicht näher beschrieben, allenfalls im Vergleich zu den Weibchen verwandter Arten. Zur Bestimmung sei auf entsprechende Literatur (ab S. 228) und die Fotos zu den Artporträts verwiesen.

Stimme: Erpel: „rääb rääb rääb...“, bei der Balz kurz „piu“. Weibchen: bekanntes Quaken „WAAHK WAAHK Waahk waahk waak wak“ (auf den ersten Silben betont und dann schwächer werdend).

Nahrung: Wasserpflanzen, Algen, wirbellose Wassertiere (Insektenlarven, Schnecken etc.).

Verhalten: Stockenten „gründeln“ in typischer Haltung wie im bekannten Kinderlied beschrieben: Köpfchen in das Wasser, Schwänzchen in die Höh´.

Status: Jahresvogel, Wintergast aus Nord- und Osteuropa.

Besonderes: Die Stockente ist die wilde Stammform unserer Hausenten.

Schnatterente *Mareca strepera* 46-56 cm

Kennzeichen: Erpel mit fein hellgrau melierten Flanken, braungrauer Brust und schwarzem „Heck", weißer Flügelfleck kontrastiert zu dunklem Spiegel. Weibchen im Flug außer durch andersfarbigen Flügelspiegel durch hellen Bauch von Stockenten-Weibchen unterscheidbar.

Stimme: Erpel tief knarrend, kurzes „ährp", bei der Balz hoch pfeifend „pjii". Weibchen ähnlich Stockenten-Weibchen, aber meist härter und „mechanischer".

Nahrung: Ähnlich Stockente, Anteil pflanzlicher Nahrung allerdings höher als bei dieser.

Verhalten: Gründelt weniger häufig als Stockente, seiht mehr an der Wasseroberfläche. Schnatterenten schmarotzen manchmal bei Tauchvögeln wie dem Blässhuhn.

Status: Jahresvogel und Wintergast aus Osteuropa.

Besonderes: Der Bestand der Schnatterenten hat in den letzten Jahren auffallend stark zugenommen.

Spießente *Anas acuta* 51-62 cm (plus ca. 10 cm lange Schwanzspieße des Erpels)

Kennzeichen: Erpel mit auffallenden verlängerten Steuerfedern (oft deutlich schräg aufrecht gehalten). Dunkelbrauner Kopf und Hinterhals mit weißer Zeichnung an den Halsseiten. Weibchen wirken schlanker als Stock- und Schnatterenten, mit lang und spitz ausgezogenen Schwanzfedern, Kopf einfarbig hellbraun.

Stimme: Männchen kurz und klar: „krüü" (tiefer als Krickente, s. S. 121), Weibchen bei der Balz krähenartig rollend „krrraah", sonst Quaken.

Nahrung: ähnlich Stockente

Verhalten: Spießenten sind tag- und nachtaktiv, die Nahrungssuche erfolgt überwiegend nachts. Die Vögel bilden im Winter häufig artreine Trupps.

Status: Häufiger Durchzügler und spärlicher Wintergast aus Nordeuropa.

Besonderes: Spießenten fallen in gemischten Ententrupps durch ihre Größe und Eleganz auf.

zu erkennen, Pfeifenten selbst auf Entfernung an ihrem charakteristisch runden Kopfprofil, ihrem durchdringenden Pfeifen, das man auch und vor allem nachts hört, und an ihrem Verhalten bei der Nahrungssuche: Trupps weiden auf Grünland oder am Gewässerufer wie Gänse. **Krickenten**, schon von weitem an ihrer geringen Größe zu erkennen, ziehen zum überwiegenden Teil gen Süden, doch harrt ein Teil der Vögel noch bis weit in den November hinein bei uns aus und kehrt oft schon im Februar zurück. Kleinere Trupps scheinen den gesamten Winter bei uns zu verbringen. Auch **Löffelenten** sind Zugvögel, die dennoch in klimabegünstigten Regionen in kleinerer Zahl überwintern. Wegen ihrer spezialisierten Ernährungsweise, bei der sie mit ihrem Löffelschnabel die Oberfläche seichter Gewässer durchschnattern, sind sie stärker

Bunte Fehlfarbenmischung an Parkteichen

An Parkgewässern wird man häufig ungewöhnlich gefärbten Enten begegnen, die in keinem Bestimmungsbuch abgebildet sind: bunt gescheckte Tiere, schwarze Enten mit weißer Brust, hell rahmfarbene und auch reinweiße Vögel. Es handelt sich um „fehlfarbige" Stockenten. Auch die Körpergröße kann stark von der Norm abweichen. Manche Parkenten sind fast doppelt so groß wie die Wildform. Diese Abweichungen dürften zum einen durch Einkreuzung mit verschiedenen Hausentenrassen zustande kommen, zum einen aber auch durch Mutationen. Denn wie Forscher in Hamburg feststellten, vermischen sich die Stockentenpopulationen auf Parkgewässern kaum mit wildlebenden Artgenossen, die – nicht zuletzt aufgrund regelmäßiger Bejagung – die Nähe des Menschen meiden. Der begrenzte Genpool begünstigt solche Mutationen.

Die weitgehend eigenständigen Parkentenpopulationen verlassen sich inzwischen völlig auf das Nahrungsangebot der Menschen, die sie bereitwillig das ganze Jahr über üppig füttern. Diese Enten sind auf dem besten Wege, sich selbst zu domestizieren, sie werden zu einer Art frei lebender Haustiere. Diese zunehmende Domestikation könnte eine weitere Ursache für die Färbungs- und Größenanomalien sein, denn auch bei anderen Haustieren, etwa Hunden, Katzen, Rindern oder Pferden, treten spontan gescheckte oder andersfarbige Einzeltiere auf. In wild lebenden Entenpopulationen würden die auffälligen Mutationen sehr schnell von natürlichen Feinden ausgemerzt. An den geschützten städtischen Gewässern können auch fehlfarbene Enten zur Fortpflanzung gelangen und die neuen Merkmale vererben.

Neben diesen fehlfarbenen Stockenten kann man mitunter auch andere ungewöhnlich gefärbte Enten sehen: Es sind Hybride, die durch natürliche Kreuzung verschiedener, meist nah verwandter Entenarten entstanden und Merkmale beider Arten (oder auch nur einer Elternart) zeigen. Besonders innerhalb der Gruppe der Tauchenten und Säger (s. u.) kommt dies immer wieder vor, an Parkgewässern sogar bei Gänsen unterschiedlicher Gattungen, meist Graugänsen und Kanadagänsen, deren Nachkommen allerdings wie bei den meisten Hybriden unfruchtbar sind.

von auftretenden Frösten betroffen als andere Entenarten. Ein überaus bunter und durch seine orangefarbenen Flügelsegel auch ungewöhnlich aussehender Vogel ist der Erpel der **Mandarinente**. Diese Art ist ein Neubürger, der ursprünglich aus Ostasien stammt und bei uns als Ziergeflügel eingeführt wurde. Die meisten dieser Vögel nisten an baumbestandenen Parkgewässern oder seltener an Waldseen. Die Bäume sind wichtig, denn Mandarinenten erbrüten ihren Nachwuchs in Baumhöhlen,

Pfeifente *Mareca penelope* 45-51 cm

Kennzeichen: Silhouette mit auffallend rundem Kopfprofil, Erpel „dezent bunt“: grauer Körper, schwarz-weißes Heck, rötlich braune Brust und brauner Kopf mit rahmgelber Stirn. Schnabel grau mit schwarzer Spitze. Zeigt im Flug auffallendes weißes Flügelfeld, das dem dunkelbräunlich gefärbten Weibchen fehlt.

Stimme: Weittragendes pfeifendes „wii-ju!“ oder „wii wii wiiu“, im Trupp vielstimmig vorgetragen, besonders nachts sehr ruffreudig.

Nahrung: Gräser, Wasserpflanzen, Algen, auch keimende Wintersaaten.

Verhalten: Pfeifenten weiden häufig an Land und wirken dabei wie kleine Gänse.

Status: Häufiger Durchzügler und Wintergast aus Skandinavien.

Besonderes: Pfeifenten halten sich gern auf Salzwiesen und küstennahem Grünland auf, sind aber auch weiter entfernt im Binnenland regelmäßig anzutreffen.

Krickente *Anas crecca* 34-38 cm

Kennzeichen: Sehr klein, Erpel durch braunen Kopf mit breitem grünen Streifen an den Seiten und gelbes, breit schwarz eingefasstes „Heck“ gekennzeichnet. Beide Geschlechter zeigen im Flug einen dunkelgrünen Flügelspiegel.

Stimme: Erpel hoch und rollend „krick rick...“.

Nahrung: Pflanzliche und animalische Kost.

Verhalten: Krickenten halten sich gern in großen Trupps auf Schlick- und Wattflächen auf und durchschnattern den Schlamm oder seihen an der Wasseroberfläche in Flachwasserbereichen.

Status: Teilzieher, zeigt deutlich größere Zugneigung als Stockente.

Besonderes: Die Krickente ist wie die Knäkente nach ihren charakteristischen Rufen benannt.

Löffelente *Spatula clypeata* 44-52 cm

Kennzeichen: Erpel sehr bunt, mit flaschengrünem Kopf und braunen Flanken. Weibchen ähnelt weiblicher Stockente. Beide Geschlechter mit löffelartig verbreitertem Schnabel. Im Flug grünlicher Flügelspiegel und blaues (Erpel) bzw. graublaues (Ente) Flügelfeld kennzeichnend.

Stimme: Erpel äußert im Auffliegen ein klopfendes „tok tok ...".

Nahrung: Tierisches und pflanzliches Plankton, das mit dem hochspezialisierten Schnabel aus dem Wasser geseiht wird.

Verhalten: Löffelenten durchschnattern die Wasseroberfläche und gründeln nur selten.

Status: Überwiegend Zugvogel mit Überwinterungsgebieten in Südeuropa, doch mittlerweile vielerorts in kleinerer Zahl auch im Winter zu sehen, vor allem in klimatisch milderen Gebieten.

Besonderes: Löffelenten sind wegen ihrer spezialisierten Ernährungsweise besonders vom Zufrieren ihrer Rastgewässer betroffen und ziehen daher bei Frosteinbrüchen rasch ab.

Mandarinente *Aix galericulata* 41-49 cm

Kennzeichen: Erpel im Prachtkleid durch sehr bunte Färbung mit leuchtend orangefarbigen Schmuckfedern am Hals und ebensolche „Flügelsegel" unverkennbar. Weibchen mit auffallenden hellen Tupfen auf hellbraunen Flanken und Brust, grauer Kopf mit weißem Augenring, kann nur mit dem ähnlich gefärbten Weibchen der verwandten, als Ziervogel gehaltenen Brautente verwechselt werden.

Stimme: Bei der Balz ruft der Erpel „pfruib" und das Weibchen „kett", ansonsten recht schweigsam.

Nahrung: Überwiegend pflanzlich (Wasserpflanzen, Sämereien).

Verhalten: Die Vögel leben vor allem an Parkteichen und zeigen dem Menschen gegenüber meist wenig bis gar keine Scheu.

Status: Jahresvogel

Besonderes: Die Mandarinente wurde als Ziervogel aus Ostasien nach Großbritannien und Mitteleuropa eingeführt und verwilderte vielerorts.

oft in großer Höhe. Das gilt gleichermaßen auch für die **Schellente**, den **Zwergsäger** und den **Gänsesäger**. Die Säger haben ihren ungewöhnlichen Namen von den gesägten Schnabelkanten, mit denen sie glitschige Fische, ihre Hauptnahrung, fangen und festhalten können. Sie gehören zu den Entenarten, die ihre Nahrung nicht gründelnd, sondern tauchend erlangen. **Reiher-, Berg-, Tafel-, Moor-** und **Kolbenenten** sowie die bereits erwähnte Schellente zählen ebenfalls zur Gruppe der

Schellente *Bucephala clangula* 42-50 cm

Kennzeichen: Erpel wirkt insgesamt sehr weiß mit auffallendem weißem Fleck zu beiden Seiten des dunkelgrün glänzenden Kopfes und mit leuchtend gelber Iris. Weibchen bräunlich mit breitem weißem Halsring und bullig wirkendem dunkelbraunem Kopf und ebenfalls gelber Iris.

Stimme: Im Winter wenig zu hören, mitunter leises Knarren.

Nahrung: Fast ausschließlich im Wasser lebende Tiere (Insektenlarven, Krebstiere, Muscheln, Kleinfische).

Verhalten: Die Schellente erbeutet ihre Nahrung tauchend.

Status: Jahresvogel, häufiger Wintergast aus Nordeuropa.

Besonderes: Die Vögel erzeugen im Flug mithilfe spezieller Schallschwingen ein auffallend klingelndes, „schellendes" Flügelgeräusch (Name!), ganz besonders die Erpel.

Zwergsäger *Mergellus albellus* 38-44 cm

Kennzeichen: Erpel wirkt fast weiß mit auffallendem schwarzen Fleck zwischen Auge und Schnabelansatz und schwarzen, bandartigen Abzeichen an den Seiten. Weibchen ähnlich Schellentenweibchen, aber mit weißen Wangen und ohne gelbe Iris.

Stimme: Bei uns kaum zu hören.

Nahrung: Im Winter hauptsächlich Kleinfische.

Verhalten: ähnlich Schellente

Status: Regelmäßiger Wintergast aus Nordeuropa.

Besonderes: Zwergsäger sind häufig mit Schellenten vergesellschaftet, mitunter verpaaren sich die beiden Arten sogar untereinander.

Tauchenten. Sie ernähren sich allerdings nicht von Fischen, sondern je nach Art von kleinen Muscheln, Schnecken und anderen bodenlebenden Wasserorganismen oder auch von pflanzlicher Nahrung (Näheres siehe Artporträts). Anhand ihrer jeweils charakteristischen Silhouetten sind schwimmende Tauchenten schon von weitem von den Gründelenten zu unterscheiden: Die kompakteren Tauchenten liegen tiefer im Wasser, insbesondere ist die Schwanzpartie häufig nach unten gerichtet und daher kaum zu sehen, während bei den Gründelenten das Schwanzende in der Regel leicht nach oben ragt.

Viele Entenarten, ganz besonders die Tauchenten, suchen traditionelle Winterquartiere auf. So findet man **Bergenten** vornehmlich in flachen Meeresbuchten der südwestlichen Ostsee, aber auch an den großen, tiefen Seen der norddeutschen Tiefebene. **Tafelenten** konzentrieren sich vor allem auf den Seen im Alpenvorland wie dem Bodensee, wo sich auch nahezu der gesamte mitteleuropäische Winterbestand der **Kolbenente** aufhält. Die schwarz-weißen **Reiherenten** wie auch viele Gründelenten verteilen sich oftmals stärker auf verschiedene Gewässer. Als exzellente, schnelle und ausdauernde Flieger sind sie wie alle Enten sehr mobil und können, falls notwendig, sehr flexibel auf Nahrungsengpässe oder anhaltende Frosteinbrüche reagieren und binnen kurzer Zeit große Strecken zurücklegen, um Gebiete zu finden, die ihnen bessere Bedingungen bieten.

Gänsesäger *Mergus merganser* 58-66 cm

Kennzeichen: Großer Wasservogel. Erpel mit auffallendem Kontrast zwischen großem flaschengrünem Kopf und zartrosa gefärbten Brust- und Flankenpartien und schwarzem Rücken. Weibchen mit dunkelbraunem Kopf mit strähnig nach hinten abstehenden Nackenfedern. Beide Geschlechter mit langem, spitzem roten Schnabel mit gebogener Spitze.

Stimme: Bei der Balz ruft der Erpel relativ leise „uig-a" und quakend „küuurp", Weibchen guttural „kro kro..." oder „karr karr...".

Nahrung: Ausschließlich kleinere Fische.

Verhalten: Gänsesäger sind sehr gute Taucher. Vor dem Abtauchen schwimmen sie häufig ein Stück mit untergetauchtem Kopf, um nach Beute Ausschau zu halten.

Status: Teilzieher, regelmäßiger Wintergast aus Nord- und Nordosteuropa.

Besonderes: Gänsesäger brüten in Baumhöhlen in Wassernähe (wie auch Zwergsäger, Schell- und Mandarinenten). Der Name „Säger" nimmt Bezug auf die sägeartig fein gezähnten Schnabelkanten, mit denen die Vögel glitschige Fische sicher festhalten können.

Bergente *Aythya marila* 40-51 cm

Kennzeichen: Erpel wirkt wie Reihererpel (s. S. 126) mit grauem Rücken, Weibchen ähnlich Reiherenten-Weibchen, aber mit auffallender weißer, ringförmiger Zeichnung am Schnabelgrund. (Ausnahmsweise kann auch die weibliche Reiherente eine solche – meist weniger ausgedehnte – Zeichnung tragen, aber Bergenten-Weibchen fehlt der für Reiherenten typische Federschopf am Hinterkopf.)

Stimme: Im Winter wenig zu hören.

Nahrung: Wassertiere wie Muscheln, Schnecken, Krebstiere, Insektenlarven, auch Sämereien.

Verhalten: In Winterschwärmen überwiegen bei uns die Männchen, offenbar überwintern die Geschlechter getrennt, die Erpel weiter im Norden als die Weibchen. Bergenten ziehen hauptsächlich nachts.

Status: Regelmäßiger, teils häufiger Wintergast aus Nord- und Nordosteuropa.

Besonderes: Bergenten überwintern überwiegend an der Ostseeküste, kommen aber auch auf großen, tiefen Seen des Binnenlandes regelmäßig vor.

Tafelente *Aythya ferina* 42-49 cm

Kennzeichen: Erpel unverkennbar durch kontrastreiche Zeichnung: Brauner Kopf mit roter Iris, Brust und „Heck“ schwarz, Flanken und Rücken grau meliert. Weibchen braun bis graubraun mit charakteristischen helleren Flecken am Kopf. Im Fluge im Gegensatz zu verwandten Tauchenten mit grauem statt weißem Flügelstreif.

Stimme: Im Winter selten zu hören.

Nahrung: Je nach Angebot pflanzliche und tierische Nahrung im Wasser, gern Wandermuscheln (Dreissena).

Verhalten: Tag- und nachtaktiv, Nahrungserwerb meist tauchend, aber weniger tief als Reiher- und Bergenten, meist in Flachwasserbereichen.

Status: Jahresvogel, regelmäßiger Wintergast aus Osteuropa mit abnehmender Tendenz.

Besonderes: Das Fleisch der Tafelente gilt als wohlschmeckend und kam oft auf die Speisetafel gehobener Kreise, daher der Name.

Nicht jeder Vogel, der auf dem Wasser schwimmt oder taucht, ist eine Ente: Die schwarzen **Blässhühner** mit ihrer charakteristischen weißen Stirnblässe und dem weißen Schnabel sind ebenso gute Schwimmer und Taucher wie die Tauchenten, von denen sie sich beim Schwimmen durch nickende Kopfbewegungen unterscheiden. Doch zählen die Blässhühner nicht zu den Enten und trotz ihres Namens schon gar nicht zu den Hühnervögeln, sondern zur Familie der Rallen. Blässralle wäre also

Kolbenente *Netta rufina* 53-57 cm

Kennzeichen: Großer, kolbenförmiger Kopf beim Erpel braunorange mit hellerem Scheitel, leuchtend roter Schnabel, wirkt „eingesteckt" wie die Karottennase eines Schneemanns. Weibchen mit kontrastreich hellgrau-schwarzgrauer Kopffärbung.

Stimme: Im Winter wenig zu hören.

Nahrung: Hauptsächlich pflanzlich, z. B. Armleuchteralgen (Characeen), verschiedene Wasserpflanzen.

Verhalten: Die Kolbenente sucht ihre Nahrung sowohl gründelnd als auch tauchend.

Status: Teilzieher, Jahresvogel und Wintergast.

Besonderes: Das Hauptüberwinterungsgebiet der Kolbenente in Mitteleuropa ist der Bodensee.

Reiherente *Aythya fuligula* 40-47 cm

Kennzeichen: Erpel schwarz mit weißen Flanken, Weibchen insgesamt dunkelbräunlich. Beide Geschlechter mit leuchtend gelber Iris und reiherartigem Federschopf im Nacken. Im Flug mit auffallender weißer Flügelbinde und hellem Bauch.

Stimme: Weibchen „brerrr brerrr brerrr", Erpel ruft bei der Balz ähnlich einem piepsenden Entenküken.

Nahrung: Überwiegend Wandermuscheln (Dreissena), die tauchend erbeutet werden, daneben auch andere wasserlebende Kleintiere, in geringerem Maße pflanzliche Nahrung.

Verhalten: Reiherenten sind das ganze Jahr über gesellig, im Winter oft in Trupps von Hunderten oder Tausenden Vögeln. Ab Mittwinter ist Gruppenbalz zu beobachten.

Status: Jahresvogel, häufiger Wintergast aus Nord- und Osteuropa.

Besonderes: Die Reiherente ist die häufigste Tauchente auf unseren Gewässern.

Moorente *Aythya nyroca* 38-42 cm

Kennzeichen: Erpel tief kastanienbraun mit helleren Flanken und leuchtend weißem Unterschwanz. Weibchen ähnlich, aber insgesamt matter gefärbt. Im Flug bei beiden Geschlechtern weißer Flügelstreif und weißes Bauchfeld auffällig.

Stimme: Im Winter meist stumm.

Nahrung: Überwiegend vegetarisch, seltener kleine Wirbellose.

Verhalten: Nahrungssuche erfolgt weniger tauchend, sondern meist gründelnd oder mit eingetauchtem Hals und Kopf. Sonstiges Verhalten ähnlich verwandten Tauchentenarten.

Status: Überwiegend Zugvogel, doch zunehmend auch Winternachweise, die teils ausgewilderte (s. u.), teils Gefangenschaftsflüchtlinge betreffen.

Besonderes: Die Moorente war in Deutschland als Brutvogel ausgestorben und wird seit 2012 am Steinhuder Meer (Niedersachsen) wieder angesiedelt. Inzwischen lassen sich die Vögel auch anderenorts immer öfter beobachten.

Blässhuhn *Fulica atra* 36-38 cm

Kennzeichen: Leicht kenntlich: schwarzer Schwimmvogel mit weißem Schnabel und weißer Blässe. Geschlechter gleich gefärbt.

Stimme: Hart und platzend: „köck öck öck..." (Weibchen) oder scharf „pitz pitz..." (Männchen).

Nahrung: Allesfresser: Wasserpflanzen, Algen, Muscheln, Schnecken, an Parkteichen auch Brot u. a.

Verhalten: Im Winter in oft großen Trupps, streitet sich an Parkteichen mit Stockenten und Lachmöwen um hingeworfenes Futter, dann dem Menschen gegenüber futterzahm. Schwimmende Vögel sind von Enten durch nickende Kopfbewegungen zu unterscheiden.

Status: Jahresvogel, Teilzieher, häufiger Wintergast aus Nord- und Osteuropa.

Besonderes: In Süddeutschland werden die Vögel „Belchen" genannt, in Mecklenburg „Zappen" („Zappenduster" = dunkel/schwarz wie ein Blässhuhn).

der korrektere Name für diese bekannten Vögel, die in Süddeutschland auch Belchen und im Mecklenburgischen Zappen genannt werden. In oft großen Scharen bevölkern sie Binnengewässer aller Art – von den Uferzonen großer Seen bis hin zu Parkteichen. Dort kann man regelmäßig, wenn auch in ungleich kleinerer Zahl, einem Verwandten des Blässhuhns begegnen, dem **Teichhuhn**. Es ist ein deutlich schlechterer Schwimmer als das Blässhuhn, kann dafür aber mit seinen langen Zehen geschickt in der Ufervegetation und sogar in Büschen und Bäumen herumklettern. Wo sich große Scharen von Stockenten, Lachmöwen und Blässhühnern an Futterstellen zusammendrängen, bleibt es meist bescheiden im Hintergrund und hält Nachlese, wenn die Brottüte leer ist und das Getümmel nachlässt. So vertraut Teichhühner Menschen gegenüber an Parkteichen auch sind – in der freien Landschaft bekommt man die heimlich lebenden Vögel kaum jemals zu Gesicht, auch nicht in der kalten Jahreszeit, wenn die Ufervegetation weniger Deckung bietet als im Sommer.

Im Winter nur regional in größerer Zahl anzutreffen sind die fünf europäischen Lappentaucher-Arten: Die bei uns ausschließlich im Nordostdeutschen Tiefland brütenden **Rothalstaucher** wie auch **Ohrentaucher**, Wintergäste aus der fennoskandischen Brutpopulation, überwintern vor allem an den Küsten von Nord- und Ostsee und an größeren Gewässern in deren Hinterland. Lokal sind sie auch an binnenländischen Seen anzutreffen. Den Ohrentaucher kann man vereinzelt sogar am Bodensee

Teichhuhn *Gallinula chloropus* 32-35 cm

Kennzeichen: Schwarz mit lackrotem Stirnschild und rotgelbem Schnabel, weißem Flankenstreif und leuchtend weißen Unterschwanzdecken. Geschlechter gleich gefärbt.

Stimme: Vielfältig, oft laut und explosiv, z. B. „kürrück“, „kürrl“, „krreck“, „kikick“ o. ä.

Nahrung: Vielseitig: Wasserpflanzen, Sämereien, Gräser, Schnecken, Muscheln und andere wasserbewohnende Kleintiere, an Parkteichen auch Brot und Getreide.

Verhalten: Teichhühner leben außerhalb der Brutzeit nicht in so großen Trupps wie Blässhühner. An Wasservogelfütterungen halten sie sich am Rande auf und meiden das Getümmel.

Status: Jahresvogel, Teilzieher, in strengen Wintern Zuzügler aus Nord- und Osteuropa.

Besonderes: Teichhühner (und auch Blässhühner) sind weder Hühner noch Enten, sondern zählen zur Vogelfamilie der Rallen.

beobachten, einem bedeutenden Winterquartier des im Schlichtkleid ähnlich gefärbten **Schwarzhalstauchers**. Der größere Teil der mitteleuropäischen Population überwintert allerdings im Mittelmeerraum. Die bei uns häufigste Art, der **Haubentaucher**, ist in einzelnen Exemplaren oder kleinen Trupps fast überall auf größeren Seen anzutreffen, in Süddeutschland allerdings deutlich häufiger als im Norden. Zu den heimischen Brutvögeln gesellen sich Artgenossen nördlicher und östlicher Herkunft. **Zwergtaucher** sieht man hingegen eher selten den ganzen

Rothalstaucher *Podiceps grisegena* 40-46 cm

Kennzeichen: Im Vergleich zum Haubentaucher (s. S. 130) kompakter, mit kürzerem und dickerem Hals. Hals dunkel, Gesicht dunkler und ohne Weiß zwischen Auge und Schnabel. Schnabelfärbung dunkel mit gelber Basis. Zur Unterscheidung fliegender Lappentaucherarten im Schlichtkleid sei auf gute Bestimmungsliteratur verwiesen.

Stimme: Im Winter stumm.

Nahrung: Kleinfische, wasserlebende Wirbellose.

Verhalten: Auch im Winter wenig gesellig, meist einzeln oder in kleinen Gruppen.

Status: Heimischer Teilzieher und regelmäßiger Wintergast aus Ost- und Nordosteuropa.

Besonderes: Rothalstaucher überwintern häufig im Bereich von Nord- und Ostsee, ziehen aber auch bis an die Voralpenseen.

Ohrentaucher *Podiceps auritus* 31-38 cm

Kennzeichen: Im Profil flach abfallende Stirn, Kopfseiten weiß (s. auch Schwarzhalstaucher, S. 130), dunkler Oberkopf und auffallende rote Iris.

Stimme: Im Winter schweigsam.

Nahrung: Kleinfische, Wasserinsekten.

Verhalten: wie Rothalstaucher

Status: Wintergast aus Nordeuropa.

Besonderes: Ohrentaucher bevorzugen von allen Lappentaucherarten im Winter am meisten den Küstenbereich und sind vor allem an flachen Meeresgewässern zu finden. Einzelne Exemplare werden aber regelmäßig auch auf größeren Seen weit im Binnenland angetroffen.

Winter über, zum einen aufgrund ihrer versteckten Lebensweise, zum anderen frieren die kleinen Teiche und Weiher, die sie bevorzugen, viel schneller zu als größere Gewässer, sodass diese Wasservogelzwerge oft auch noch mitten im Winter gen Süden ziehen. Bei anhaltendem, starkem Frost wandern auch Haubentaucher und Enten ab.

Schwarzhalstaucher *Podiceps nigricollis* 28-34 cm

Kennzeichen: Im Schlichtkleid sehr ähnlich Ohrentaucher (s. S. 129), aber im Profil mit steil abfallender Stirn und spitzem Oberkopf (statt spitzem Hinterkopf wie bei diesem). Dunkle Zeichnung des Oberkopfes zieht sich im Gegensatz zum Ohrentaucher bis in die weißen Wangen hinein. Körper im Vergleich kürzer als bei jenem.

Stimme: Im Winter schweigsam.

Nahrung: Wasserlebende Insektenlarven, kleine Krebstiere, in geringem Umfang Kleinfische.

Verhalten: Sehr gesellig, auch außerhalb der Brutzeit gern in größeren Trupps.

Status: Teilzieher, besonders im Süden regelmäßig in kleiner Zahl überwinternd. In Norddeutschland nur Sommervogel.

Besonderes: Schwarzhalstaucher brüten bei geeigneten Bedingungen oft in größeren Kolonien, gern in der Nachbarschaft von Lachmöwen.

Haubentaucher *Podiceps cristatus* 46-51 cm

Kennzeichen: Schlanke, elegante Erscheinung, Hals und Kopf im Schlichtkleid überwiegend hell (ausgedehnter als bei verwandten Arten) mit dunklem Scheitel und Hinterhals. Schnabel einfarbig hellrosa. Wirkt im Flug sehr langhalsig, dünn und „schlaksig".

Stimme: Im Winter stumm.

Nahrung: Überwiegend kleine Fische.

Verhalten: Taucht oft tief und lange, schwimmt ansonsten gerne offen auf der weiten Wasserfläche von Seen.

Status: Besonders im Süden Deutschlands Teilzieher und Wintergast aus Nord- und Osteuropa. Zieht bei Vereisung von Gewässern auch noch mitten im Winter ab.

Besonderes: Im Frühjahr zeigen die Vögel ein ausdrucksstarkes Balzverhalten und einen auffälligen Kopfschmuck. Haubentaucher und ihre Verwandten besitzen lappenartige Verbreiterungen an den Zehen, man bezeichnet sie daher auch als Lappentaucher.

Kormorane, einstmals fast ausgerottet, haben in der Vergangenheit ein überaus erfolgreiches Comeback erlebt. Vor wenigen Jahrzehnten noch überwinterten diese imposanten Vögel vor allem auf den großen Seen im Voralpenraum, heute kann man sie auch in Norddeutschland im Winter regelmäßig beobachten. Sollten die Seen zufrieren, was nur noch selten der Fall ist, weichen die Kormorane auf die großen Flüsse aus, die ihnen

Zwergtaucher *Tachybaptus ruficollis* 23-29 cm

Kennzeichen: Kleiner, rundlicher Schwimmvogel, dessen wie gestutzt wirkendes Hinterteil bei gesträubten Federn in einer „Puderquaste" endet. Im Schlichtkleid beigebraun und dunkel gefärbt.

Stimme: Im Winter stumm.

Nahrung: Kleinste Fische, wasserlebende Insektenlarven, Krebstierchen etc.

Verhalten: Zwergtaucher halten sich oft und lange in dichter Ufervegetation verborgen.

Status: Jahresvogel und Teilzieher.

Besonderes: Der Zwergtaucher wird wegen seiner versteckten Lebensweise häufig übersehen, verrät sich zur Brutzeit aber durch seinen trillernden Ruf.

Kormoran *Phalacrocorax carbo* 80-100 cm

Kennzeichen: Sehr großer, schwarzer Vogel mit weißen und gelblichen Abzeichen im unteren Kopfbereich. Vorjährige Vögel mit heller Brust.

Stimme: Im Winter meist stumm.

Nahrung: Fische aller Art.

Verhalten: Kormorane sitzen oft mit ausgebreiteten Flügeln in reptilienhaft starrer Haltung auf Steinen oder Ästen im oder am Wasser und lassen ihr durchnässtes Gefieder trocknen. Beim Fischfang tauchen sie oft in Gruppen und können regelrechte Treibjagden veranstalten.

Status: Jahresvogel, in strengeren Wintern weichen nord- und ostdeutsche Vögel an die großen Seen Süddeutschlands oder benachbarter Regionen aus.

Besonderes: Der Bestand der Kormorane hat sich nach früherer intensiver Verfolgung gut erholt.

ebenfalls reichlich Fischnahrung bieten – sehr zum Ärger von Anglern und Fischern, die in den Vögeln eine unliebsame Konkurrenz sehen. Die Nächte verbringen Kormorane an gemeinschaftlichen Schlafplätzen. Die häufig durchgeführte Vergrämung durch Böller oder sogar die Bejagung („letale Vergrämung") des eigentlich streng geschützten Vogels ist gerade im Winter kontraproduktiv: Die verängstigten Vögel verbrauchen durch wiederholte Flucht und Ausweichflüge viel mehr Energie als im Ruhemodus, in dem sie regungslos auf Bäumen sitzen. Um den Energieverlust auszugleichen, müssen sie also viel mehr fressen als es sonst nötig wäre.

Amphibische Lebensräume im Binnenland, wie **Süßwasserwatten, Überschwemmungswiesen, Flutpolder, Rieselfelder** oder **wiedervernässte Moore**, sind ebenfalls oft sehr ergiebige Orte, um Enten und andere Wasservögel, aber auch Watvögel, zu beobachten. Die meisten im Binnenland brütenden Watvögel, wie Kiebitze, Uferschnepfen und Brachvögel, verlassen die Brutgebiete allerdings oft schon im Juni oder Juli, viele ziehen dann zunächst an die Meeresküste. Der Höhepunkt des Abzugs liegt bei vielen Arten bereits im August oder September. Einige halten es allerdings oft noch bis in den November hinein im deutschen Binnenland aus oder überwintern sogar. Das betrifft neben dem Kiebitz (s. S. 179) vor allem den **Waldwasserläufer**, die **Zwergschnepfe** und gelegentlich die **Bekassine**, ebenfalls ein Schnepfenvogel.

Waldwasserläufer *Tringa ochropus* 21-24 cm

Kennzeichen: Dunkler Rücken, weißer Bauch, weißer Bürzel und weißer Schwanz mit wenigen breiten, dunklen Endbinden sind arttypische Kennzeichen. Flügel einfarbig dunkel, wirkt daher im Flug wie eine große Mehlschwalbe.

Stimme: Im Auffliegen schrill flötend „PLÜitt-witt-witt" (erste Silbe betont und ansteigend).

Nahrung: Insektenlarven, Würmer, kleine Krebstiere.

Verhalten: Im Gegensatz zu verwandten Wasserläuferarten wenig gesellig, wird meist einzeln oder in wenigen Exemplaren an Grabenufern oder kleinen Teichen mit flachen, verwachsenen Uferzonen angetroffen.

Status: Häufiger Durchzügler aus Nord- und Osteuropa und besonders in milden Wintern regelmäßiger, aber spärlicher Überwinterer. Heimische Brutvögel (nur im Osten) vermutlich Teilzieher.

Besonderes: Waldwasserläufer sind die einzigen europäischen Schnepfenvögel, die nicht am Boden, sondern in alten Drosselnestern auf Bäumen brüten.

Wo es viele Wasservögel als potenzielle Beute gibt, sind auch **Seeadler** oft nicht weit. Noch vor Jahrzehnten extrem selten, hat sich ihr Bestand durch Schutzmaßnahmen und das Verbot des Pestizids DDT, welches sich im Fettgewebe ablagert und die Eier extrem dünnschalig und damit zerbrechlich macht, wieder sehr gut erholt. Vor allem im Norden und

Zwergschnepfe *Lymnocryptes minimus* 17-19 cm

Kennzeichen: Insgesamt tarnfarbig bräunlich gezeichnet mit hellem Bauch. Oberseite mit markanten gelblichen Längsstreifen und teilweise grünlichem Metallglanz. Im Vergleich zur größeren Bekassine mit deutlich kürzerem Schnabel und fehlendem hellem Scheitelstreif.

Stimme: Im Winter meist stumm, auch beim Auffliegen (vgl. Bekassine).

Nahrung: Würmer, Insektenlarven

Verhalten: Zwergschnepfen fliegen bei Annäherung eines Menschen oder eines Fuchses erst im allerletzten Moment (quasi „unter dem Stiefel") auf und lassen sich mitunter sogar mit der Hand greifen. Wippt bei der Nahrungssuche oft mit dem ganzen Körper.

Status: Regelmäßiger Wintergast aus nordeuropäischen Mooren.

Besonderes: Die Zwergschnepfe wird meistens übersehen oder unabsichtlich aufgescheucht.

Bekassine *Gallinago gallinago* 25-27 cm

Kennzeichen: Kurzbeinig, untersetzt, mit langem, geradem Schnabel. Bräunlich tarnfarbig mit heller Streifung von Kopf und Oberseite. Geschlechter gleich gefärbt.

Stimme: Aufgeschreckte Vögel rufen kurz und markant „ätsch!".

Nahrung: Würmer, Insektenlarven.

Verhalten: Bekassinen drücken sich bei Gefahr, fliegen aber im Gegensatz zur Zwergschnepfe bei Annäherung deutlich früher auf, meist hoch, weit und im Zickzackflug (Zwergschnepfe meist flach, geradlinig und bald wieder in der Deckung niedergehend).

Status: Überwiegend Zugvogel, doch in geringer Zahl regelmäßig überwinternd.

Besonderes: Die Bekassine wird wegen ihrer meckernden Geräusche während des Balzfluges, erzeugt durch Vibrationen der abgespreizten Schwanzfedern, auch „Himmelsziege" genannt.

Nordosten Deutschlands sind Seeadler wieder ganz regelmäßig anzutreffen. Neben Fischen jagen sie vornehmlich Wasservögel. Es ist ein beeindruckendes Schauspiel, wenn ein Adler beispielsweise einen großen Trupp Blässhühner auf dem Wasser angreift: Diese schließen sich dicht zusammen und versuchen, durch wildes Flügelschlagen den Feind zu verwirren, der sich in der brodelnden Masse auf kein einzelnes Opfer konzentrieren kann. Wieder und wieder rauscht der Adler hernieder, um vielleicht einen unachtsamen Vogel vom Trupp abzusprengen. Hat er dies geschafft, ist ihm die Beute noch lange nicht sicher: Blässhühner sind gute Taucher und entgehen so immer wieder den Attacken des Adlers – bis dieser ablässt oder die Beute irgendwann zu erschöpft ist, um tauchend zu entkommen. Jungen Adlern fehlt noch die nötige Erfahrung, erwachsene Vögel, häufig wohl eingespielte Brutpaare, arbeiten oftmals strategisch zusammen, was eine sehr viel effizientere Jagd ermöglicht. Seeadler sind auch geschickte Fischer. An guten Fischgründen versammeln sich oft Dutzende von Seeadlern, vor allem in Vorpommern.

Graureiher, früher auch Fischreiher genannt, sparen sich immer häufiger den Zug in den Süden. Solange die Gewässer wenigstens teilweise eisfrei sind und keine geschlossene Schneedecke die Felder und Wiesen bedeckt, finden sie immer noch genügend Fische oder Mäuse. In den letzten Jahren sieht man auch die schlanken, schneeweißen **Silberreiher** immer öfter und das ganze Jahr über, im Winter allerdings deutlich seltener als

Seeadler *Haliaeetus albicilla* 77-92 cm

Kennzeichen: Gewaltiger Greifvogel mit breiten, brettartigen Schwingen, Spannweite bis zu zweieinhalb Meter. Altvögel mit kurzem weißem Stoß (Schwanz) und hellem Kopf mit gelbem Schnabel, noch nicht geschlechtsreife jüngere Vögel dunkler gefärbt, vor allem mit dunklem Stoß.

Stimme: Klangvoll „klyick klyick klyick...".

Nahrung: Wasservögel, Fische, Aas.

Verhalten: Erfahrene Seeadler arbeiten bei der Jagd auf Wasservögel oft paarweise zusammen. Fische werden aus niedrigem Jagdflug dicht über der Wasseroberfläche gegriffen, ohne mit dem Körper einzutauchen. Besonders jüngere Vögel sitzen an nahrungsreichen Gewässern oft in Gruppen am Ufer zusammen und streiten sich häufig um Beute.

Status: Jahresvogel. Jüngere Adler streifen weit umher.

Besonderes: Einst bei uns fast ausgestorben, kann man heute vor allem in Nord- und Ostdeutschland wieder regelmäßig Seeadler beobachten.

zur Hauptzugzeit im Oktober. Sie nutzen ein ähnliches Nahrungsspektrum wie ihre grauen Verwandten. Überwiegend dürften die Vögel aus Brutpopulationen in Österreich und Ungarn und vor allem aus dem in den letzten Jahrzehnten stark gestiegenen niederländischen Brutbestand stammen. An bestimmten Schlafplätzen im Röhricht versammeln sich oft Dutzende oder gar Hunderte der eleganten Vögel. Ausgedehnte Schilfbestände sind auch

Graureiher *Ardea cinerea* 90-102 cm

Kennzeichen: Großer, grauer Vogel, der im Flug im Gegensatz zum entfernt ähnlichen Kranich den Hals s-förmig einzieht. Die Geschlechter sind gleich gefärbt, junge Vögel im ersten Winter sind von erwachsenen Reihern gut zu unterscheiden: Letztere sind viel heller grau als die jungen und vor allem im Kopfbereich viel kontrastreicher weißgrau und schwarz gezeichnet.

Stimme: Rau und misstönend krächzend „kraiik".

Nahrung: Kleinsäuger, Fische.

Verhalten: Graureiher stehen oft stundenlang mit eingezogenem Hals bewegungslos an einem Graben und lauern auf Beute oder pirschen mit langsamen Schritten und leicht vorgestrecktem Hals über eine Wiese, jederzeit bereit, mit dem dolchartigen Schnabel blitzartig zuzustoßen.

Status: Teilzieher mit zunehmender Tendenz zur Überwinterung in Deutschland.

Besonderes: Graureiher treffen bereits im Februar wieder an ihren Brutplätzen ein, sie nisten meist gesellig in Kolonien auf Bäumen.

Silberreiher *Ardea alba* 85-100 cm

Kennzeichen: Der schneeweiße, elegante Reiher ist unverkennbar.

Stimme: Im Winter kaum zu hören.

Nahrung: Kleinsäuger, Fische.

Verhalten: ähnlich Graureiher

Status: Regelmäßiger Durchzügler und Wintergast vermutlich (süd)osteuropäischer Herkunft.

Besonderes: Silberreiher tauchen erst seit wenigen Jahrzehnten zunehmend häufig in Deutschland auf. Bruten sind nach wie vor selten und bislang auf kleine Gebiete in Mecklenburg-Vorpommern beschränkt.

der Lebensraum einer weiteren Reiherart, die im Gegensatz zu Grau- und Silberreihern aber sehr im Verborgenen lebt: Die **Rohrdommel** ist durch ihre bräunlich gelbe Färbung mit dunklen Längsstreifen im fahlen Altschilf perfekt getarnt. Nur selten zeigt sie sich geduldigen Beobachtern, wenn sie sich kurz vor die Schilfkante wagt oder niedrig über das Röhricht fliegt. Offenbar gibt es bei den Dommeln traditionelle Überwinterungsgebiete,

Rohrdommel *Botaurus stellaris* 69-81 cm

Kennzeichen: Gedrungene, dickhalsige und relativ kurzbeinige Reiherart mit braungelblich-dunkel längsgestreifter Tarnfärbung.

Stimme: Im Winter allenfalls Flugrufe zu hören: „gra-oh" (ähnlich einer Großmöwe).

Nahrung: Hauptsächlich Fische, auch Kleinsäuger.

Verhalten: Rohrdommeln sind Meister der Tarnung, die sich schon hinter wenigen Schilfhalmen unsichtbar machen können. Bei Gefahr nehmen sie die sogenannte „Pfahlstellung" mit nach oben gerecktem Hals und Schnabel ein. Nur selten sieht man eine Rohrdommel außerhalb des schützenden Schilfes.

Status: Teilzieher

Besonderes: Die Rohrdommel wird wegen ihrer weittragenden dumpf muhenden Revierrufe auch „Moorochse" genannt.

Wasserralle *Rallus aquaticus* 23-28 cm

Kennzeichen: Braun-dunkel gemusterte Oberseite, grauer Kopf und Unterseite, schwarz-weiß gebänderte Flanken, langer roter Schnabel. Geschlechter gleich gefärbt.

Stimme: Im Winter wenig zu hören, am ehesten ein ferkelähnliches Quieken „krüüih krüüih...", deutlich weniger ausdauernd und verhaltener als zur Brutzeit.

Nahrung: Kleintiere aller Art, in geringem Maße Sämereien und andere pflanzliche Nahrung.

Verhalten: Lebt sehr zurückgezogen in dichter Ufervegetation (Schilf, Großseggen etc.). Wird meist nur selten und kurz gesehen, wenn der Vogel hastig und geduckt mit schnellen Schritten von einer Deckung in die nächste huscht.

Status: Überwiegend wohl Zugvogel, in milden Wintern häufiger überwinternd.

Besonderes: Die Wasserralle kann durch langen Schnabel und lange Beine an einen Watvogel erinnern und wirkt oft größer als sie tatsächlich ist.

die jedes Jahr aufgesucht werden. Der vermutlich größere Teil von ihnen zieht allerdings nach wie vor in den Süden. Aus dichter Vegetation am Wasser erschallen mitunter seltsame Laute, die an das angstvolle Quieken eines Ferkels erinnern. Es sind die Rufe der **Wasserralle**, einer Verwandten der Bläss- und Teichhühner. Ob es sich um spät abziehende Individuen oder um tatsächliche Überwinterer handelt, bleibt wegen der heimlichen und verborgenen Lebensweise dieses Vogels häufig unklar.

Bartmeise *Panurus biarmicus* 14-15,5 cm

Kennzeichen: Unverwechselbar: langschwänziger, gelbbrauner Vogel, Männchen mit grauem Kopf und breiten schwarzen Bartstreifen, die dem beigeköpfigen Weibchen fehlen.

Stimme: Charakteristisch nasal „tsing", „psching" o. ä.

Nahrung: Schilfsamen, überwinternde Insektenstadien.

Verhalten: Oft in größeren, munteren Trupps unterwegs, klettern geschickt im Schilf umher.

Status: Jahresvogel, mitunter wandern Teile der Population im Herbst ab.

Besonderes: Die Bartmeise ist mit den echten Meisen (Kohlmeise etc.) nicht verwandt, sondern bildet eine eigene Vogelfamilie.

Rohrammer *Emberiza schoeniclus* 14-15,5 cm

Kennzeichen: Im Winter nicht unähnlich einem Haussperling im Schlichtkleid („Rohrspatz"), aber mit dunkel gestrichelten Flanken und kontrastreicher Gesichtszeichnung mit beigefarbenem Überaugenstreif und heller cremefarbenem Zügel. Scheitel und Ohrdecken graubraun. Geschlechter im Schlichtkleid sehr ähnlich gefärbt, aber Männchen mit angedeutetem dunklem Kehllatz. Im Flug mit auffallenden weißen Schwanzaußenkanten.

Stimme: Hoch und fein „siü".

Nahrung: Sämereien

Verhalten: Überwinterer schließen sich oft zu kleinen Trupps zusammen, auf Feldern auch vergesellschaftet mit anderen Ammern und Finken.

Status: Überwiegend Zugvogel (Kurzstreckenzieher), in wintermilden Gebieten Teilzieher.

Besonderes: Die Rohrammer kann im Schlichtkleid leicht mit anderen, bei uns im Winter vereinzelt auftauchenden Ammernarten verwechselt werden, etwa mit Wald-, Sporn- und Zwergammer.

Die langschwänzige **Bartmeise** ist ebenfalls eine Schilfbewohnerin. Erwachsene Männchen sind durch eine charakteristische schwarze, bartartige Kopfzeichnung gekennzeichnet. Ähnlich wie Schwanzmeisen (s. S. 44) sind auch die Bartmeisen häufig in kleineren oder größeren Trupps unterwegs und lassen dabei ihre charakteristischen Rufe hören, ein etwas metallisch klingendes, nasales „tsching tsching", wodurch man häufig erst auf diese Vögel aufmerksam wird. Mit den echten Meisen sind sie ebenso wenig verwandt wie die Schwanzmeisen oder die Beutelmeisen, die jeweils eigenen Vogelfamilien angehören. **Rohrammern** sind Teilzieher. Sie sind im Winter mitunter auch weitab vom Wasser zu beobachten, wenn sie in Gesellschaft von Goldammern und Finken (s. ab S. 92) auf Äckern und Brachen nach Nahrung suchen.

An stehenden oder **fließenden Gewässern** kann man mit ein wenig Glück den farbenprächtigen **Eisvogel** bei der Jagd auf kleine Fische beobachten. Das kann er natürlich nur dort, wo keine geschlossene Eisdecke ihm seine Stoßtauchmanöver von einem Ansitz aus unmöglich macht. Da Eisvögel den Winter in unseren Breiten verbringen und allenfalls umherstreifen, sind harte, eisige Winter mit starkem Frost tödlich für sie und führen zu starken Bestandseinbrüchen.

Eisvogel *Alcedo atthis* 16-17 cm

Kennzeichen: Unverkennbar durch im Sitzen aufrechte Körperhaltung, unverhältnismäßig großen Schnabel und außergewöhnlich prachtvolle Gefiederfärbung: Bauch, Brust und Wangen orangerot, Scheitel und Flügel grünblau, Rücken, Bürzel und Schwanzoberseite je nach Sonneneinfall türkis-, azur- oder kobaltblau funkelnd, besonders auffallend im Flug. Weibchen sind an rötlich gefärbter Basis des Unterschnabels vom Männchen mit einfarbig dunklem Schnabel zu unterscheiden.

Stimme: Scharfes, durchdringendes „tiiiht", auch gereiht, häufig im Flug zu hören.

Nahrung: Kleinfische, wasserlebende Insektenlarven, kleine Krebstiere.

Verhalten: Eisvögel jagen von einer Warte aus, etwa einem über dem Wasser hängenden Ast. Haben sie einen Fisch erspäht, schießen sie blitzschnell mit dem Schnabel voran ins Wasser und landen – mit oder ohne Beute – wieder auf dem Ansitz.

Status: Jahresvogel

Besonderes: Der Eisvogel wird wegen seiner blau funkelnden Farbenpracht auch „Fliegender Edelstein" genannt.

Wegen der zunehmend milden Winter kommen Eisvögel mittlerweile meist gut durch die kalte Jahreszeit, dementsprechend gut erholt hat sich auch ihr Brutbestand. Renaturierungsmaßnahmen an einstmals naturfern ausgebauten Fließgewässern und künstliche Nistwände, die ihm Nahrungsgrundlage und geschützte Brutmöglichkeiten bieten, taten ein Übriges zum Comeback des „fliegenden Edelsteins". Naturnahe Fließgewässer mit schnell strömenden und strudelnden Abschnitten benötigt die **Wasseramsel**. Sie ist der einzige heimische Singvogel, der seine Nahrung – kleine Krebstiere und Larven von Wasserinsekten – tauchend erbeutet. Damit der federleichte Vogel überhaupt unter Wasser bleiben kann, macht er sich die Gesetzmäßigkeiten der Strömungsphysik zunutze: Er taucht stets gegen die Strömung, beugt den Körper schräg vornüber, breitet die Flügel halb aus und stellt den kurzen Schwanz steil

Wasseramsel *Cinclus cinclus* 18 cm

Kennzeichen: Rundliche, kurzschwänzige Gestalt (wie sehr großer Zaunkönig), rußschwarz und kaffeebraun mit weißer Brust und Kehle. Geschlechter gleich gefärbt.

Stimme: Scharfes, hohes „ztiiitz", dringt durch das Rauschen eines Gebirgsbaches.

Nahrung: Wasserlebende Insektenlarven und Krebstiere.

Verhalten: Die Wasseramsel sitzt häufig intensiv knicksend auf einem Stein am oder im Wasser. Von dort taucht sie in die Fluten und erbeutet ihre Nahrung unter Wasser.

Status: In Mittelgebirgen und Alpen Standvogel, in Norddeutschland Wintergast aus Skandinavien.

Besonderes: Wasseramseln besetzen auch im Winter Reviere.

Wie kam der Eisvogel zu seinem Namen?

Zur Namensgebung des Eisvogels gibt es verschiedene Deutungsversuche: So sollte sich der Namensbestandteil „Eis" auf die prächtig blaue Färbung des Rückengefieders beziehen, die allerdings ungleich stärker und leuchtender ist als es die Bezeichnung „eisblau" auszudrücken vermag. Die rostrote Unterseite wiederum wurde in Verbindung mit rostigem Eisen gebracht. Die wahrscheinlichste Deutung ist allerdings die, dass der Vogel im Althochdeutschen den eigenständigen Namen „îsaro" oder „îsarno" trug. Vermutlich im Wege der klanglichen Anpassung wurden aus dem früheren Eigennamen, dessen Bedeutung verloren ging, die ähnlich klingenden Begriffe „is" (= Eis) und „isan" (= Eisen) abgeleitet. Daran wurde dann zum besseren Verständnis „fogal" bzw. „Vogel" angehängt (Wember 2007).

nach oben. In dieser Haltung drückt die Strömung den Vogel automatisch nach unten. Nach wenigen Sekunden schnellt die Wasseramsel wieder an die Oberfläche. Ein typisches Verhalten ist das auffällige Knicksen, das sie im Sitzen zeigt. Die hiesigen Brutvögel der Mittelgebirge und Alpen bleiben ganzjährig bei uns. An den Bächen der norddeutschen Tiefebene, wo die Wasseramsel als Brutvogel fehlt, ist sie nur im Winterhalbjahr zu beobachten. Wie Ringfunde zeigten, handelt es sich vornehmlich um Vögel aus Südskandinavien, vor allem aus Norwegen, die oft Jahr für Jahr dieselben individuellen Winterreviere einnehmen. Mittlerweile ist die Zahl der Wintergäste in Norddeutschland allerdings deutlich zurückgegangen. Möglicherweise finden Wasseramseln durch den fortschreitenden Klimawandel (s. ab S. 188) inzwischen auch in ihrer südskandinavischen Brutheimat geeignete Überwinterungsbedingungen. Im selben Lebensraum wie die Wasseramsel findet man auch die **Gebirgsstelze**, dies übrigens trotz ihres Namens durchaus auch im norddeutschen Flachland.

Gebirgsstelze *Motacilla cinerea* 18-20 cm

Kennzeichen: Von typischer Stelzengestalt mit sehr langem Schwanz, oberseits grau, unterseits gelb gefärbt. Kehle bei erwachsenen Männchen schwarz, bei Weibchen dunkel meliert. Jungvögel im ersten Winterkleid mit hellbeiger Unterseite, heller Kehle und hellgelbem Steiß.

Stimme: Ähnlich Bachstelze, aber schärfer und höher, wie „zi zi", „zi ziss" o. ä.

Nahrung: Im und am Wasser lebende Insekten und deren Larven, kleine Krebstiere und Schnecken.

Verhalten: Die Gebirgsstelze wippt sehr häufig und ausgeprägt mit Schwanz und Hinterteil.

Status: Jahresvogel und Teilzieher.

Besonderes: Gebirgsstelzen kommen ungeachtet ihres Namens auch an norddeutschen Bächen und Flüssen vor, sofern es dort Stellen mit turbulent fließendem Wasser gibt (z. B. Wehranlagen, Sohlabstürze etc.).

Wintervögel an Meer und Strand

Watt und Strand

Lachmöwe, Sturmmöwe, Silbermöwe, Steppenmöwe, Mittelmeermöwe, Mantelmöwe, Ringelgans, Brandgans (= Brandente), Austernfischer, Brachvogel, Rotschenkel, Alpenstrandläufer, Knutt, Sanderling, Meerstrandläufer, Steinwälzer, Kiebitzregenpfeifer, Sandregenpfeifer, Pfuhlschnepfe, Wanderfalke, Strandpieper, Schneeammer, Spornammer, Ohrenlerche, Berghänfling

Salzwiesen und Dünenheiden

Ringelgans, Kornweihe*, Merlin*, Sumpfohreule*, Strandpieper, Berghänfling
(* siehe Lebensraum „Agrarlandschaft")

Offenes Meer

Eiderente, Samtente, Trauerente, Eisente, Mittelsäger, Sterntaucher, Prachttaucher, Dreizehenmöwe, Trottellumme, Tordalk, Gryllteiste, Papageitaucher, Krabbentaucher, Wellenläufer

Weitere mögliche Arten (Auswahl):

Pfeifente, Spießente, Bergente, Schellente, Ohrentaucher, Kormoran, Seeadler
(s. Lebensraum „See und Fluss")

Die Strände von Nordsee und Ostsee bieten wie die Binnengewässer auch im Winter stets interessante Beobachtungsmöglichkeiten. Viele Arten, wie etwa Seeschwalben oder auch einige Watvogelarten (Limikolen), sind dann aber nicht mehr zu sehen. Auch die Anzahl der Vogelindividuen ist deutlich geringer als zu den Zugzeiten im Frühjahr und vor allem im Herbst, wenn riesige Schwärme von Strandläufern und anderen Limikolen in den Nordseewatten Station machen und sich Fettreserven anfuttern für ihren Kontinente umspannenden Zug zwischen den arktischen Brutgebieten und westafrikanischen Winterquartieren. Wenngleich strenge Winter viele Wat- und Wasservögel zum Abzug in südlichere oder westliche Gefilde bewegen (s. auch S. 26), sieht man dennoch am **Strand,** im **Watt** und auf den **Salzwiesen** für gewöhnlich auch in der kalten Jahreszeit noch eine Reihe typischer Vogelarten. (Das hinter den Hochwasserschutzdeichen gelegene ausgedehnte Grünland, die Seemarschen samt ihrer Wintervogelwelt, wurde bereits ab S. 100 behandelt.)

Zu den auffälligsten Vogelarten zählen sicherlich die zahlreichen Möwen. Die kleine **Lachmöwe** ist nicht nur an der Küste allgegenwärtig, sondern im Winter sehr zahlreich auch im Binnenland anzutreffen, wo sie sich in

Lachmöwe *Chroicocephalus ridibundus* 35-39 cm

Kennzeichen: Im Schlichtkleid statt der schokoladenbraunen Kapuze des Brutkleides mit zwei dunklen, länglichen Flecken an den Kopfseiten (besonders markant die dunklen Ohrflecken, vgl. auch Dreizehenmöwe, s. S. 165). Vögel im ersten Winter zeigen noch braune Federpartien im Flügel (Armdecken) sowie eine breite schwarze Endbinde im Schwanz. Rote Beine und roter Schnabel mit dunkler Spitze. Im Flug weißer Keil im Vorderflügel kennzeichnend, unterseits mit angrenzendem schwärzlichem Flügelfeld.

Stimme: Laut kreischend „krriärr“ oder keckernd „ke ke ke“.

Nahrung: Vielseitig, Wirbellose verschiedenster Art, Abfälle, an Parkteichen auch Brot.

Verhalten: Lachmöwen sind sehr gesellig und treten an Wasservogelfütterungen als temperamentvolle, schrill kreischende Horden auf, die sich mit wilden Flugmanövern furchtlos zwischen Enten und Blässhühner stürzen und Menschen gegenüber kaum Scheu zeigen. An der Küste begleiten sie oft Ausflugsschiffe und lassen sich teilweise aus der Hand füttern.

Status: Jahresvogel und häufiger Wintergast aus Nordosteuropa (v. a. Polen, Baltikum, z. T. Russland).

Besonderes: Lachmöwen trifft man im Winter auch mitten in der Stadt an.

oft großen Schwärmen und unter lautstarkem Gekreische an städtischen Parkteichen mit Stockenten und Blässhühnern um hingeworfene Brotstückchen streitet. Auch weitab vom Wasser sind Lachmöwen anzutreffen, wenn es dort etwas für sie zu holen gibt. Ursprünglich Brutvogel an kleineren Gewässern (Lachen) im Binnenland, hat diese Art die Nordseeküste erst seit den 1940er-Jahren erobert. Die hiesigen Brutvögel bekommen im Winterhalbjahr Verstärkung von Artgenossen aus nordosteuropäischen Brutpopulationen. Etwas größer als die Lachmöwe, aber ebenfalls zur Gruppe der Kleinmöwen zählend, ist die **Sturmmöwe**. Auch sie kommt sehr häufig an den Küsten von Nord- und Ostsee vor, regelmäßig aber auch im deutschen Binnenland bis an den Rand der Alpen. Bei diesen Vögeln handelt es sich vermutlich überwiegend um Wintergäste aus der finnisch-russischen Population, die den Flüssen landeinwärts folgen. Die an den Küsten überwinternden Sturmmöwen dürften dagegen hauptsächlich hiesige Brutvögel sein. Ein größerer Teil zieht jedoch auch nach Großbritannien, in die Niederlande oder in benachbarte Länder. Das Zugverhalten und auch die Überwinterungsgebiete von Möwen sind generell sehr individuell, wie man durch Beringung und durch kleine Sender, die man an einzelnen

Sturmmöwe *Larus canus* 40-46 cm

ad. Skl.

1er Wi

2er Wi

Kennzeichen: Adulte Vögel im Schlichtkleid mit grau gestricheltem Kopf. Schnabel gelb ohne roten Fleck am Unterschnabel, Beine grünlich gelb. Schwarze Flügelspitzen mit großem weißem Fleck am Flügelende. Vögel im 1. Winter / 2. Winter mit speziellen Kleidern (s. Bestimmungsliteratur).

Stimme: Viel höher als Silbermöwe: „kiia“ oder „kiiau“, zur Brutzeit auch hohes, „quietschiges“ Jauchzen.

Nahrung: Allesfresser, je nach Angebot. Oft auch auf Wiesen und Feldern zu finden.

Verhalten: Sturmmöwen sind zurückhaltender als Lach- und Silbermöwen, profitieren aber auch von Wasservogelfütterungen an Parkteichen, wo sich Sturmmöwen regelmäßig in geringer Zahl einstellen.

Status: Jahresvogel, häufiger Wintergast aus Nord- und Osteuropa.

Besonderes: Sturmmöwen sind von Silbermöwen außer an der geringeren Größe an ihrem „freundlichen“ Gesichtsausdruck mit dunklen Augen zu unterscheiden.

Möwen befestigte, herausfand. Die typische Seemöwe, die jeder Strandurlauber kennt, ist die **Silbermöwe**. Ihre jauchzenden, gackernden und bellenden Rufe sind zwar im Winter weniger häufig zu hören als zur Brutzeit, zählen aber dennoch zur charakteristischen Klangkulisse der Meeresküste. Als Allesfresser finden Silbermöwen überall Futter: Sie begleiten Fischkutter, um über Bord geworfenen Beifang zu ergattern, klauben Essbares aus Abfall oder suchen im Watt nach Würmern, Muscheln, Schnecken und Krebsen. Mit nach Süden abnehmender Häufigkeit trifft man Silbermöwen auch im Binnenland, wo sie sich im Winter unter die Scharen von Lach- und Sturmmöwen mischen. Häufig handelt es sich um noch nicht ausgefärbte (immature) Vögel. Silbermöwen zählen zu den Großmöwen, die erst im vierten Lebensjahr das Gefieder der Altvögel anlegen: reinweißer Körper mit silbergrauen Flügeldecken und schwarz-weiß gemusterten Flügelspitzen. Jüngere Tiere zeigen in den verschiedenen Alterskleidern der einzelnen Jahrgänge vor allem braune und graue Farben und werden

Silbermöwe *Larus argentatus* 54-60 cm

Kennzeichen: Adulte Vögel im Schlichtkleid mit grau gestricheltem Kopf. Gelber Schnabel mit rotem Fleck am Unterschnabel (diesen sogenannten Gonysfleck besitzen alle adulten Großmöwen), fleischfarbene Beine. Gelbe Iris und stechend wirkender Blick verleihen der Silbermöwe einen „herrischen" Gesichtsausdruck (vgl. Sturmmöwe). Großmöwen sind „Vierjahresmöwen", die erst im vierten Jahr ausgefärbt sind und je nach Alter und Jahreszeit unterschiedlich braun und grau aussehen. Ihre Beschreibung wie auch die der Unterschiede zu verwandten Arten, wie der Steppen- und Mittelmeermöwe oder auch der Heringsmöwe (die als Zugvogel im Winter allerdings bei uns in der Regel nicht zu sehen ist), muss an dieser Stelle unterbleiben, hierfür sei auf gute Bestimmungsliteratur verwiesen (z. B. Svensson et al. 2018, Moning et al. 2010). Auf S. 39 sind beispielhaft die verschiedenen Gefiederkleider der Silbermöwe im 1. Winter, 2. Winter, 3. Winter sowie im adulten Schlichtkleid und Sommerkleid vergleichend in Fotos dargestellt.

Stimme: Vielfältig, z. B. „kjau", langgezogen „kjiaaa", gackernd „gagagaga" oder jauchzend „kja kja kja kja...".

Nahrung: Allesfresser

Verhalten: Silbermöwen sind an der Küste allgegenwärtig und Menschen gegenüber furchtlos. Manche schnappen überraschten Besuchern Fischbrötchen und anderen Proviant aus der Hand.

Status: Jahresvogel, auch weit umherstreifend.

Besonderes: Silbermöwen folgen häufig Fischkuttern oder finden sich auf Müllhalden ein.

von Jahr zu Jahr zunehmend heller (s. S. 39). Lachmöwen und Sturmmöwen haben ebenfalls spezifische Jugendkleider, mausern aber bereits im zweiten bzw. dritten Lebensjahr ins Alterskleid der Erwachsenen. Zu beachten ist auch, dass sich deren Schlichtkleid, das die Vögel zwischen August und März tragen, vom Prachtkleid unterscheidet. So zeigt beispielsweise der ansonsten reinweiße Kopf der erwachsenen Silbermöwe in dieser Zeit eine kräftige graubraune Strichelung. Die Bestimmung von Großmöwen nach Art und Alter erfordert daher sehr viel Erfahrung. Allerdings lassen sich die in der Regel wenig scheuen Vögel oft auf geringe Entfernung ausgiebig beobachten, sodass man mithilfe eines guten Bestimmungsbuches, das hierfür unerlässlich ist (s. ab S. 228), in einem Trupp von Möwen viele

Steppenmöwe / Mittelmeermöwe *Larus cachinnans / L. michahellis*

55-60 cm (Steppenmöwe), 52-58 cm (Mittelmeermöwe)

Kennzeichen: Mittelmeermöwe mit gelben Beinen (zeigt auch die Silbermöwen-Unterart „*omissus*"!), Strichelung des Kopfes im Schlichtkleid weniger ausgeprägt als bei Silbermöwe. Steppenmöwe auch im Schlichtkleid mit fast ganz weißem Kopf (zarte Strichelung um das Auge und auf dem Scheitel nur aus der Nähe erkennbar). Auch noch nicht ausgefärbte (immature) Vögel zeigen im Unterschied zur Silbermöwe weißen Kopf. Vgl. auch die Anmerkungen zu den unterschiedlichen Kleidern bei der Silbermöwe. Steppenmöwen sind für erfahrene Beobachter an kräftigerer Statur und aufrechterer Körperhaltung von Mittelmeer- und Silbermöwen zu unterscheiden.

Steppenmöwe

Mittelmeermöwen

Stimme: ähnlich Silbermöwe

Nahrung: Allesfresser

Verhalten: Insgesamt sehr ähnlich Silbermöwe.

Status: Vor allem an der Küste viel weniger häufig und verbreitet als Silbermöwe. Jahresvögel und zu allen Zeiten weit umherstreifend (v. a. immature Vögel). Die Steppenmöwe stammt ursprünglich aus Osteuropa/Russland, die Mittelmeermöwe aus dem Mittelmeerraum. Beide Arten brüten auch an verschiedenen Orten in Deutschland. Mittelmeermöwen sind zur Brutzeit und im Winter vor allem im Süden Deutschlands anzutreffen (doch mitunter auch bis in den Nordseeküstenbereich), viele fliegen im Herbst auch ans Mittelmeer. Steppenmöwen sind außerhalb der Brutzeit überall an geeigneten Orten zu finden (sehr regelmäßig z. B. in Hamburg)

Besonderes: Mittelmeer- und Steppenmöwe galten bis vor einigen Jahren als südliche bzw. östliche Unterart der Silbermöwe. Alle drei bilden eine sogenannte „Superspezies".

Merkmale vergleichend studieren kann. Auf diese Weise kann man vielleicht auch die eine oder andere **Steppenmöwe** oder eine **Mittelmeermöwe** entdecken, meist immature Vögel in einem der Jugendkleider. Bis vor wenigen Jahren galten sie als östliche bzw. südliche Unterart der Silbermöwe, mittlerweile haben beide den Status eigenständiger Arten. Die größte heimische Möwenart ist die **Mantelmöwe**, fast gänsegroß und mit

Mantelmöwe *Larus marinus* 61-74 cm

Kennzeichen: Sehr groß, adulte Vögel mit schwarzgrauem Mantel (Rücken und Oberflügel), fleischfarbene Beine.

Stimme: Tiefer und rauer als Silbermöwe „kraouh".

Nahrung: Allesfresser

Verhalten: Ähnlich wie bei anderen Großmöwen, aber Menschen gegenüber nicht aufdringlich.

Status: Jahresvogel, Wintergast.

Besonderes: Mantelmöwen sind in der Regel auf die Küstenregionen beschränkt, im Winter in geringer Zahl aber regelmäßig auch im Binnenland zu beobachten.

Ringelgans *Branta bernicla* 55-62 cm

Kennzeichen: Kleine, dunkle Gans mit weiß leuchtendem „Heck". Bei der bei uns als Wintergast auftretenden Unterart „Dunkelbäuchige Ringelgans" Körper dunkelgrau (mit geringfügig helleren Flanken), Kopf und Hals schwarz mit weißlichen Flecken an den Halsseiten.

Stimme: Guttural und etwas gurgelnd „rrott rrott rrott..." (daher auch „Rottgans" genannt).

Nahrung: Seegras, Queller, Grünalgen (in seichten Meeresbereichen), Andelgras und andere Salzwiesenpflanzen, neuerdings auch Gräser und Wintersaaten auf Wiesen und Äckern hinter dem Deich.

Verhalten: Ringelgänse sind wie alle Gänse gesellig und treten oft in sehr großen Trupps auf.

Status: Häufiger Wintergast aus der russischen Arktis, der meist erst ab Anfang Mai in die Brutgebiete abzieht.

Besonderes: Gelegentlich sind in den Scharen dunkelbäuchiger Ringelgänse einzelne hellbäuchige Exemplare zu finden. Sie gehören einer anderen Unterart an, die auf Grönland und Spitzbergen brütet und normalerweise in Dänemark und auf den Britischen Inseln überwintert.

schwarzen statt silbergrauen Flügeldecken. Sie brütet recht spärlich, aber überwintert in größeren Zahlen an den Küsten von Nord- und Ostsee.

Im Watt und auf den Salzwiesen sieht man oft Trupps von **Ringelgänsen**. Sie sind die kleinsten der bei uns vorkommenden Gänsearten und nur wenig größer als eine Stockente. Ganz überwiegend handelt es sich um die Unterart der „Dunkelbäuchigen Ringelgans", Wintergäste aus der sibirischen Arktis, die in lockeren Kolonien vor allem an den Küsten der Taymir-Halbinsel brüten. Durch ihre dunklen „rott rott"-Rufe, die der Art auch den Namen „Rottgans" einbrachten, machen die Vögel schon von weitem auf sich aufmerksam, wenn sie in langen, unregelmäßig versetzten Linien vorüberfliegen. Im Watt ernähren sie sich von Seegras und Grünalgen, auf den Salzwiesen bevorzugen sie Andelgras und andere Salzpflanzen. Überschüssiges Salz wird über Salzdrüsen am Kopf ausgeschieden. Hinter den Deichen

Was haben Ringelgänse mit Lemmingen zu tun?

In den 1950er-Jahren war der Bestand der Dunkelbäuchigen Ringelgans fast gänzlich zusammengebrochen. Als Gründe vermutet man heute, dass intensive Verfolgung durch den Menschen in den arktischen Brutgebieten und das Absterben der für ihre Ernährung so wichtigen Seegrasbestände durch Klimaänderung und eine Pilzkrankheit die dramatische Bestandsabnahme verursacht haben (Bergmann et al. 2006). Daraufhin wurde diese Unterart entlang ihres gesamten Zugweges von der Arktis bis ins Wattenmeer unter strengen Schutz gestellt. Die Seegrasbestände haben sich wenigstens zum Teil wieder erholt, auch haben die Vögel ihre Ernährungsgewohnheiten teilweise verändert und suchen ihre Nahrung heute nicht mehr nur auf Salzwiesen und im Watt, sondern äsen auch auf Grünland und Ackerflächen hinter den Deichen. So konnte der Bestand der Dunkelbäuchigen Ringelgans wieder anwachsen und nahm bis auf rund 300.000 Individuen in den 1990ern zu. Danach sank der Bestand wieder deutlich ab und schwankt seitdem um einen Wert herum, der der natürlichen Kapazitätsgrenze in ihren arktischen Brutlebensräumen entsprechen dürfte.

In manchen Jahren ist der Bruterfolg sehr niedrig – in den Scharen der bei uns überwinternden Ringelgänse leicht erkennbar an der geringen Zahl von Jungvögeln, die sich von den Alttieren durch deutlich hell gebänderte Flügel gut unterscheiden lassen. Dieser wechselhafte Bruterfolg ist zu einem großen Teil durch die in mehrjährigem Zyklus regelmäßig schwankende Zahl von Lemmingen zu erklären: Polarfüchse, Raubmöwen, Eismöwen und Schneeeulen ernähren sich bei einer Massenvermehrung der Lemminge ganz überwiegend von diesen arktischen Wühlmäusen. Gibt es hingegen nur wenige von ihnen, fallen sehr viele Gänseküken den hungrigen Beutegreifern zum Opfer. Beobachtungen deuten darauf hin, dass der in der Arktis besonders deutlich zu spürende Klimawandel den Vermehrungszyklus der Lemminge massiv beeinträchtigt – mit möglicherweise gravierenden Auswirkungen auf die Zahl der bei uns überwinternden Ringelgänse.

weiden Ringelgänse auch auf Grünland und Wintergetreide, im Allgemeinen aber weniger häufig als andere Wildgänse (s. S. 106). Wer genau hinschaut, wird vielleicht in den großen Trupps auch einmal eine Hellbäuchige Ringelgans entdecken. Diese Unterart brütet in mehreren Teilpopulationen in Kanada sowie auf Grönland und Spitzbergen und überwintert normalerweise in Irland und an der britischen Westküste, kanadische Vögel auch an der Atlantikküste der USA (s. auch S. 25). Ein auffallender, bunter Vogel ist die **Brandgans**. „Brandente" wäre der richtigere Name, denn trotz ihres allgemein gebräuchlichen Namens muss sie aufgrund verschiedener Merkmale den Enten zugerechnet werden. So besitzen die Vögel einen für Enten typischen Flügelspiegel und Männchen und Weibchen haben ganz verschiedene Stimmen – ebenfalls ein ententypisches Merkmal. Molekulargenetische Untersuchungen bestätigen die systematische Zuordnung zu einer Untergruppe der Enten. Die bei beiden Geschlechtern gleiche Gefiederfärbung ist allerdings ein Merkmal, das charakteristisch für Gänse ist, und führte zur Namensgebung „Brandgans". Die weibliche Brandente kann jedoch auf ein bräunliches Tarngefieder, wie es für andere Enten üblich ist, verzichten, denn sie brütet geschützt in Erdhöhlen.

Unter den an der Nordseeküste überwinternden Watvögeln fällt vor allem der **Austernfischer** auf, der durch seine schwarz-weiße Färbung, den langen, roten Schnabel und ebensolche Beine an einen kleinen

Brandgans *Tadorna tadorna* 55-65 cm

Kennzeichen: Sehr kontrastreiche Gefiederfärbung. Kastanienbraunes Brustband und dunkelgrüner Kopf mit rotem Schnabel. Männchen mit ausgeprägtem Schnabelhöcker. Im Flug mit schwarz-weißen Flügeln und dunkelgrünem Flügelspiegel.

Stimme: Weibchen ruft nasal und tief „àhahahahaha", Erpel wohl nur während der Balz zu hören (dann eine Art piepsendes Zwitschern „tju-tju-tju-tju..."). Im Winter aber überwiegend schweigsam.

Nahrung: Wattschnecken und andere Mollusken, marine Ringelwürmer, Strandkrebse etc.

Verhalten: Bei der Nahrungssuche durchschnattern die geselligen Vögel den Schlick oder seichtes Wasser, in tieferem Wasser wird auch der Kopf untergetaucht. Der Aktivitätsrhythmus richtet sich im Watt nach den Gezeiten.

Status: Jahresvogel, Teilzieher, Wintergast.

Besonderes: Brandgänse gehören nicht zu den Gänsen, sondern zählen zu einer Untergruppe der Enten, müssten korrekterweise also Brandenten heißen.

Schwarzstorch erinnert und daher scherzhaft auch „Halligstorch" genannt wird. („Halligen" sind kleine, teils bewohnte Inseln im nordfriesischen Wattenmeer.) Ungeachtet ihres Namens verzehren die Vögel vor allem Miesmuscheln und Herzmuscheln. Um sie zu öffnen und an den nahrhaften Inhalt zu gelangen, wird die Muschel entweder auf einen festen Untergrund getragen und die Schale mit dem Schnabel zertrümmert, oder aber die Tiere schieben ihren Schnabel zwischen die Schalenhälften, zertrennen den Schließmuskel und stemmen die Muschel auf. Selbst wenn ein Vogel beide Techniken erlernt hat, spezialisiert er sich doch auf eine Methode. Das kann man den Austernfischern sogar ansehen: Während die Schnabelspitze eines „Muschelstechers" fein und spitz ist, führt die „Holzhammermethode" durch Abnutzung zu einem meißelförmigen Ende des bis zu neun Zentimeter langen Schnabels. Neben Muscheln fressen die Vögel auch kleine Krebse und Wattwürmer, auf Grünland auch Regenwürmer. **Brachvögel** überwintern ebenfalls häufig und in großer Zahl im Wattenmeer. Ihre melodisch-melancholischen Rufe und ihr aggressiv motiviertes Trillern gehören zur charakteristischen Klangkulisse der Küste. Auch an der Ostsee und in nennenswerter Anzahl sogar im Bodenseegebiet kann man diesen charismatischen Watvögeln mit dem langen, abwärts gebogenen Schnabel zu dieser Zeit des Jahres begegnen. Nicht alle Brachvögel, die sich ab dem Spätsommer in großer Zahl im Wattenmeer einfinden, verbringen den Winter hier, aber abhängig von

Austernfischer *Haematopus ostralegus* 40-45 cm

Kennzeichen: Schwarz-weiße Gefiederfärbung und rote Beine und Schnabel erinnern an kleinen Schwarzstorch („Halligstorch"). Im Schlichtkleid mit weißem Halsband.

Stimme: Sehr laut und durchdringend: „kliip kliip kliip" oder „kilip kilip...".

Nahrung: Marine Borstenwürmer, Muscheln (v.a. Mies- und Herzmuscheln), Meeresschnecken, kleine Strandkrabben, auf Grünland auch Regenwürmer.

Verhalten: Austernfischer spezialisieren sich individuell auf eine bestimmte Methode, Muscheln zu knacken: Entweder hämmern sie die Schale mit dem Schnabel auf oder sie stechen ihn zwischen die Schalenhälften und durchtrennen den Schließmuskel der Muschel.

Status: Teilzieher, zusätzlich Überwinterer aus nördlichen Populationen, bei einsetzendem Frost wie bei allen im Watt überwinternden Watvögeln Kälteflucht (s. S. 26).

Besonderes: Die Brut- und Rastbestände des Austernfischers im Wattenmeer haben in den letzten Jahrzehnten stark abgenommen.

der jeweils herrschenden Witterung halten viele Individuen noch bis weit in den November und teilweise bis Anfang Dezember aus, ehe sie weiterziehen gen Süden oder Westen – oder eben dableiben. Auch **Rotschenkel**, zur Brutzeit Charaktervögel der Küstenregionen, überwintern im deutschen Nordseebereich in wechselnder Zahl, wobei die Überwinterer zumeist nicht identisch sind mit den hier brütenden Vögeln (s. S. 25). Generell hängt die Anzahl der im Watt überwinternden Watvögel sehr stark von den jeweils herrschenden Witterungsbedingungen ab: Sobald der erste stärkere Frost einsetzt, ziehen die meisten von ihnen in mildere Gefilde, etwa nach Großbritannien oder an die französische oder spanische Atlantikküste.

Zu den regelmäßigen Wintergästen im Wattenmeer zählen der **Alpenstrandläufer** und der deutlich größere **Knutt**, freilich in wesentlich geringerer Anzahl als im August/September, wenn beide Arten in riesigen Schwärmen, die aus Zigtausenden von Vögeln bestehen können, im Schlick nach Nahrung suchen oder im Flug wie ein einziger Organismus über Watt und Wasser fegen, mal die dunkle Oberseite zeigend, um im nächsten Moment mit einem synchronen Schwenk die hellen Bäuche aufblitzen zu lassen. Eher an sandigen Strandabschnitten als im Schlickwatt ist eine andere Strandläuferart zu finden, der **Sanderling**, wie der

Brachvogel *Numenius arquata* 50-60 cm

Kennzeichen: Durch Größe und sehr langen, abwärts gebogenen Schnabel unverkennbar.

Stimme: Wehmütig flötend „ptüü-liit“, brodelnder Triller „trrrüüi trrrüüi ...“ ist außerhalb der Brutzeit bei innerartlichen Auseinandersetzungen zu hören und während der Brutzeit Teil des Balzgesanges.

Nahrung: Marine Borstenwürmer, Regenwürmer, kleine Mollusken und andere bodenlebende Kleintiere.

Verhalten: Brachvögel sind wie die allermeisten Watvögel außerhalb der Brutzeit sehr gesellig. Bei Ebbe suchen sie im Watt nach Nahrung, bei Flut versammeln sie sich in oft sehr großen Trupps auf bestimmten Hochwasserrastplätzen. Ihr Aktivitätsrhythmus ist gezeitenabhängig.

Status: Sehr häufiger Rastvogel im Watt, wo sich ab Spätsommer heimische Brutvögel des Binnenlandes und Rastvögel aus nordischen Populationen versammeln und dort zum Teil überwintern. Teilzieher und Wintergast in witterungsabhängig wechselnder Anzahl.

Besonderes: Brachvögel sind die größten europäischen Watvögel (Limikolen) und als Brutvögel in Deutschland mittlerweile vom Aussterben bedroht.

Knutt ein Brutvogel der arktischen Tundren. Er ist leicht an seinem typischen Verhalten zu erkennen: Mit schnellen Trippelschritten folgt er den auf- und ablaufenden Wellen, um am frischen Spülsaum nach Kleintieren zu picken, die das Wasser anspült. Im Gegensatz zu Alpenstrandläufern und Knutts trifft man Sanderlinge meist einzeln oder in kleinen, lockeren Trupps an, auch an den Küsten der Ostsee. Einen gänzlich anderen Lebensraumtyp bevorzugt der **Meerstrandläufer**. Er hält sich im Winter

Rotschenkel *Tringa totanus* 27-29 cm

Kennzeichen: Im Schlichtkleid Beine weniger leuchtend rot und Schnabel dunkler als im Prachtkleid. Insgesamt graubraun mit hellerer, seitlich diffus gestrichelter Unterseite und weißlicher Stirn. Im Flug mit auffallendem breitem, weißem Flügelhinterrand.

Stimme: Charakteristische flötende Rufe „tüü tü tü – tütütü" („Halligtüte").

Nahrung: Wattbewohnende Kleintiere, auf Grünland Regenwürmer.

Verhalten: Wie beim Brachvogel beschrieben.

Status: Teilzieher, teilweise Überwinterer aus nördlichen und östlichen Populationen.

Besonderes: Viele Rotschenkel ziehen in den Mittelmeerraum oder bis an afrikanische Küsten.

Alpenstrandläufer *Calidris alpina* 17-21 cm

Kennzeichen: Im Schlichtkleid unscheinbar grau mit heller Unterseite und ohne den im Brutkleid ausgeprägten schwarzen Bauchfleck.

Stimme: Rollend „trrriii" oder „krrrü", meist im Flug zu hören.

Nahrung: Wattbewohnende Kleintiere (Würmer, Krebschen, kleine Schnecken).

Verhalten: Größere Trupps zeigen oft eindrucksvolle Flugmanöver über Watt und Wasser.

Status: Sehr häufiger Durchzügler und Rastvogel, ein kleinerer Teil der nordischen Alpenstrandläufer überwintert im Watt.

Besonderes: Der Name „Alpenstrandläufer" nimmt Bezug auf die Brutheimat des Vogels: Er kommt auch in dem hügeligen bis leicht bergigen Teil Lapplands vor, der früher als „Lappländische Alpen" bekannt war.

ausschließlich an steinigen Ufern auf, etwa im Helgoländer Felswatt oder an steinernen Buhnen, wie sie an der Küste vielfach zur Befestigung von Uferbereichen und Hafenanlagen gebaut wurden. Dort kann man auch den **Steinwälzer** regelmäßig beobachten. Seinen Namen erhielt er von der Angewohnheit, kleine Steine, angespülte Muschelschalen oder

Knutt *Calidris canutus* 23-26 cm

Kennzeichen: Deutlich größer und etwas grauer als Alpenstrandläufer, mit hellem Überaugenstreif und graugrünen (statt dunklen) Beinen.

Stimme: Unterschiedliche Rufe wie „qui-wih", „qui-wit-wit", auch namensgebendes weiches „(k)nutt".

Nahrung: Vor allem kleine Meeresmuscheln, die im Ganzen verschluckt und im Magen zermahlen werden.

Verhalten: Wie Alpenstrandläufer, mit dem der Knutt oft vergesellschaftet ist.

Status: Wie Alpenstrandläufer, als Überwinterer jedoch seltener als dieser.

Besonderes: Der Knutt ist ein zirkumpolar verbreiteter Brutvogel hocharktischer Tundren. Sibirische Brutvögel überwintern an den Küsten Mauretaniens (Westafrika) und bilden die „afrosibirische" Brutpopulation.

Sanderling *Calidris alba* 20-21 cm

Kennzeichen: Sehr heller Strandläufer, oberseits hellgrau, Unterseite weiß, im Jugendkleid mit schwärzlich grauem Flügelbug.

Stimme: „p(l)itt" oder „tiwick", meist im Flug zu hören.

Nahrung: Kleintiere, die von den Wellen angespült werden.

Verhalten: Sanderlinge folgen mit schnellen Trippelschritten den auf- und ablaufenden Wellen und picken hastig im frischen Spülsaum. Einem ruhig dastehenden Beobachter nähern sie sich arglos mitunter bis auf wenige Meter.

Status: Rastvogel und teilweiser Überwinterer aus der Hocharktis.

Besonderes: Sanderlinge sind weit weniger gesellig als Knutts und Alpenstrandläufer und werden meist in kleinen Trupps angetroffen.

auch Tang und Treibgut mit dem Schnabel umzudrehen, um darunter verborgene Beutetiere wie kleine Krebse, Schnecken oder Würmer aufzupicken. Die düstere Färbung ihrer Schlichtkleider (s. auch S. 37) verleiht Steinwälzern wie Meerstrandläufern auf den dunklen Steinen eine gute Tarnung. Wenn die Vögel ruhig sitzen, muss man schon genau hinschauen, um sie zu entdecken.

Meerstrandläufer *Calidris maritima* 20-22 cm

Kennzeichen: Insgesamt sehr düster gefärbt mit orangegelben Beinen.

Stimme: Im Abflug recht leises „wiet" oder „twiwiet", warnend auch ein kicherndes „pihihihihi".

Nahrung: Strandschnecken und andere marine Mollusken, Krebstiere.

Verhalten: Rastet auf steinernen Molen und Buhnen oder im Felswatt, sucht dort auch nach Nahrung. Ruhende Vögel können auf dunklen Steinen leicht übersehen werden.

Status: Wintergast aus Skandinavien.

Besonderes: Meerstrandläufer sind oft mit Steinwälzern vergesellschaftet.

Steinwälzer *Arenaria interpres* 21-24 cm

Kennzeichen: Ähnlich Meerstrandläufer, aber Oberseite noch dunkler, Unterseite leuchtend weiß mit dunklem Brustlatz. Schnabel kürzer und keilförmig, Beinfarbe orange. Im Flug sehr kontrastreiche dunkelgrau-schwarz-weiße Zeichnung.

Stimme: Flugrufe scharf und etwas metallisch klingend „ktrüktrüktrü...", auch einzeln „kliu". Kontaktrufe bei der Nahrungssuche „kjüg" oder „kü".

Nahrung: Kleine Krebstiere, Mollusken.

Verhalten: Steinwälzer laufen bedächtig über die Felsen und Steine und drehen bei der Suche nach Nahrung mit ihrem Schnabel kleine Steine, Muschelschalen oder Algenmatten um.

Status: Regelmäßiger , aber spärlicher Wintergast aus Skandinavien und Russland sowie Grönland und Nordostkanada. Ganz überwiegend im direkten Küstenbereich anzutreffen, doch regelmäßig einzelne Exemplare auch tief im Binnenland bis zum Bodensee.

Besonderes: Im Brutkleid zeigen Steinwälzer ein harlekinbuntes Federkleid.

Kiebitzregenpfeifer *Pluvialis squatarola* 26-29 cm

Kennzeichen: Stämmige Figur, großer Kopf mit kräftigem Schnabel. Im Schlichtkleid überwiegend grau mit kräftig gemusterten Flügeldecken. Im Flug mit schwarzen Achselflecken, breitem weißen Flügelstreifen und weißem Bürzel.

Stimme: Recht stimmfreudig, meist ein melancholisch oder traurig klingendes dreisilbiges Flöten, auf der tieferen mittleren Silbe betont: „tli-o-iih".

Nahrung: Marine Borstenwürmer, Krebstierchen, Wattschnecken.

Verhalten: Im Winter meist einzeln oder in kleinen Trupps. Größere Trupps verteilen sich wegen großer Individualabstände oft weiträumig im Watt.

Status: Überwiegend Langstreckenzieher (zieht bis nach West- und Südafrika!), häufiger Durchzügler im Watt, dort auch regelmäßig in geringerer Zahl überwinternd. Brutheimat in der sibirischen Arktis.

Besonderes: Im Brutkleid sind die Vögel unterseits tiefschwarz gefärbt. Größere fliegende Trupps mögen die Menschen früher an eine dunkle Wolke erinnert haben, aus der es bald regnen wird. Das könnte in Verbindung mit den flötenden Rufen zu der Namensgebung „Regenpfeifer" geführt haben.

Sandregenpfeifer *Charadrius hiaticula* 18-20 cm

Kennzeichen: Die im Brutkleid tiefschwarze Gesichtsmaske und das schwarze Halsband sind im Schlichtkleid verwaschen dunkelgrau, der Schnabel dunkel (im Prachtkleid orange mit schwarzer Spitze). Im Flug mit deutlichem weißem Flügelstreif.

Stimme: Charakteristisch zweisilbig flötend „tü-ip".

Nahrung: Marine Borstenwürmer, kleine Schnecken, Krebstiere, Mollusken, bevorzugt bewegliche Beute.

Verhalten: Sandregenpfeifer rennen wie aufgezogen mit sehr schnellen Trippelschritten wie auf Rädern über den Boden, um dann abrupt abzustoppen und ebenso unvermittelt weiterzu„rollen".

Status: Überwiegend Zugvogel, in geringer Anzahl überwintern heimische und skandinavische Vögel im Watt.

Besonderes: Als Brutvogel ist der Sandregenpfeifer an der Nordseeküste vor allem durch den Tourismus stark gefährdet.

Wanderfalke *Falco peregrinus* 39-50 cm

Kennzeichen: Auf einem Ausguck stehende Vögel mit „vollbrüstiger" Statur. Dunkle Oberseite, dunkler Kopf mit breitem schwarzem Bartstreif auf weißem Grund, Unterseite hell mit schmaler Querbänderung. Männchen (Terzel) deutlich kleiner als Weibchen. Typisches Falkenflugbild mit langen, spitzen Flügeln und breitem Flügelansatz.

Stimme: Im Winter und außerhalb des Nestbereichs meist stumm.

Nahrung: Fliegende Vögel meist mittlerer Größe (Krähen, Tauben, Enten, Möwen, Watvögel, Stare, Drosseln u. a.).

Verhalten: Wanderfalken sind rasante Flugjäger, die mit extremer Geschwindigkeit (> 300 km/h) einen fliegenden Vogel im Sturzflug von oben oder im Vorbeiflug von hinten aus der Luft greifen oder rammen, um das betäubt zu Boden trudelnde Opfer abzufangen und mit einem Biss in den Nacken zu töten. Sitzende Vögel werden durch Überflug aufgescheucht.

Status: Jahresvogel, Wintergast aus Skandinavien.

Besonderes: Wanderfalken sind im Winter immer dort zu finden, wo es große Konzentrationen möglicher Beutevögel gibt.

Pfuhlschnepfe *Limosa lapponica* 37-41 cm

Kennzeichen: Im Schlichtkleid graubräunlich mit gestrichelter Oberseite und eng dunkel gebändertem Schwanz. Heller Überaugenstreif. Schnabel lang und am Ende deutlich aufgebogen.

Stimme: Im Winter wenig ruffreudig, Flugrufe nasal „gäg-gäg-gäg", auch „kuwi, kiwi" o. ä. (schärfer als Knutt).

Nahrung: Ringelwürmer, kleine Mollusken und Krebstiere.

Verhalten: Sucht gesellig im Gezeitenrhythmus im Watt nach Nahrung.

Status: Häufiger Rastvogel im Watt, spärlicher Überwinterer.

Besonderes: Die Brutheimat der Pfuhlschnepfe sind die Tundren Nordskandinaviens und Russlands.

Im Watt halten sich häufig kleine Trupps von **Kiebitzregenpfeifern** auf, die im Schlichtkleid auf den ersten Blick ähnlich gefärbten und etwas kleineren Goldregenpfeifer (s. S. 114) bevorzugen dagegen das Grünland hinter den Küstenschutzdeichen. Aufmerksame Beobachter entdecken vielleicht auch Watvogelarten, die (bisher) nur vereinzelt an unseren Küsten überwintern, etwa einen **Sandregenpfeifer** oder eine **Pfuhlschnepfe** (s. auch S. 25).

Von einem reichen Angebot an mittelgroßen Vögeln wie Enten und Watvögeln profitiert der **Wanderfalke**, den es im Winter häufig an die

Strandpieper *Anthus petrosus* 16 cm

Kennzeichen: Im Schlichtkleid großer, dunkler Pieper (dunkler als Berg- und Wiesenpieper, s. S. 115 und S. 181). Unterseite schmutzig grau mit kräftiger, verwaschener Strichelung.

Stimme: Flugruf scharf „wiist“ (auch gereiht, gedehnter und langsamer wiederholt als beim Wiesenpieper).

Nahrung: Strandschnecken, Asseln, Flohkrebse, Tangfliegen und andere wirbellose Kleintiere.

Verhalten: Ausgesprochener Bodenvogel, der an Prielrändern, an Spülsäumen oder an und auf Steinmolen emsig umherläuft, auf Helgoland auch im Felswatt.

Status: Wintergast von skandinavischen Felsküsten.

Besonderes: Der Strandpieper ist sehr nah verwandt mit dem Bergpieper, erst vor wenigen Jahrzehnten wurden beide als eigenständige Arten erkannt und die bisherige Artbezeichnung „Wasserpieper“ aufgehoben.

Der Strandpieper – ein unscheinbarer Lebensraumspezialist

Der Strandpieper brütet an felsigen Küsten Großbritanniens und Skandinaviens und erscheint als regelmäßiger Wintergast an den Küsten von Nord- und Ostsee. Man findet den sehr unscheinbar gefärbten kleinen Singvogel hier in zwei ganz unterschiedlichen Lebensräumen: Zum einen an Steinschüttungen und steinernen Molen, die dem Schutz von Küsten und Hafenanlagen dienen und seinem felsigen Brutlebensraum entsprechen, zum anderen in natürlichen, unbeweideten Salzwiesen, die von Wasserläufen, sogenannten Prielen, durchzogen sind. Entlang dieser Priele hält er sich ganz bevorzugt an Stellen auf, an denen eine bestimmte Pflanzenart, die Portulak-Keilmelde, buschig überhängend wächst und vegetationsfreie Schlammbänke überdeckt. Warum hält sich der Strandpieper ausgerechnet hier auf? Die Antwort ist einfach: Weil es hier Nahrung im Überfluss für ihn gibt. Wie Untersuchungen seines Kots ergaben, ernährt sich der Vogel im Winter hauptsächlich von einer kleinen asselähnlichen Krebsart, dem Salzwiesen-Flohkrebs. Und dieser lebt vor allem an den Prielrändern unbeweideter Salzwiesen und ist auf die Portulak-Keilmelde als Nahrungspflanze spezialisiert (Dierschke 2018).

nahrungsreichen Küsten zieht. Oft sind es nordische Falken, die hierher kommen. Als spezialisierte Luftjäger erreichen sie im Sturzflug Geschwindigkeiten von über 300 Kilometer pro Stunde und rammen ihre Opfer förmlich aus der Luft. Der betäubt zu Boden fallende Beutevogel wird anschließend durch einen Biss in den Nacken getötet. Kleinere Vögel werden auch direkt aus der Luft gegriffen. So müssen sich auch **Strandpieper, Schneeammern, Berghänflinge** und **Ohrenlerchen**, allesamt Brutvögel des Nordens und regelmäßige Wintergäste an unseren Küsten, vor dem Falken in Acht nehmen. Nur selten und unregelmäßig kann man diesen Singvogelarten auch im Binnenland begegnen. Lediglich die Berghänflinge streifen auch weiter im Hinterland umher. Dort findet man sie häufig auf Ruderalflächen und selbst auf innerstädtischen Industriebrachen. In oft großen Schwärmen suchen die kleinen Finken in Stauden oder am Boden nach Sämereien und übernachten an gemeinschaftlichen Schlafplätzen. Diese können in Ausnahmefällen sogar in Nischen und auf Simsen von Gebäudefassaden inmitten einer Großstadt liegen, so etwa am Hamburger Rathaus. Zu den unterschiedlichen Überwinterungsstrategien von Berghänfling, Schneeammer und Ohrenlerche siehe S. 28. Sporadisch und meist einzeln treten an der Küste nordische **Spornammern** in Erscheinung.

Schneeammer *Plectrophenax nivalis* 16-17 cm

Kennzeichen: Im Schlichtkleid insgesamt sehr heller, kurzschnäbeliger Kleinvogel mit rostfarben-gelbbraunen Tönen auf Brust- und Kopfseiten sowie auf Scheitel und Nacken und großem weißem Flügelfeld. Fliegende Vögel, besonders die Männchen, haben sehr auffallende schwarz-weiße Färbung von Flügeln und Schwanz mit bräunlichem Rücken. Damit können sie nur mit Schneesperlingen (s. S. 169) verwechselt werden, doch bewohnen diese das Hochgebirge, wo die Schneeammer in der Regel nicht vorkommt.

Stimme: Flugrufe rollend „dirrirritt", Lockruf weit hörbares „pjüü".

Nahrung: Kleine Sämereien.

Verhalten: Schneeammern suchen vor allem den Spülsaum nach Nahrung ab und leben im Winter nomadisch in Schwärmen (s. S. 28).

Status: Regelmäßiger Wintergast aus der nordischen Tundra und Bergtundra (Fjäll).

Besonderes: Schneeammern sind an der Küste oft mit Ohrenlerchen und Berghänflingen vergesellschaftet.

Zu den küstentypischen Lebensräumen gehören **Salzwiesen** und **Dünenheiden**, vor allem auf den vorgelagerten Inseln. Neben Ringelgänsen (s. S. 146) achte man hier im Winter unter anderem auf Kornweihe, Merlin und Sumpfohreule, die bereits im Kapitel über den Lebensraumtyp „Feld und Flur" behandelt wurden (ab S. 84). Unter den Singvögeln ist ganz

Berghänfling *Linaria flavirostris* 14 cm

Kennzeichen: Ähnlich Bluthänfling (s. S. 93), aber an Kopf und Brust mehr oder weniger intensiv currygelb gefärbt und mit winzigem, strohgelbem Schnabel. Besonders das Männchen zeigt im Auffliegen einen schwach rosa getönten Bürzel.

Stimme: Flugrufe ähnlich Bluthänfling, kennzeichnend ist ein gedehntes, etwas ansteigendes „tweeiht".

Nahrung: Kleine Sämereien.

Verhalten: Berghänflinge suchen ihre Nahrung überwiegend am Boden und bewegen sich dort auffallend ruckartig, fast wie Mäuse. Im Winter gesellig, die Vögel übernachten oft an traditionellen Gemeinschaftsschlafplätzen.

Status: Wintergast aus Skandinavien.

Besonderes: Überwinternde Berghänflinge findet man häufig auf Strandwiesen und Brachflächen im Küstenbereich, doch mitunter auch tief im Binnenland.

Ohrenlerche *Eremophila alpestris* 15-17 cm

Kennzeichen: Auffallende schwarz-gelbe Kopfzeichnung und schwarze Brust verwaschener als im Brutkleid und ohne die namengebenden dünnen Feder"ohren".

Stimme: Zahlreiche variable Rufe, z. B. weiches „trieh" oder „trlieh".

Nahrung: Kleine Sämereien.

Verhalten: Ohrenlerchen sind im Winter ausgesprochen ortstreu (s. S. 29) und suchen im Spülsaum am Deichfuß oder an Steinmolen nach Nahrung.

Status: Regelmäßiger Wintergast aus der nordischen Tundra und Bergtundra.

Besonderes: Der skandinavische Brutbestand hat in den letzten Jahren stark abgenommen.

besonders der Strandpieper als Charakterart unbeweideter Salzwiesen zu erwähnen.

Eine ganz spezielle Vogelwelt erschließt sich beim Blick auf das **offene Meer**. Am leichtesten hat man es mit überwinternden Meeresenten und Seetauchern, die an manchen Stellen (so zum Beispiel auf der Ostseeinsel Fehmarn) dicht an die Küsten herankommen und in geringerer Zahl auch auf großen Seen und anderen Binnengewässern (s. ab S. 116) beobachtet werden können.

Die häufigste und im Prachtkleid der Erpel auch die auffälligste Meeresente, der man im Winter begegnen kann, ist die **Eiderente**. Vor allem an der Nordseeküste ist sie ein verbreiteter Brutvogel. Ihre überaus weichen Daunen, mit denen sie ihre Nester auskleidet, waren früher und sind teilweise bis heute als Füllung von Kissen und Betten sehr begehrt. Eiderenten erlangen ihre Nahrung, hauptsächlich Muscheln, wie alle Meeresenten tauchend. Die **Trauerente** bevorzugt eher flache Meeresbereiche mit einer Wassertiefe bis etwa 15 Meter und kommt daher oft näher an die Küsten als die **Samtente**, die dafür regelmäßiger und häufiger als die Trauerente auch auf großen, tiefen Seen und Flüssen im Binnenland zu beobachten ist. Vor allem an der Ostsee, kaum an der Nordsee und nur ausnahmsweise im Binnenland zu finden ist die **Eisente**. Oft liegen große Trupps weit draußen auf dem Meer und machen

Spornammer *Calcarius lapponicus* 15-16 cm

Kennzeichen: Kopf mit rotbraunen Wangen und hellem Scheitelstreif, rotbraunes, von zwei schmalen, hellen Binden eingefasstes Feld auf zusammengelegtem Flügel. Rücken bräunlich mit kräftiger dunkler Streifung, Flanken hell rahmfarben mit gestrichelten Flanken. Männchen im Schlichtkleid mit heller, dunkel gefleckter Kehle.

Stimme: Rufe ähnlich Schneeammer, auch „tjüb".

Nahrung: Kleine Sämereien.

Verhalten: Läuft rasch wie eine Lerche am Boden, nutzt gern jede Deckung. Oft sehr unruhig und scheu, daher häufig leichter zu hören als zu sehen.

Status: Regelmäßiger Wintergast in geringer Zahl aus der nordischen Tundra und Bergtundra.

Besonderes: Spornammern im Schlichtkleid können mit Rohrammern verwechselt werden, besonders die Weibchen.

Eiderente *Somateria mollissima* 50-71 cm

Kennzeichen: Adulte Erpel sind durch ihre auffallende Färbung unverkennbar. Jüngere Erpel sind sehr dunkel schwarzbraun und werden erst allmählich weißer, erst im dritten Kalenderjahr sind die Erpel voll ausgefärbt. Sie sind ebenso wie die bräunlichen, kräftig gebänderten Weibchen leicht an ihrem markanten Kopfprofil zu erkennen: Die flache Stirn geht übergangslos in den langen, keilförmigen Schnabel über.

Stimme: Während der Balz rufen die Erpel weit hallend „Ah-houh“, Weibchen leise „kock-ock-ock“.

Nahrung: Hauptsächlich Muscheln.

Verhalten: Eiderenten schwimmen oft in großen Trupps küstennah auf dem Meer und sind sehr gute Taucher.

Status: Häufiger Jahresvogel, Teilzieher. Selten und vereinzelt im Binnenland zu beobachten.

Besonderes: Die Daunen der Eiderenten, mit denen die Weibchen ihr Bodennest auskleiden, waren und sind teilweise bis heute als Füllung für Federbetten sehr begehrt.

Trauerente *Melanitta nigra* 44-54 cm

Kennzeichen: Etwas kleiner als Samtente und ohne deren weißen Flügelspiegel, doch im Flug mit helleren Schwungfedern. Erpel ganz schwarz mit schlankem Hals, Schnabel dunkel mit gelbem Feld und dunklem Höcker. Ente bräunlich mit hellen Wangen.

Stimme: Im Winter sehr schweigsam. Erpel erzeugen im Flug ein fein pfeifendes Flügelgeräusch.

Nahrung: Meerestiere wie Muscheln, Schnecken, Krebse.

Verhalten: Trauerenten schwimmen oft weit entfernt von der Küstenlinie, sofern das Meer dort nicht allzu tief ist (bis max. 15 m), Samtenten halten sich meist näher an der Küste. Beim Schwimmen wird der Schnabel im Vergleich zur Samtente oft etwas höher gehalten.

Status: Wintergast aus Skandinavien und Nordrussland.

Besonderes: Trauerenten, obwohl außerhalb der Brutzeit an das offene Meer gebunden, fliegen besonders auf dem Heimzug in ihre Brutgebiete oft über Land.

Samtente *Melanitta fusca* 51-58 cm

Kennzeichen: Erpel schwarz mit halbmondförmigem weißem Fleck unter dem Auge und mit auffallend dickem unterem Halsabschnitt. Schnabelseiten gelb. Weibchen dunkelbraun mit zwei hellen Flecken am Kopf und dunklem Schnabel. Beide Geschlechter mit großem weißem Flügelspiegel, die bei schwimmenden Vögeln als kleiner weißer Fleck oder dünne weiße Linie im hinteren Körperbereich aufblitzt (auf Entfernung und in unruhigem Wasser aber oft nur schwer zu sehen).

Stimme: Im Winter sehr schweigsam.

Nahrung: Meerestiere wie Muscheln, Schnecken, Krebse.

Verhalten: Samt- und Trauerenten lassen sich am unterschiedlichen Abtauchverhalten unterscheiden: Die Samtente taucht ohne Sprung mit leicht geöffneten Flügeln (und dann aufleuchtendem weißen Spiegel) ab, die Trauerente mit kleinem Kopfsprung und angelegten Flügeln.

Status: Wintergast aus Skandinavien und Nordrussland.

Besonderes: Samtenten sind nicht nur an der Meeresküste zu beobachten, sondern regelmäßig in geringer Zahl auch auf großen, tiefen Seen im Binnenland.

Eisente *Clangula hyemalis* 39-47 cm (plus 10-15 cm lange Schwanzspieße des Erpels)

Kennzeichen: Erpel im Prachtkleid kontrastreich und unverkennbar weiß-schwarz-grau gezeichnet, mit schwarzen Schwanzspießen (vgl. auch Spießente, S. 119). Hals und Kopf weiß mit hellbrauner Augenregion und großen schwarzen Halsflecken. Weibchen ebenfalls mit kontrastreicher schwarz-weißer Kopfzeichnung.

Stimme: Sehr stimmfreudig. Erpel balzen schon im Winter weithin hörbar nasal jodelnd „gaoloi-ik“, im entfernten Chor zu angenehmer Melodie verschmolzen: „ah AU-audeLI, AU-audeLI...“.

Nahrung: Vor allem Muscheln, Schnecken und kleine Krebstiere.

Verhalten: Oft in großen Trupps weitab von der Küste auf dem offenen Meer schwimmend, sehr lebhaft und agil, Schwärme fliegen oft auf.

Status: Regelmäßiger, häufiger Wintergast an der Ostseeküste aus Skandinavien und Russland.

Besonderes: Das Schlichtkleid des Erpels wirkt wie das Negativ des Prachtkleides. Eisenten haben anders als andere Enten eine komplizierte Mauser mit mehreren jahreszeitlichen Teilmausern, die zu drei verschiedenen Gefiederkleidern pro Jahr führen.

nur durch ihre klangvollen Rufe auf sich aufmerksam. Bereits im Februar schallt das „gaoloiik“ der balzenden Erpel weit über das Meer. In flachen Meeresbuchten, in Brackwasserlagunen und an Flussmündungen kann man den **Mittelsäger** beobachten, häufig vergesellschaftet mit Schellenten und Bergenten (s. S. 123 und S. 125). Eindrucksvolle Erscheinungen sind die großen Seetaucher, namentlich der **Sterntaucher** und der **Prachttaucher**. Ihre Überwinterungsgebiete liegen oft weit draußen auf See, doch kommen einzelne auch immer wieder in Küstennähe und statten auch tiefen Binnenseen, mitunter weitab der Küste, regelmäßig Besuche ab.

Mittelsäger *Mergus serrator* 52-58 cm

Kennzeichen: Erpel mit dunkelgrün glänzendem Kopf, rotem Auge und Schnabel und auffallend strähniger „Punkfrisur“ am Hinterkopf. Weißlicher Halsring, Brust bräunlich und dunkel gestrichelt. Übriger Körper schwarz-weiß-grau. Weibchen ähnlich Gänsesäger-Weibchen (s. S. 124), aber ohne scharfe Begrenzung zwischen braunem Kopf und weißlichem Hals, heller Kehlfleck nur diffus abgesetzt. Kurzer, stachelig wirkender Schopf. Im Flug zeigen beide Geschlechter ein auffallendes weißes Flügelfeld wie Gänsesäger, aber Mittelsäger mit zwei dünnen schwarzen Längslinien (Erpel) darin, beim Weibchen nur eine solche Linie.

Stimme: Im Winter schweigsam.

Nahrung: Kleinfische, wirbellose Wassertiere.

Verhalten: Die Vögel bilden meist kleine Trupps und jagen oft auch gemeinsam. Vor dem Abtauchen ist häufig ausgiebiges „Unterwasserlugen“ zu beobachten.

Status: Jahresvogel, Teilzieher, Wintergast aus nördlichen Populationen.

Besonderes: Mittelsäger sind vor allem an der Ostseeküste anzutreffen und halten sich dort bevorzugt in Flachwasserzonen und brackigen Flussmündungen auf.

Sterntaucher *Gavia stellata* 55-67 cm

Kennzeichen: Im Schlichtkleid ähnlich wie Haubentaucher (s. S. 130) gefärbt, mit ausgedehnter weißer Halspartie und hellem Fleck vor dem Auge. Sterntaucher jedoch deutlich größer als dieser und mit viel kräftigerem und verhältnismäßig kürzerem Hals. Schwimmende Vögel halten den Schnabel typischerweise schräg nach oben gerichtet.

Stimme: Gänseähnlicher Flugruf „gak gak", sonst im Winter meist stumm.

Nahrung: Fische

Verhalten: Sterntaucher sind gute Schwimmer und exzellente Taucher und kommen außerhalb der Brutzeit niemals an Land. Sie halten sich meist auf dem Meer auf, sind aber regelmäßig in geringer Zahl auch auf großen Seen und Flüssen zu beobachten.

Status: Regelmäßiger Wintergast aus Nordeuropa (dort an oft sehr kleinen Süßgewässern vor allem in der Tundra brütend).

Besonderes: Beim Sterntaucher sind, wie bei allen Seetauchern, die Beine sehr weit hinten angesetzt wie bei Pinguinen. Anders als diese bewegen sie sich unter Wasser mit den großen Schwimmfüßen und nicht mit den Flügeln fort.

Prachttaucher *Gavia arctica* 63-75 cm

Kennzeichen: Größer und beim schwimmenden Vogel „vollbrüstiger" als Sterntaucher, außerdem im Vergleich viel dunkler, besonders die Halsseiten. Zeigt beim Schwimmen einen auffallenden weißen Fleck im hinteren Flankenbereich. Schnabel wird waagerecht gehalten. Seetaucher im Flug sind auf größere Entfernung oft nur mit großer Erfahrung oder gar nicht zu unterscheiden.

Stimme: Im Winter auch im Flug meist stumm.

Nahrung: Fische

Verhalten: wie Sterntaucher

Status: Regelmäßiger Wintergast aus Nordeuropa (dort meist an größeren Seen im Taigagürtel brütend).

Besonderes: Prachttaucher haben einen sehr ausdrucks- und klangvollen Balzgesang.

Sea Watching – ein Hobby für Spezialisten

Viele Seevogelarten leben außerhalb der Brutzeit pelagisch, das heißt auf dem offenen Meer, oftmals weitab der Küsten. Die beste Zeit für die Vogelbeobachtung auf dem Meer, das sogenannte „sea watching" ist der Herbst, vor allem unmittelbar nach einem kräftigen Nordweststurm, der die Pelagen (Hochseevögel) in die Deutsche Bucht und damit in Küstennähe treibt. Hartgesottene Vogelbeobachter starren dann, ausgerüstet mit leistungsstarken Fernrohren auf stabilen Stativen und am besten in einer Gruppe mit gleichgesinnten Enthusiasten, stundenlang bei Wind und Wetter von erhöhten Punkten aus auf das Wasser und hoffen, die eine oder andere Art zu „spotten". Im Winter hat man die besten Chancen zum „sea watching" an der deutschen Nordseeküste sicherlich von der Hochseeinsel Helgoland aus, auf der zudem einige der infrage kommenden Hochseevögel brüten. Von den Sandsteinklippen hat man (vorausgesetzt das Wetter spielt mit) eine weite Sicht auf das Meer. Mit einiger Wahrscheinlichkeit kann man **Dreizehenmöwen** sehen, ebenso **Trottellummen** und **Tordalken**, mitunter auch weitere,

höher im Norden brütende Alkenvögel wie **Gryllteiste, Papageitaucher** und sogar die winzigen **Krabbentaucher**, Gäste aus der Hocharktis. Von einem Schiff aus kann man ebenfalls die Augen offen halten und vielleicht im November noch späte Raubmöwen wie die **Skua**, auch Große Raubmöwe genannt, oder eine **Schmarotzerraubmöwe** entdecken. Auch auf kleinere Hochseevögel wie **Sturmschwalben** und **Wellenläufer** sollte man achten, winzige Verwandte der Sturmvögel und Albatrosse. Auch einzelne **Thorshühnchen**, die zu den Schnepfenvögeln zählen und auf dem offenen Meer überwintern, kann man gelegentlich vor den Küsten der Nordseeinseln beobachten. Im Herbst sind neben Helgoländer Brutvögeln wie **Basstölpel** und **Eissturmvogel** weitere, auch seltene Arten wie verschiedene **Sturmtaucher** zu erwarten, doch sind viele dieser Vögel auf Entfernung und bei schlechten Lichtverhältnissen selbst für erfahrene Vogelkundler oft nur schwer oder gar nicht sicher zu unterscheiden.

(Mit Ausnahme der Dreizehenmöwe wurde auf eine Vorstellung der in diesem Textkasten genannten Vogelarten mit Steckbrief bewusst verzichtet. Interessierte sollten bestmögliche Bestimmungsliteratur auf dem neuesten Stand zu Rate ziehen.)

Dreizehenmöwe *Rissa tridactyla* 37-42 cm

Kennzeichen: Adulte Vögel im Schlichtkleid ganz ähnlich Lachmöwe (s. S. 142) mit zwei dunklen Flecken an den Kopfseiten, von dieser aber durch zweifarbig graue Flügeloberseite und schwarze, wie in Tinte getauchte Flügelspitzen zu unterscheiden, ohne den auffallenden weißen Vorderflügelkeil und die auf den Unterflügeln schwärzliche Färbung der Handschwingen. Immature Vögel im 1. Winter mit auffallender schwarzer Zickzackbinde auf der Flügeloberseite und mit schwarzer Endbinde des leicht eingekerbten Schwanzes (bei Lachmöwe leicht nach außen gerundeter Schwanz).

Stimme: Flugruf kurzes, nasales „kja“, sonst im Winter weitestgehend stumm. Das kennzeichnende lärmende „kitti-wääik“ ist nur in Brutkolonien zu hören.

Nahrung: Kleinfische, größere Planktonorganismen, die im Fluge aus dem Wasser aufgenommen werden.

Verhalten: siehe Status

Status: Dreizehenmöwen streifen außerhalb der Brutzeit großräumig auf dem offenen Meer herum und kommen nur selten in Küstennähe, am ehesten nach schweren Stürmen.

Besonderes: Die Dreizehenmöwe brütet als typische Hochseebewohnerin in Deutschland nur an den Sandsteinklippen der Insel Helgoland.

Mit Ausdauer und Glück lassen sich beim „Sea Watching“ Schmarotzerraubmöwe, Basstölpel, Trottellumme und andere Hochseevögel weit draußen auf dem Meer entdecken.

Wintervögel in Hochgebirge und Bergwald

Felsen und alpine Matten (inkl. Krummholzzone)

Steinadler, Alpendohle, Schneesperling, Alpenbraunelle, Mauerläufer, Alpenschneehuhn, Steinhuhn, Birkhuhn

Bergwälder

Auerhuhn, Haselhuhn, Weißrückenspecht, Dreizehenspecht, Habichtskauz, Tannenhäher

Weitere mögliche Arten (Auswahl für Bergwälder):

Schwarzspecht, Grauspecht, Kolkrabe, Uhu, Fichtenkreuzschnabel (s. Lebensraum „Wald und Forst“)

Von allen Großlebensräumen Mitteleuropas bietet die alpine Zone oberhalb der Baumgrenze im Winter die härtesten Bedingungen für dort ausharrende Vögel – und für Vogelbeobachter. Eisiger Wind fegt um **Felsen und Grate, alpine Matten** sind von Schnee und Eis bedeckt. Ornithologisch interessierte Alpenbesucher aus anderen Teilen Deutschlands werden vielleicht am ehesten nach dem Flugbild des **Steinadlers** Ausschau halten. Diese imposanten Greifvögel, früher bis in die deutschen Mittelgebirge verbreitet, brüten heute nur noch in den Alpen. Die Altvögel bleiben ganzjährig in ihren Territorien, Jungvögel streifen weiter umher und sind dann auch im Voralpenraum oder ausnahmsweise noch weiter nördlich anzutreffen. Wanderlustige Jungadler aus Skandinavien können auch schon mal in der norddeutschen Tiefebene auftauchen. Bei entsprechender Thermik zeigen erwachsene Steinadler mitunter auch im Winter den sogenannten Girlandenflug: Dabei stürzen sich die Vögel aus dem Gleitflug heraus in die Tiefe, um sofort danach wieder steil aufzusteigen. Diese Flugmanöver werden mehrfach hintereinander wiederholt, sodass eine stark wellen- oder girlandenförmige Flugbahn entsteht. Damit zeigen die Adler Artgenossen ihren Revieranspruch an. Im Winter ist es für sie weit schwieriger als sonst, ausreichend Nahrung zu finden. Murmeltiere, die im Sommer einen Großteil der Beute ausmachen, ruhen jetzt unerreichbar

Steinadler *Aquila chrysaetos* 80-93 cm

Kennzeichen: Sehr großer, langflügeliger und langschwänziger Adler. Dunkelbraun mit goldgelbem Nacken. Immature Vögel mit unterschiedlich großen weißen Feldern in den Schwingen und mit weißem Schwanz mit breiter schwarzer Endbinde. Erst mit etwa sechs Jahren sind die Vögel voll ausgefärbt. Geschlechter gleich gefärbt, aber Weibchen deutlich größer und schwerer als Männchen.

Stimme: Im Winter kaum zu hören.

Nahrung: Häufig Fallwild (z.B. Lawinenopfer), Füchse, Raufußhühner.

Verhalten: Steinadler segeln in der Thermik häufig mit leicht v-förmig angehobenen Schwingen. Bei schlechtem Wetter sind sie zu weitgehendem Nichtstun gezwungen und sitzen mitunter tagelang in geschützten Felsnischen.

Status: Jahresvogel. Jungvögel streifen weiter umher, skandinavische Adler mitunter bis nach Norddeutschland.

Besonderes: Erwachsene Steinadler bleiben Partner und Revier meist ein Leben lang treu.

und gut geschützt unter der Erde. Über den tiefergelegenen Bergwäldern kreisend, halten Steinadler nach unvorsichtigen Füchsen, Hasen und Auerhühnern, weiter oben am Berg auch nach Schneehühnern (s. u.) Ausschau. Häufig müssen sie allerdings mit Fallwild vorlieb nehmen, etwa Gämsen, die den Hungertod starben, durch Abstürze verunglückten oder durch Lawinen zu Tode kamen. Wesentlich häufiger als dem Steinadler kann man anderen Kunstfliegern begegnen, den gelbschnäbligen **Alpendohlen**. An hochgelegenen Berggasthöfen und Skihütten, wo für die kecken, klugen Vögel immer ein Bröckchen abfällt, sind sie häufige Gäste und verhalten sich Menschen gegenüber oft futterzahm. Als gewandte Flieger vollführen Alpendohlen oft tollkühne Gruppenflugspiele. Im Winter sind sie auch in den Tälern, in Dörfern und sogar in Städten regelmäßig anzutreffen, weil hier leichter Nahrung für sie zu finden ist als in den Gipfelregionen. Alpendohlen unternehmen oft tägliche Flüge zwischen ergiebigen Nahrungsgründen im Tal und ihren hoch in den Felsen gelegenen Schlafplätzen. Diese sogenannten Altitudinalflüge sind auch bei **Schneesperlingen** zu beobachten. Bis vor wenigen Jahren waren diese Vögel als Schneefinken bekannt, doch molekulargenetische Untersuchungen zeigten, dass sie der Sperlingsfamilie zuzuordnen sind. Tagsüber suchen die Schneesperlinge an tiefer gelegenen Südhängen und anderen geschützten Stellen nach Sämereien oder lassen sich wie die Alpendohlen an Skihütten und Gastronomiebetrieben von Wintersportlern und Touristen durchfüttern. Die Nächte verbringen sie einzeln und gut geschützt in tiefen Rissen und Spalten im Fels (s. S. 17). Große Schwärme erinnern im tanzenden Flug durch ihre auffallende, weiß und schwarz gemusterte Zeichnung von Flügeln und

Alpendohle *Pyrrhocorax graculus* 37-39 cm

Kennzeichen: Schwarz mit gelbem Schnabel.

Stimme: Vielfältige, meist schrille Rufe wie „sriii" oder „zjii", auch „dschirr" o. ä., Plaudergesang bei winterlicher Gruppenbalz.

Nahrung: Im Winter hauptsächlich pflanzliche Nahrung, an Berghütten und Restaurants Nahrungsreste, kommt auch an Futterstellen in die Täler.

Verhalten: Die sehr geselligen Alpendohlen zeigen oft spektakuläre Flugspiele und verhalten sich an Berghütten Menschen gegenüber meist sehr vertraut („futterzahm").

Status: Jahresvogel

Besonderes: Winterliche Schwärme von Alpendohlen leben in jahrelang beibehaltenen großen Schwarmarealen und besitzen traditionelle Schlaf- und Nahrungsplätze.

Schwanz an ein Schneegestöber. Wesentlich unauffälliger ist die **Alpenbraunelle**. Sie ist in der Regel einzeln oder nur zu wenigen Exemplaren anzutreffen. Als Teilzieher wandert ein Teil der Vögel auf die Südseite der Alpen bis nach Mittelitalien oder ins südöstliche Frankreich, andere bleiben in ihren Brutgebieten. Auch die Alpenbraunelle sucht im Winter oft

Schneesperling *Montifringilla nivalis* 18 cm

Kennzeichen: Im Schlichtkleid insgesamt heller gefärbt als im Brutkleid, ohne schwarzes Kinn und mit gelbem statt dunklem Schnabel.

Stimme: Beim Auffliegen scharfes, nasales „pschieü" oder kurz „pschie", weitere ähnliche Rufe.

Nahrung: Sämereien von Gräsern und Gebirgspflanzen, an Bergstationen auch Brot und andere Nahrungsmittel.

Verhalten: Die geselligen Schneesperlinge halten sich tagsüber gern an Skihütten und hochgelegenen Berggasthöfen auf, wo sie wie die Alpendohlen oft gefüttert werden, und sind dann recht zutraulich. Die Nächte verbringen sie einzeln in höher gelegenen Schlafhöhlen im Fels.

Status: Jahresvogel, der auch im Winter nur selten in tiefere Lagen ausweicht.

Besonderes: Schneesperlinge waren früher als Schneefinken bekannt. Molekulargenetische Untersuchungen zeigten aber ihre Zugehörigkeit zur Familie der Sperlinge.

Alpenbraunelle *Prunella collaris* 18 cm

Kennzeichen: Schwarzes, von zwei weißen Flügelbinden eingefasstes Armflügelfeld (bilden im Flug ein charakteristisches Flügelmuster), Flanken kräftig rotbraun gestrichelt, dunkelgrau-weiß gebänderte Kehle, Basis des Unterschnabels gelb. Geschlechter gleich gefärbt.

Stimme: Beim Auffliegen lerchenartig rollend „drrü drrü" oder „drrip".

Nahrung: Sämereien

Verhalten: Überwinternde Alpenbraunellen wandern in die Täler und ins Alpenvorland und sind dann auch in Dörfern anzutreffen.

Status: Teilzieher, der überwiegende Teil der Vögel zieht im Herbst gen Süden.

Besonderes: Alpenbraunellen brüten außer in den Alpen selten auch im Bayerischen Wald, im Schwarzwald und vereinzelt im Harz.

tiefere Lagen auf und übernachtet wie die Schneesperlinge in geschützten Felsspalten. Ein anderer typischer Alpenbewohner, der **Mauerläufer**, ist dagegen nicht so winterhart. Er verlässt die hochgelegenen Felswände, an denen er brütet, und zieht im Herbst in tiefere Lagen und ist dann auch regelmäßig im Alpenvorland zu beobachten. Hier verbringen die Vögel die kalte Jahreszeit zum Beispiel in Steinbrüchen, aber auch an Ruinen, Kirchen, Stadtmauern oder anderen höheren Gebäuden. Die felsgrauen Vögel sind schwer zu entdecken, wenn sie mit ihrem pinzettenartigen Schnabel in Ritzen nach kleinen Insekten und Spinnen stochern. Anders im schmetterlingshaft flatternden Flug, wenn die Mauerläufer ihre kennzeichnende und auffällige schwarz-rote Flügelzeichnung mit weißen Flecken in den Spitzen der Handschwingen zeigen.

Ganzjährig im Brutgebiet bleiben die in Deutschland überwiegend nur noch in den Alpen beheimateten Raufußhühner, so genannt wegen der dichten Befiederung ihrer Läufe. Zu dieser Gruppe gehören in Deutschland Auer-, Birk- und Haselhuhn (s. S. 172 f.) sowie das **Alpenschneehuhn**. Schneehühner tragen ihren Namen nicht von ungefähr: Im Winter tragen sie ein schneeweißes Tarnkleid. Zudem verbringen sie die Nächte und besonders ungemütliche Wintertage geschützt vor Wind, Wetter und den Blicken möglicher Feinde in selbstgegrabenen Schneehöhlen (s. S. 17). Schneehühner wandern zwar je nach Witterung in etwas tiefer gelegene Bereiche, bleiben dabei aber stets oberhalb der Baumgrenze. Nur mit viel

Mauerläufer *Tichodroma muraria* 15,5-17 cm

Kennzeichen: Überwiegend felsgrau mit dunkelrotem Flügelfeld, ohne die Schwarzfärbung von Kehle und Brust des Prachtkleides. Langer, dünner, abwärts gebogener Schnabel (wie feine Pinzette). Sitzend leicht zu übersehen, aber im Flug durch kontrastreich schwarz-weiß-rote Färbung der stark gerundeten Flügel sehr auffallend.

Stimme: Im Winter schweigsam.

Nahrung: Kleine Insekten und Spinnen.

Verhalten: Mauerläufer sondieren Fels- und Mauerspalten mit ihrem Pinzettenschnabel und klettern mit schmetterlingshaft flatternden Flügelschlägen an senkrechten Wänden.

Status: Jahresvogel, der im Winterhalbjahr mitunter mehrere Hundert Kilometer wandern kann.

Besonderes: Mauerläufer ziehen im Herbst in die Täler und das Alpenvorland (mitunter weiter nördlich) und sind dann auch an alten Stadtmauern, Burgruinen und ähnlichen Orten zu beobachten.

Glück kann man dem sehr seltenen **Steinhuhn** begegnen. Anders als das Alpenschneehuhn hat es unbefiederte Läufe. Es zählt somit zur systematischen Gruppe der Glattfußhühner und ist mit Rebhuhn und Fasan verwandt. Als Brutvogel war das Steinhuhn aus den deutschen Alpen bereits verschwunden, seit einigen Jahren wurden jedoch wieder einige wenige Brutpaare festgestellt. Etwas regelmäßiger kommt es in Österreich und der Schweiz vor. Allerdings kann das Steinhuhn hier mit dem sehr ähnlich gefärbten Chukarhuhn (Herkunft Kleinasien) verwechselt werden, das in manchen Gebieten ausgesetzt wurde und jetzt durch Hybridisierung und eingeschleppte Krankheiten den letzten Bestand reinrassiger Steinhühner in den Alpen gefährden könnte.

Alpenschneehuhn *Lagopus muta* 34-36 cm

Kennzeichen: Im Winter schneeweiß mit zierlichem schwarzem Schnabel, Hahn mit schwarzem Zügel zwischen dunklem Auge und Schnabel, der der Henne fehlt.

Stimme: Im Winter schweigsam.

Nahrung: Triebe, Blätter und Knospen verschiedener Zwergsträucher.

Verhalten: Die Vögel graben sich aktiv Schneehöhlen oder lassen sich einschneien.

Status: Jahresvogel

Besonderes: Schneehühner sind durch ihr graubräunliches Sommerkleid und scheckige Zwischenkleider zu allen Jahreszeiten am Boden gut getarnt.

Steinhuhn *Alectoris graeca* 32-35 cm

Kennzeichen: Durch schwarzbraun-weiß gebänderte Flanken und Kopfzeichnung unverkennbar, kann in Europa nur mit dem stellenweise ausgesetzten, sehr ähnlichen Chukarhuhn verwechselt werden, dieses aber mit gelblicher statt weißer Kehle.

Stimme: Im Winter schweigsam.

Nahrung: Gräser, Kräuter.

Verhalten: Läuft hangaufwärts, fliegt hangabwärts. Die Vögel leben sehr versteckt.

Status: Jahresvogel

Besonderes: Das Steinhuhn war in den bayerischen Alpen als Brutvogel bereits verschwunden, in neuerer Zeit gelangen wieder vereinzelte Brutzeitfeststellungen.

Die Baumgrenze wird im Gebirge durch krüppelig wirkende und niedrig wachsende Latschenkiefern gebildet. Diese und ähnlich gestaltete Gehölze bilden die sogenannte **Krummholzzone**. In dieser Kampfzone des Waldes mit umgebenden offenen Flächen ist das **Birkhuhn** zu Hause. Ursprünglich in allen geeigneten Lebensräumen Deutschlands, wie Mooren und Heiden, weit verbreitet, sind Birkhühner heute in nennenswerter Zahl nur noch im Alpenraum anzutreffen. Ein etwas größeres, inzwischen stark bedrohtes Restvorkommen gibt es auch noch in der Lüneburger Heide, also in der Norddeutschen Tiefebene. Verbliebene isolierte Splitterpopulationen wie in der Rhön oder im Erzgebirge dürften mittelfristig nicht überlebensfähig sein. Neben großflächigen Zerstörungen und Beeinträchtigungen ihrer Lebensräume und permanenten Störungen durch menschliche Aktivitäten ist es vielleicht auch der Klimawandel, der das Überleben des Birkhuhns gefährdet: Die Art gilt als Charakterart der eiszeitlichen Kältesteppen und ist somit als sogenanntes Eiszeitrelikt (s. auch S. 70) anzusehen. Vielleicht wird es den Birkhühnern bei uns inzwischen schlicht zu warm. Starke Bestandsrückgänge sind auch beim nah verwandten **Auerhuhn** zu beklagen. Dieser größte heimische Hühnervogel ist ein Bewohner alter, urwüchsiger Wälder, wie sie nur noch selten und am ehesten in den **Bergmischwäldern der Alpen** anzutreffen sind. Seine Lebensraumansprüche sind komplex: Alte, gut anzufliegende Bäume mit kräftigen Ästen dienen als Schlafplätze und auch für die Einleitung der Balz, die an lichten Stellen auf

Birkhuhn *Lyrurus tetrix* 49-58 cm

Kennzeichen: Hahn blauschwarz mit leierförmigem Schwanz und weißen Unterschwanzdecken, rote „Rosen" über den Augen im Winter wenig auffällig. Die kleinere Henne bräunlich mit dunklerer Bänderung. Beide Geschlechter zeigen im Flug weißen Flügelstreif, besonders ausgeprägt beim Hahn.

Stimme: Im Winter schweigsam, allenfalls ist vom Weibchen ein schnelles, raues Gackern zu hören.

Nahrung: Pflanzenteile verschiedener Gehölze wie Heidelbeere, Alpenrose, Lärche, Erle, Wacholder.

Verhalten: Birkhühner leben überwiegend am Boden, sitzen aber gern auch exponiert im äußeren Kronenbereich von Bäumen.

Status: Jahresvogel

Besonderes: Schon im Vorfrühling zelebrieren die Hähne auf traditionellen Balzarenen eine eindrucksvolle Gruppenbalz mit Flattersprüngen, weit hörbarem Kollern und zischenden Lauten.

Auerhuhn *Tetrao urogallus* 74-90 cm

Kennzeichen: Der Hahn ist riesig (ca. ein Drittel größer als Henne) und insgesamt sehr dunkel gefärbt mit schwarzblauem Körper und dunkelbraunen Flügeldecken. Henne ähnlich Birkhenne, aber deutlich größer. Kehle und oberer Brustbereich bei Auerhenne ungebändert rostrot, bei Birkhenne gelbbraun gebändert.

Stimme: Im Winter kaum zu hören, bei der Balz wetzende, schleifende und kröchelnde Laute. Weibchen mit langsamem rauem Gackern.

Nahrung: Überwiegend Koniferennadeln, besonders von Kiefern.

Verhalten: Wie alle Raufußhühner setzen Auerhühner im Winter auf einen möglichst bewegungsarmen Energiesparmodus.

Status: Jahresvogel

Besonderes: Vor allem Hähne erzeugen beim Abflug ein sehr lautes Flügelgeräusch.

Haselhuhn *Tetrastes bonasia* 34-39 cm

Kennzeichen: Klein und plump, kleiner Kopf. Oberseits gräulich, Unterseite weiß, dunkelbraun und rötlich gefleckt. Hahn mit schwarzer Kehle.

Stimme: Vielfältige Rufe, oft nur aus der Nähe hörbar. Warnruf ein wiederholtes „plitt", „pitititi", erregt „pllorrit", einsilbig glucksender Kontaktlaut „gjuk". Erzeugt beim Abfliegen ein dumpf burrendes Flügelgeräusch.

Nahrung: Im Winter vor allem Knospen und andere Pflanzenbestandteile, die am Boden oder auf Bäumen aufgenommen werden.

Verhalten: Haselhühner sind scheu und leben sehr zurückgezogen. Sie sind oft nur zu hören oder werden unabsichtlich aufgescheucht. Die Vögel ruhen gerne auf Bäumen, häufig auf bodennahen Ästen von Nadelbäumen. Ähnlich wie Schneehühner graben sie sich Schneehöhlen.

Status: Jahresvogel

Besonderes: Der (im Winter nicht zu hörende) Reviergesang des Hahns ist so hochtonig wie die Stimme eines Goldhähnchens.

dem Waldboden stattfindet. Offene Böden sind wichtig zum Staubbaden und für die Aufnahme von Magensteinchen. Dichte Zwergstrauch- und Krautvegetation bietet Nahrung im Sommer und Deckung für die brütenden Hennen, vitale Staaten der Roten Waldameise liefern die notwendige Eiweißnahrung für die Küken. Im Winter ist Deckung in kleinflächig eingestreuten dichten Nadelholzbeständen wichtig. All diese Gegebenheiten, in der Fachsprache der Ökologen auch „Lebensraumrequisiten" genannt, müssen zudem eng benachbart vorhanden sein und einer ausreichend großen Anzahl von Auerhühnern das Überleben ermöglichen. Außer in den subalpinen Bergmischwäldern leben Auerhühner in kleinen, isolierten und stark gefährdeten Beständen noch im Schwarzwald, im Bayerischen Wald und an wenigen anderen Stellen. Im Flachland sind die Bestände allesamt erloschen, aktuell läuft ein Wiederansiedlungsprojekt mit schwedischen Auerhühnern in der Niederlausitz (Brandenburg).

Wieder andere, jedoch ebenso komplexe Lebensraumansprüche stellt das **Haselhuhn.** Auch diese Art findet weder in Nadelholzplantagen

Weißrückenspecht *Dendrocopos leucotos* 25-28 cm

Kennzeichen: Ähnlich Buntspecht (s. S. 64), aber größer und langschnäbeliger. Weitere Unterschiede zum Buntspecht: Weißrückenspecht mit rotem Scheitel (nur Männchen, s. auch Mittel- und Kleinspecht, S. 65), weißem Nacken, ungebändertem weißem Rücken, hellrotem Steiß und beigerosa Brust und Flanken mit feiner Strichelung. Weibchen wie beim Buntspecht ohne Rotfärbung am Kopf bzw. Nacken.

Stimme: Rufe tiefer, weniger scharf und leiser als beim Buntspecht: „bjück", bei Erregung ungleichmäßig gereiht: „bjück bjü-bjück...". Trommeln als Instrumentallaut, Trommelwirbel beginnen mit kräftigen, langsameren Schlägen, werden zum Schluss hin schneller und leiser (wie hüpfender Tischtennisball). Kürzere Trommelwirbel des Weibchens können im selben Lebensraum mit denen des Dreizehenspechts verwechselt werden.

Nahrung: In morschem Holz lebende Insektenlarven.

Verhalten: Der Weißrückenspecht ist ein typischer „Hackspecht", der morsche Baumstämme (stehend oder liegend) und Baumstubben bearbeitet. Durch seitliches Wegschlagen bis zu handtellergroßer Holzstücke entstehen am Stamm oft charakteristische Hackmuster mit wabenförmigen Vertiefungen.

Status: Jahresvogel, auch über größere Entfernungen umherstreifend.

Besonderes: Der Weißrückenspecht gilt als typische Urwaldart und benötigt sehr große Reviere mit viel Tot- und Morschholz.

noch in gleichaltrigen Buchenbeständen mit geschlossenem Kronendach geeignete Lebensbedingungen und ist in Deutschland entsprechend stark in ihrem Bestand bedroht. Aktuelle Vorkommen gibt es außer in den Alpen im Bayerischen Wald sowie in einigen Teilen des Rheinischen Schiefergebirges im Westen Deutschlands.

Wie das Haselhuhn und ganz besonders das Auerhuhn gilt auch der **Weißrückenspecht** als typische „Urwaldart". Dieser größte und seltenste heimische Vertreter aus der Gruppe der Buntspechte benötigt vor allem im Winter eine ausreichende Menge an stehendem, starkem Totholz. Nur dort findet er genügend Larven holzbewohnender Käfer und Ameisen, von denen er sich ganz bevorzugt ernährt. In Österreich ermittelte man für Reviere des Weißrückenspechts durchschnittlich 58 Festmeter Totholz pro Hektar, was fast urwaldartigen Bedingungen entspricht. Zudem braucht es 50 bis 100 Hektar solchen „wilden" Waldes, um einem einzigen Spechtpaar das Überleben zu sichern. Der **Dreizehenspecht** besitzt im Gegensatz zu allen anderen heimischen Spechtarten nur drei statt vier Zehen, kann damit aber genauso gut klettern wie andere Spechte. Er ist in besonderem Maße

Dreizehenspecht *Picoides tridactylus* 21-24 cm

Kennzeichen: Knapp buntspechtgroß, Rücken und Flanken hell mit sehr dichter, dunkler Bänderung, sehr dunklen Flügeln und mit breiten schwarzen Kopfstreifen. Daher insgesamt sehr dunkel wirkend, ohne jegliche Rotfärbung. Scheitel beim Männchen blass zitronengelb, beim Weibchen dunkel mit feiner weißer Längsstrichelung.

Stimme: Weicher als Buntspecht und weniger ruffreudig als dieser: „güg", „güpp" oder „kjük", auch scheltend gereiht. Trommelwirbel kräftig mit deutlich voneinander getrennten Schlägen, länger als bei Buntspecht, häufig am Anfang lauter und am Schluss leicht beschleunigt, ähnlich einem „halben" Wirbel des Schwarzspechts (Verwechslungsgefahr!).

Nahrung: Holzbewohnende Insekten und deren Larven, ganz besonders Borkenkäfer.

Verhalten: Typischer „Hackspecht", bevorzugt bei der Nahrungssuche noch stehende abgestorbene oder absterbende Bäume, vor allem Fichten, wo er die Rindenstücke abhebelt. Die Geschlechter nutzen unterschiedliche Baumbereiche und Teile ihres Reviers zur Nahrungssuche.

Status: Jahresvogel

Besonderes: Dreizehenspechte besitzen im Gegensatz zu anderen Spechtarten nur drei statt vier Zehen.

an die Fichte gebunden und daher vor allem in der nordischen Taiga weit verbreitet. Wie der Raufußkauz und der Sperlingskauz (s. S. 70) muss der Dreizehenspecht bei uns wohl als Eiszeitrelikt gelten, der in Deutschland nur in den wenigen natürlicherweise wachsenden Bergfichtenwäldern in den Alpen, im Bayerischen Wald und im Schwarzwald zu finden ist. Als Spezialist für Borkenkäfer findet er in von Sturm und Trockenheit betroffenen Beständen mit einer großen Zahl gefallener, geschädigter, kranker und toter Fichten paradiesische Bedingungen, denn hier vermehren sich die bei Forstleuten gefürchteten Insekten reichlich, und morsches Holz für den Höhlenbau gibt es auch mehr als genug. Da er alljährlich neue Höhlen zimmert, ist der Dreizehenspecht der bedeutendste Höhlenproduzent im subalpinen Bergwald, zumal der Buntspecht dort nur selten und in geringer Dichte vorkommt.

Der **Habichtskauz** war in Deutschland ausgestorben und wurde im Nationalpark Bayerischer Wald wieder angesiedelt, indem man dort zahlreiche gezüchtete Tiere in die Freiheit entließ. Die meisten von ihnen verschwanden, doch mittlerweile brüten hier wieder einige wenige Paare dieser auf urwaldartige Waldbestände angewiesenen Eulenart.

Nicht immer leicht zu sehen, aber kaum zu überhören, ist eine andere Charakterart der Bergwälder, der **Tannenhäher**. Sein Name ist irreführend und sollte besser Zirbenhäher lauten, denn dieser Vogel zeigt eine starke Vorliebe für die Samen der Zirbelkiefer oder Arve, ein zäher und im Alter

Habichtskauz *Strix uralensis* 58-62 cm

Kennzeichen: Wirkt wie großer, langschwänziger, ausgeblichener Waldkauz. Dunkle Augen und strohgelber Schnabel.

Stimme: Dumpf bellender Reviergesang des Männchens bis zwei Kilometer weit hörbar, eingeleitet durch eine Folge von „huh“-Rufen, nach etwa vier Sekunden Pause dann eine sich beschleunigende Folge ähnlicher Laute. Weibchen ruft vor allem im Winter graureiherartig rau „kroaah“ o.ä.

Nahrung: Kleine bis mittelgroße Säuger und Vögel.

Verhalten: Im Winter von Lautäußerungen abgesehen heimlich und unauffällig, zur Brutzeit jedoch sehr aggressiv. Greift auch Menschen vehement an, wenn diese dem Nest und insbesondere den Jungen zu nahe kommen.

Status: Jahresvogel

Besonderes: Der Habichtskauz war in Deutschland als Brutvogel ausgestorben und wurde im Bayerischen Wald wieder angesiedelt.

knorriger Baum, der im Gebirge so hoch hinaufsteigt wie keine andere größere Baumart. Anders als die Zapfen der Waldkiefer öffnen sich die der Arve nicht von allein, sodass die Samen nicht ausfallen und vom Wind verbreitet werden können. Sie sind darauf angewiesen, dass der Tannenhäher die Zapfen mit seinem starken Schnabel öffnet und die Samen herausklaubt. Diese werden nach Häherart in verschiedenen Verstecken für schlechte Zeiten gebunkert. In puncto Sammeltätigkeit und Erinnerungsvermögen übertrifft der Tannenhäher den Eichelhäher (s. S. 74) bei weitem: Bis zu 100.000 der kleinen, ungeflügelten Arvennüsschen deponiert ein einzelner Vogel im Boden und legt dafür etwa 6000 Verstecke an. Die Wiederfundrate liegt zwischen unglaublichen 80 und 95 Prozent! In den schneereichen Bergwäldern ist der Tannenhäher auf diese Vorräte angewiesen, auch die Jungvögel werden im Frühjahr ganz überwiegend mit den nahrhaften Zirbelnüsschen gefüttert. Dennoch verbleiben immer noch genügend Samen im Boden, um die Verbreitung der Zirbelkiefern sicherzustellen – eine gegenseitige Abhängigkeit zum Nutzen von Baum und Vogel. Auch Haselnüsse liebt der Tannenhäher und kommt im Herbst aus den dunklen Nadelwäldern auch in die Gärten, um sie zu ernten. Mitunter kann man die Vögel auch außerhalb ihres Brutgebietes beobachten, das sich von den Alpen bis in zahlreiche Mittelgebirgsregionen erstreckt: In manchen Jahren kommt es zu invasiven Einflügen (s. S. 30) sibirischer Tannenhäher, die etwas größer und dickschnäbliger sind als ihre hiesigen Artgenossen. Dann hört man ihre durchdringenden, rauen „krrröööh"-Rufe mitunter sogar im norddeutschen Flachland.

Tannenhäher *Nucifraga caryocatactes* 32-33 cm

Kennzeichen: Dunkelbraun mit hellen Tupfen, erinnert an Star im frischen Herbstkleid. Geschlechter gleich gefärbt.

Stimme: Rau krähendes „krrööh krrööh", aber im Winter viel seltener zu hören als im Sommer.

Nahrung: Lebt im Winter hauptsächlich von im Herbst angelegten Vorräten an Koniferensamen (ganz besonders Zirbelkiefer) und Haselnüssen.

Verhalten: Sitzt gern erhöht auf der Spitze eines Nadelbaums. Fliegt mit raschen Flügelschlägen und stürzt mitunter mit angelegten Flügeln größere Strecken in hohem Tempo talwärts.

Status: Jahresvogel. In manchen Jahren Invasionen nordischer und sibirischer Vögel.

Besonderes: Die Zirbelkiefer (Arve) ist für die Verbreitung ihrer Samen und damit für ihre Vermehrung zwingend auf die Hilfe des Tannenhähers angewiesen, da sich ihre Zapfen nicht von selbst öffnen und die Samen freigeben, sondern von dem Vogel geöffnet werden müssen. „Zirbenhäher" wäre daher der passendere Name.

Ausblick ins Frühjahr

Die ersten Zugvögel kehren zurück

War der Winter nicht allzu lang und streng, beginnt im Flachland und in den Tallagen der Mittelgebirge bereits Mitte Februar der Vorfrühling. Haselsträucher, Erlen und Salweiden blühen, in den Gärten erscheinen die Blüten der Schneeglöckchen und Krokusse. Auf Wiesen und Weiden zeigt sich zaghaft das erste frische Grün. Bei anhaltend milden Temperaturen und längerem Sonnenschein fliegen überwinterte Hummelköniginnen und vielleicht der eine oder andere Zitronenfalter. Auch Zugvögel, die den Winter rund um das Mittelmeer oder auf den Britischen Inseln verbrachten, die sogenannten Kurzstreckenzieher, stehen schon „in den Startlöchern". Anhand der großräumigen Luftdruckverhältnisse können sie die Großwetterlage in Mitteleuropa einschätzen. Sobald eine stabile südwestliche Luftströmung einsetzt, machen sie sich auf den Weg gen Norden.

Zu den ersten gefiederten Frühlingsboten in Feld und Flur zählen **Kiebitze** und **Stare**. Beide Arten bilden oft große, gemischte Trupps. Auch in Städten und Dörfern stellen sich alsbald kleinere oder größere Gruppen von Staren ein und lassen ihren abwechslungsreichen, schwatzhaften Chorgesang aus den Kronen der noch kahlen Laubbäume ertönen. Bald darauf beziehen die ersten Stare geeignete Bruthöhlen in Bäumen oder unter dem Dach, gern werden auch künstliche Nisthöhlen („Starenkästen") angenommen. Bei den Kiebitzen besetzen zuerst die Männchen ihre zukünftigen Brutreviere, die Weibchen bleiben noch eine Zeit lang im Schwarmverband. Ein weiterer Frühheimkehrer ist die **Feldlerche**. Ziehende Vögel verraten sich durch ein rollendes „trrlit". Ihren langanhaltenden, jubilierenden Gesang, den sie im Flug aus oft großer Höhe vorträgt, kann man je nach Witterung etwa ab Anfang bis Mitte März hören. Alle drei Arten gehören zu den Zugvögeln mit der längsten Aufenthaltsdauer im Brutgebiet: Viele Individuen harren bei milder Witterung oft noch bis Ende November oder Anfang Dezember bei uns aus und kehren bereits ab Anfang oder Mitte Februar zurück. Sollten sie dann von einem Wintereinbruch überrascht werden, weichen sie häufig wieder ein Stück in Richtung Süden aus. Vogelkundler sprechen in einem solchen Fall von „Umkehrzug". Gegen Anfang März, teilweise auch noch früher, kehren die ersten **Wiesenpieper** und **Schwarzkehlchen** zurück. Das hübsche Schwarzkehlchen bewohnt buschreiches, offenes Gelände und hat in den letzten Jahren stark im Bestand zugenommen, ganz im Gegensatz zum unscheinbaren Wiesenpieper, der in Deutschland inzwischen als

Kiebitz *Vanellus vanellus* 28-31 cm

Kennzeichen: Durch Gestalt, Färbung und Federschopf (Holle) auf dem Kopf unverkennbar. Federholle beim Männchen länger als beim Weibchen, das zudem mehr Weiß an Kopf und Kehle zeigt. Im Schlichtkleid bei beiden Geschlechtern Kinn und Kehle hell gefärbt, Oberseite bräunlich geschuppt.

Stimme: Namengebendes „Kie-witt" in unterschiedlicher Betonung. Fluggesang „kchächiu-wiit-wiet wiet kchiuuwiiit!"

Nahrung: Bodenlebende Kleintiere.

Verhalten: Brütet gern in lockeren Kolonien. Zieht in großen, aus der Entfernung schwarz-weiß flackernden Schwärmen (s. Foto auf S. 178), häufig vergesellschaftet mit Goldregenpfeifern, Staren und Wacholderdrosseln.

Status: Kurzstreckenzieher, teilweise überwinternd.

Besonderes: Der einst so häufige Kiebitz ist durch intensive Landwirtschaft mittlerweile stark in seinem Bestand bedroht.

Star *Sturnus vulgaris* 21 cm

Kennzeichen: Im Schlichtkleid Gefieder mit perlartig wirkenden gelbweißen Federspitzen („Perlstar“), die zum Frühjahr hin abbrechen und dann den grünlich violetten Gefiederglanz („Glanzstar“) hervortreten lassen. Geschlechtsunterschiede: Unterschnabelbasis beim Männchen bläulich, beim Weibchen rosaweißlich. Weibchen mit dünnem hellem Augenring und im Prachtkleid mit restlichen „Perlen“ am Bauch und schwächerem Gefiederglanz.

Stimme: Sehr vielfältig, z. B. namengebendes „staahr staahr“. Gesang sehr abwechslungsreich mit pfeifenden und knackenden Lauten und zahlreichen erstklassigen Imitationen unterschiedlichster Vogel- und anderer Tierstimmen, auch technische Geräusche wie Handyklingeltöne, Trillerpfeife u. v. a. Wirkt schwatzend, bauchrednerisch und oft zweistimmig.

Nahrung: Würmer, bodenlebende Insekten und deren Larven, im Herbst und Winter meist Beeren und andere Früchte, gern Äpfel.

Verhalten: Sehr gesellig und wenig scheu.

Status: Kurzstreckenzieher, in wintermilden Regionen zunehmend Standvogel.

Besonderes: Stare bilden oft gewaltige Schwärme, die exakt koordinierte Flugmanöver ausführen.

Feldlerche *Alauda arvensis* 18-19 cm

Kennzeichen: Erdfarbenes Tarnkleid, kurze, aufrichtbare Federhaube. Geschlechter gleich gefärbt.

Stimme: Kurz „trrlit“. Gesang langanhaltendes, wohltönendes Tirilieren, meist im Flug aus großer Höhe vorgetragen (englisch: skylark), ab März zu hören.

Nahrung: Im Winter überwiegend pflanzliche Nahrung (Sämereien, Keimlinge), ab Frühjahr mehr Insekten und andere Wirbellose.

Verhalten: Schließt sich außerhalb der Brutzeit meist zu kleinen, lockeren Trupps zusammen. Fluggesang (s. o.) sehr kennzeichnend, hält sich sonst meist am Boden auf.

Status: Kurzstreckenzieher, in wintermilden Regionen Deutschlands auch überwinternd.

Besonderes: Feldlerchen können viele Minuten lang ununterbrochen singen.

stark gefährdete Brutvogelart gilt. Als Durchzügler trifft man ihn auf dem Flug nach Skandinavien aber noch häufig an, überfliegende Vögel erkennt man an ihren Flugrufen, einem gereihten, dünnen „ist ist ist". Viel auffallender als diese kleinen Singvögel sind die ersten **Rotmilane**, die über Wiesen und Feldern kreisen. An ihrem rotbraunen, tief gegabelten Stoß (Schwanz) sind die elegant wirkenden Greifvögel gut zu bestimmen. Auch **Kraniche** (s. S. 112) kommen bereits im Februar aus ihren Winterquartieren in Frankreich oder Spanien zurück und besetzen paarweise ihre Brutreviere in Mooren, Sümpfen und nassen Wäldern, die sie mit weithallenden Duettrufen gegen Artgenossen verteidigen.

Wiesenpieper *Anthus pratensis* 14,5 cm

Kennzeichen: Wirkt durch dunkle Strichelung auf hellem Grund wie kleine Singdrossel (s. S. 183).

Stimme: Flugrufe dünn und spitz, meist gereiht: „ist ist ist". Gesang beginnt mit einer Reihe sich beschleunigender „tsip"- Elemente, gefolgt von einem schwirrenden Triller, meist in kurzem Singflug vorgetragen.

Nahrung: Insekten, Spinnen, andere Kleintiere, im Winter auch Sämereien.

Verhalten: Unauffällig. Auf dem Zug oft auf flach überschwemmten Wiesen und an Ufern zu finden.

Status: Kurzstreckenzieher, sehr häufiger Durchzügler.

Besonderes: Mit dem Verschwinden feuchter Wiesen verschwand vielerorts auch der Wiesenpieper als Brutvogel.

Schwarzkehlchen *Saxicola rubicola* 12,5 cm

Kennzeichen: Kehle beim Männchen schwarz (im Winter mit braunen Federrändern), beim Weibchen braun bis graubeige).

Stimme: Ruft warnend „fiet trak trak". Gesang kurze kratzende Strophen, ab März zu hören.

Nahrung: Insekten, Spinnen.

Verhalten: Sitzt gerne frei auf Büschen, Pfählen oder großen Steinen, wippt beständig mit dem Schwanz.

Status: Kurzstreckenzieher

Besonderes: Das Schwarzkehlchen scheint vom Klimawandel zu profitieren: Sein Bestand hat in den letzten Jahren stark zugenommen.

Bei einem Waldspaziergang im Vorfrühling wird man in alten Buchenbeständen sehr wahrscheinlich die Balzstrophen der **Hohltaube** hören, ein dumpfes „huhwup huhwup huhwup...“. Ihr Name ist abgeleitet von „Höhlentaube“, denn als einzige unserer heimischen Taubenarten brütet sie in Baumhöhlen, häufig als Nachmieterin des Schwarzspechts (s. S. 70). Auch das Gros der **Ringeltauben** kehrt jetzt zurück. Zu den **Rotkehlchen**, die bei uns überwinterten, gesellen sich im März massenhaft Durchzügler

Rotmilan *Milvus milvus* 60-66 cm, Spannweite: 145-165 cm

Kennzeichen: Durch rostrote Färbung mit hellgrauem Kopf, tief gegabelten Schwanz und schmale Flügel leicht erkennbar. Weibchen größer als Männchen.

Stimme: Wiehernd „wiiie wii wii wii wihihihi“.

Nahrung: Kleinsäuger, Kleinvögel, Fische, Aas, Abfall.

Verhalten: Pendelt im Flug ständig unregelmäßig mit dem Schwanz.

Status: Kurzstreckenzieher mit zunehmender Tendenz zur Überwinterung.

Besonderes: Mehr als die Hälfte des Weltbestandes des Rotmilans brütet in Deutschland.

Hohltaube *Columba oenas* 32-34 cm

Kennzeichen: Im Vergleich zur großen, plumpen Ringeltaube (s. S. 56) recht kleine, wohlproportionierte Taube mit grünlich schimmernden Halsflecken, erinnert an Straßentaube, zeigt im Flug im Gegensatz zur Ringeltaube keine weißen Flügelbinden, aber silbrig-grau schimmernde Armdecken und zwei undeutliche, kurze schwarze Binden auf dem Armflügel.

Stimme: Gesang ein wiederholtes dumpfes „huhwup huhwup huhwup...“. Erst gegen Ende des Winters vereinzelt zu hören.

Nahrung: Sämereien

Verhalten: Während des Zuges rastende und überwinternde Vögel suchen oft mit anderen Taubenarten zusammen auf Ackerbrachen nach Nahrung.

Status: Zugvogel mit Winterquartieren im Mittelmeerraum, zieht oft spät ab (November) und kommt früh (Februar/März) zurück, einige Vögel überwintern bei uns.

Besonderes: Die Hohltaube ist die einzige heimische Taubenart, die in Baumhöhlen brütet, oft in alten Schwarzspechthöhlen.

auf dem Weg von Südeuropa nach Skandinavien. Da diese Vögel auch auf dem Durchzug intensiv singen, sind ihre silberhell perlenden Flötenstrophen nun überall in Wald, Park und Garten zu hören.

Im Siedlungsraum tauchen ebenfalls immer mehr Rückkehrer auf, etwa die **Misteldrossel** und die **Singdrossel**, die beide durch ihre weittragenden Gesänge auf sich aufmerksam machen. Wer genau hinschaut, kann vielleicht einen **Zilpzalp** entdecken, ein kleines, graugrünliches Vögelchen, das rastlos durch das Geäst von Büschen und kleinen Bäumen turnt. In der

Misteldrossel *Turdus viscivorus* 27 cm

Kennzeichen: Große, stämmige Drossel mit grob gefleckter Unterseite und graubrauner Oberseite. Geschlechter gleich gefärbt.

Stimme: Rufe rasselnd-schnarrend. Gesang weittragende, etwas leiernde Flötenmotive, mitunter bereits ab Dezember zu hören, auch bei schlechtem Wetter.

Nahrung: Regenwürmer, Beeren, Früchte.

Verhalten: Wachsam, steht am Boden oft hoch aufgerichtet.

Status: Kurzstreckenzieher, regelmäßig auch überwinternd.

Besonderes: Die Misteldrossel spielt eine wichtige Rolle bei der Verbreitung von Misteln.

Singdrossel *Turdus philomelos* 23 cm

Kennzeichen: Wie kleine Misteldrossel, aber mit brauner Oberseite und feinerer Fleckung der rahmweißen Unterseite.

Stimme: Flugruf kurz „zip". Gesang aus sehr vielfältigen, stets drei- bis viermal wiederholten Motiven (z. B. „tschidi-trü..."). Singt erst ab März.

Nahrung: Regenwürmer, Insektenlarven, Gehäuseschnecken, Beeren, Früchte.

Verhalten: Sucht ähnlich wie die Amsel auf Rasenflächen nach Nahrung, erntet Beeren am Strauch. Ist der Amsel in der Konkurrenz unterlegen.

Status: Kurzstreckenzieher

Besonderes: Singdrosseln zertrümmern die Gehäuse von Schnecken auf bestimmten flachen Steinen. Solche „Drosselschmieden" sind durch zahlreiche herumliegende Gehäuse-Bruchstücke leicht kenntlich.

Regel treffen bei dieser Art die Männchen eine Woche bis knapp 14 Tage vor den Weibchen bei uns ein. Gern picken die Vögel winzige Insekten von blühenden Weidenkätzchen. Inwieweit der Weidenlaubsänger, wie der Vogel wegen dieser Vorliebe auch genannt wird, dabei auch den energiereichen Nektar trinkt, wie Blaumeisen es offenbar tun, ist bis jetzt nicht zweifelsfrei geklärt. Die eintönig wirkenden Strophen des Zilpzalps gaben dem Vogel seinen Namen.

Zilpzalp *Phylloscopus collybita* 11 cm

Kennzeichen: Unscheinbar blass-graugrün mit hellem Überaugenstreif, kann im Herbst leicht mit verwandten Arten verwechselt werden, ist im Winter aber in der Regel die einzige Laubsängerart in unseren Breiten. Geschlechter gleich gefärbt.

Stimme: Im Winter kaum zu hören, Kontaktruf „huit". Gesang (ab März) besteht aus einer Folge leicht abgewandelter „zilpzalp"-Laute.

Nahrung: Insekten und andere Wirbellose, Beeren.

Verhalten: Bewegt sich lebhaft und unstet, meist einzeln zu sehen.

Status: Normalerweise Zugvogel mit Winterquartier im Mittelmeerraum, in wintermilden Gegenden in zunehmender Zahl überwinternd oder Überwinterungsversuche.

Besonderes: Der Name „Zilpzalp" ist lautmalerisch vom Gesang abgeleitet. Der Vogel wird auch Weidenlaubsänger genannt.

Hausrotschwanz *Phoenicurus ochruros* 14 cm

Kennzeichen: Männchen schwarz, Weibchen dunkelgrau, beide mit namengebendem rotem Schwanz.

Stimme: Im Winter wohl weitgehend stumm.

Nahrung: Insekten, Spinnen und andere Kleintiere.

Verhalten: Nahrungssuche oft am Boden, aber auch an Mauern.

Status: Zugvogel mit Winterquartieren im Mittelmeerraum, unter günstigen Bedingungen vereinzelt, aber regelmäßig bei uns überwinternd.

Besonderes: Die ursprüngliche Heimat des Hausrotschwanzes sind felsige Gebirgsregionen.

Auch der **Hausrotschwanz** trifft für gewöhnlich ab Anfang März bei uns ein. Als Felsbrüter, dessen ursprünglicher Lebensraum das Hochgebirge ist, besiedelt er die „Kunstfelsen" der Gebäude in Dörfern und Städten, in Neubaugebieten ebenso wie an Industriebauten. Von einer hochgelegenen Singwarte aus, etwa einer Fernsehantenne oder einem Dachfirst, lässt das Männchen seinen für unsere Ohren misstönenden, geräuschhaften Gesang aus knirschenden und quietschenden Lauten hören. Etwa zur selben Zeit wie der Hausrotschwanz kehren **Bachstelze** und **Girlitz** zu uns zurück. Beide suchen gern am Boden nach Nahrung – Insekten für die Stelzen, Sämereien für die kleinsten unter unseren heimischen Finken.

Bachstelze *Motacilla alba* 18 cm

Kennzeichen: Unverkennbar durch langschwänzige Gestalt und schwarz-weiß-graue Färbung. Geschlechter gleich gefärbt.

Stimme: Zweisilbig „ziwitt", „zilipp" o. ä.

Nahrung: Kleine (Flug-)Insekten.

Verhalten: Bachstelzen laufen am Boden und fallen durch ihr ständiges Schwanzwippen auf.

Status: Zugvogel mit Winterquartieren im Mittelmeerraum, in wintermilden Gebieten gelegentlich überwinternd.

Besonderes: Stelzen fliegen in ausgeprägt „hüpfendem" Flug.

Girlitz *Serinus serinus* 11 cm

Kennzeichen: Sehr klein, Männchen mit gelblicher Färbung an Kopf und Brust (aber ohne schwarze Partien wie beim Erlenzeisig, s. S. 52), die dem gestrichelten Weibchen fehlt.

Stimme: Ruft klirrend „zrrrlilit", der klirrendscherbelnde Gesang klingt, als wenn man mit einer Glasscherbe auf einer Glasscheibe schnell herumkratzt. Singt erst ab März.

Nahrung: Kleine Sämereien.

Verhalten: Girlitze suchen in kleinen Trupps auf Brachflächen am Boden nach Nahrung, häufig vergesellschaftet mit anderen kleinen Finkenarten.

Status: Zugvogel mit Winterquartieren im Mittelmeerraum, in wintermilden Gebieten bleibt ein Teil der Vögel ganzjährig hier.

Besonderes: Der Girlitz stammt ursprünglich aus dem Mittelmeerraum und ist erst seit dem Ende des 18. Jahrhunderts nach Deutschland eingewandert.

Ab Mitte März, in Norddeutschland oft erst gegen Ende des Monats oder bei widrigen Wetterbedingungen sogar erst ab Anfang April, kann man dem volltönenden Soprangesang der **Mönchsgrasmücke** lauschen. „Grasmücke" ist zweifellos ein seltsamer Name für einen Singvogel, denn mit Gras hat sie ebenso wenig zu tun wie mit lästigen Stechinsekten. Tatsächlich ist diese Bezeichnung aus dem mittelhochdeutschen „gra smücke" (letzteres auch in den Versionen „smucka" oder „smiege") abgeleitet, was mit „grauer Schlüpfer" zu übersetzen ist – ein kleiner grauer Vogel, der durch die dichte Vegetation schlüpft. Diese Bezeichnung charakterisiert das Aussehen und die Lebensweise der Mönchsgrasmücke sehr treffend.

Ende März tauchen gelegentlich schon erste **Rauchschwalben** (ohne Abb. und Steckbrief) auf und damit echte Langstreckenzieher, deren Winterquartiere im tropischen Afrika südlich der Sahara liegen. Meistens handelt es sich um alte, erfahrene Männchen. Diese vereinzelten Frühheimkehrer gab es offenbar immer schon, daher hat das bekannte Sprichwort „Eine Schwalbe macht noch keinen Sommer" seinen Ursprung. Selbst einzelne **Weißstörche**, normalerweise nicht vor Anfang April zu erwarten, treffen mitunter schon extrem früh in Deutschland ein. Diese Exemplare verbrachten den Winter allerdings nicht in Afrika, sondern in Spanien, wo ihnen offene Müllkippen Nahrung boten. Der deutlich kürzere Zugweg ermöglicht ein entsprechend früheres Eintreffen am Brutplatz. Einzelne Störche überwintern auch regelmäßig bei uns (s. S. 112).

Mönchsgrasmücke *Sylvia atricapilla* 14 cm

Kennzeichen: Kopfkappe beim Männchen schwarz, beim Weibchen braun gefärbt.

Stimme: Im Winter kaum zu hören, evtl. warnend „teck".

Nahrung: Insekten, Beeren, am Futterhaus auch Fettfutter u. ä.

Verhalten: Hält sich meist in dichtem Gebüsch auf.

Status: Für gewöhnlich Zugvogel mit Winterquartier im Mittelmeerraum, in wintermilden Gegenden bzw. bei milden Temperaturen in zunehmender Zahl überwinternd oder Überwinterungsversuche.

Besonderes: Der seltsame Name „Grasmücke" leitet sich vom alt-/mittelhochdeutschen „gra smucka" oder „gra smiege" ab, was mit „grauer Schlüpfer" zu übersetzen ist: ein grauer Vogel, der durchs Gebüsch schlüpft.

Ab April bis weit in den Mai hinein folgen dann nach und nach die übrigen Fernzieher wie Schwalben, Grasmücken und Laubsänger, die Rohrsänger, Schwirle und Fliegenschnäpper ebenso wie Nachtigall, Kuckuck und Pirol, Mauersegler, Wiedehopf und viele andere mehr.

Hinweis: Im jährlich erscheinenden „FALKE-Taschenkalender für Vogelbeobachter" finden sich tabellarisch-grafische Übersichten (Zugvogelkalender, Gesangskalender), die u.a. Angaben zu Ankunft und Wegzug von Zugvögeln sowie zum Gesangsbeginn heimischer Vogelarten machen, im Falle regionaler Unterschiede getrennt dargestellt für den Norden und den Süden Deutschlands.

Während im März die ersten Zugvögel aus dem Süden bei uns eintreffen, brechen Wintergäste wie diese Blässgänse wieder in ihre arktischen Brutgebiete auf.

Zugverhalten und Überwinterung von Vögeln unter dem Einfluss des Klimawandels

Im vorigen Kapitel wurde dargestellt, dass viele der sogenannten Kurzstreckenzieher wie Kiebitz, Feldlerche und Star bei entsprechend milder Witterung oft noch bis Ende November oder Anfang Dezember bei uns ausharren und bereits ab Anfang oder Mitte Februar zurückkehren – im Süden Deutschlands naturgemäß früher als im Norden. Diese Tendenz wird durch den zunehmenden Klimawandel verstärkt: In vielen Regionen werden die Winter tendenziell immer milder, länger andauernde Phasen mit Dauerfrost und hoher Schneelage außerhalb der Hochlagen der Alpen und der höheren Mittelgebirge gibt es daher immer seltener. Das erhöht die Überlebenswahrscheinlichkeit auch für Vögel. Vertreter vieler Arten, die normalerweise im Mittelmeerraum überwintern, bleiben daher immer häufiger in Mitteleuropa, auch wenn der größere Teil dieser sogenannten Kurzstreckenzieher nach wie vor gen Süden zieht. So überwintern in manchen Jahren inzwischen mehr als 20.000 **Kraniche** in Deutschland. Die Art wurde daher bereits als regelmäßiger Wintervogel in der Agrarlandschaft vorgestellt (s. S. 110). **Ringeltaube** und **Star,**

Kraniche überwintern in stetig zunehmender Zahl in Deutschland.

Bachstelze und **Hausrotschwanz, Singdrossel** und **Misteldrossel** oder auch **Mönchsgrasmücke** (s. u.), **Zilpzalp** und **Sommergoldhähnchen** – sie alle zählen zu den Arten, bei denen ein unterschiedlich großer Teil der hiesigen Brutvögel überwintert oder zumindest eine Überwinterung versucht. Nicht immer lässt sich die Frage eindeutig beantworten, ob es sich bei Zugvögeln, die man im Spätherbst und Frühwinter beobachtet, tatsächlich um Überwinterer handelt oder um Individuen, die einfach „spät dran" sind mit dem Abzug in die Winterquartiere.

Ähnlich wie zunehmend mehr heimische Zugvögel im Winter hierbleiben, bleiben auch manche Arten aus Nord- oder Osteuropa zunehmend in ihren Brutgebieten oder wandern nicht mehr so weit nach Süden oder Westen. Als Wintergäste sieht man sie bei uns daher deutlich seltener als noch vor einigen Jahrzehnten. **Nebelkrähen**, in Westdeutschland einst ein vertrauter Anblick zur Winterzeit, sind hier mittlerweile fast schon eine Ausnahmeerscheinung. Die Zahl der an norddeutschen Bächen überwinternden **Wasseramseln** skandinavischer Herkunft ist stark zurückgegangen und auch **Schellenten** und **Zwergsäger**, um nur einige Arten zu nennen, werden in Deutschland heute in geringerer Anzahl beobachtet als früher.

Nordische Wasseramseln sind dagegen im Winter immer seltener bei uns zu beobachten.

Die spannende Frage bei all dem ist: Wie kann sich das über viele Jahrtausende etablierte Zugverhalten dieser und anderer Vögel innerhalb kurzer Zeit so schnell ändern? Relativ einfach zu erklären ist dieses Phänomen bei Vogelarten wie Kranichen und Wildgänsen, denen das Wissen um Zugrouten, Rastplätze und Überwinterungsquartiere nicht angeboren ist. Jungvögel müssen diese Kenntnisse von ihren Eltern lernen, indem sie diesen auf all ihren Flügen bedingungslos folgen und sich dabei alle wichtigen Details der Flugstrecken einprägen. Ohne die Führung erfahrener Altvögel wären die Jungen orientierungslos. Dieses erworbene Wissen wird durch weitere Erfahrung ständig modifiziert. Das heißt, bei den hochintelligenten und lebenslang lernfähigen Kranichen und Wildgänsen kann und muss man davon ausgehen, dass die Vögel entsprechende Entscheidungen, wann man wo hinfliegt oder auch nicht, ganz individuell oder als Gruppe treffen können. Auf diese Weise können die Tiere zeitlich und räumlich flexibel auf unterschiedliche Umwelt- und Witterungsbedingungen reagieren. Zwar gibt es gerade bei Gänsen und Kranichen traditionell genutzte Rast- und Überwinterungsgebiete, aber auch diese Traditionen können, falls notwendig, relativ schnell an sich verändernde Gegebenheiten angepasst werden. Die Jungvögel bleiben fast ein Jahr lang bei ihren Eltern. Sie werden erst nach mehreren Jahren (Kraniche meist im vierten bis sechsten Lebensjahr) geschlechtsreif und streifen bis dahin in Junggesellentrupps umher. In dieser Zeit können sie durch den Kontakt mit Artgenossen zusätzliche Erfahrungen sammeln. Sobald sie selbst brüten, geben sie Wissen und Erfahrung ihrerseits an den Nachwuchs weiter.

Bei vielen anderen Vogelarten ist das Zugverhalten angeboren – es sollte daher nicht so leicht und schnell modifizierbar sein. Besonders eingehend untersuchten Vogelforscher das Zugverhalten und dessen Anpassung an veränderte Klimabedingungen an der **Mönchsgrasmücke** (s. S. 186). Experimente zeigten, dass sowohl die sogenannte Zugunruhe, die die Vögel während der Zugzeiten antreibt, als auch die Zugrichtung im Erbgut verankert sind. Die Dauer der Zugunruhe entscheidet darüber, wie

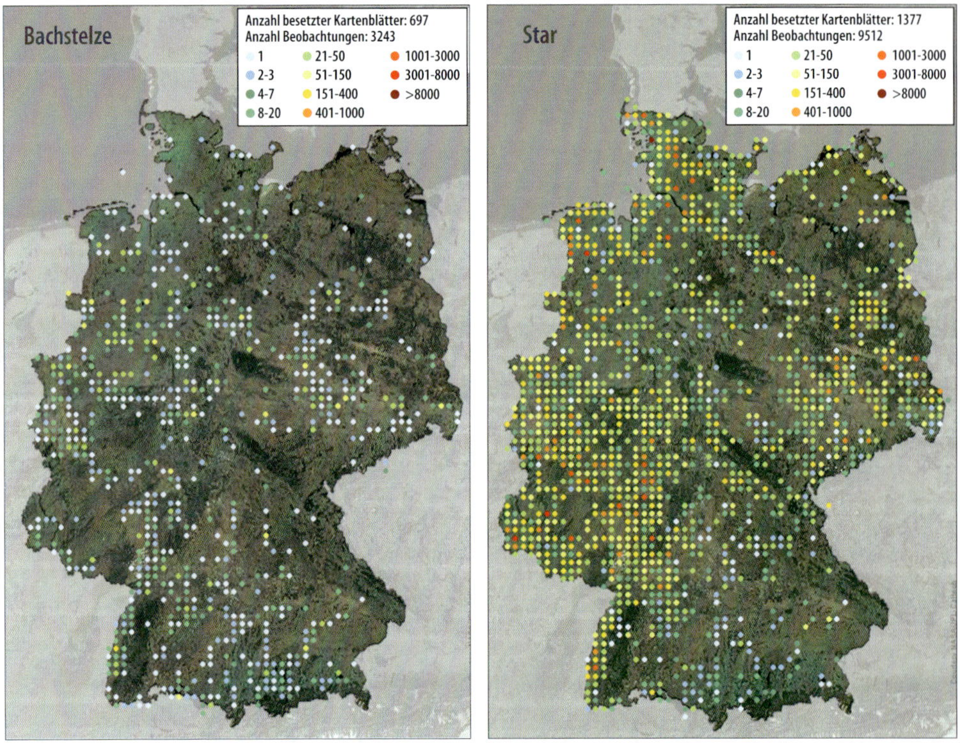

Verbreitung und Häufigkeit von Bachstelze und Star im Winter 2019/20 auf der Grundlage von gemeldeten Beobachtungen bei ornitho.de (s. Erläuterungen auf S. 27 und ab S. 200).

weit die Vögel ziehen. Mönchsgrasmücken bilden innerhalb ihres großen Verbreitungsgebietes, das sich von Nordafrika bis Südskandinavien und Nordostrussland erstreckt, Populationen mit unterschiedlichem Zugverhalten. Hiesige Mönchsgrasmücken sind Kurzstreckenzieher, die den Winter normalerweise im Mittelmeerraum verbringen. In den letzten Jahren und Jahrzehnten verzichten jedoch zunehmend mehr von ihnen auf diese Anstrengung. Obwohl also das Zugverhalten genetisch gesteuert wird, reagieren diese Vögel ganz offensichtlich auf die zunehmend milderen Winter im Zuge des fortschreitenden Klimawandels. Aus Zugvögeln werden mehr und mehr Standvögel, und dies in verblüffender Geschwindigkeit: Wissenschaftler an der Vogelwarte Radolfzell des Max-Planck-Instituts für Ornithologie um Prof. Peter Berthold konnten nachweisen, dass eine reine Zugvogelpopulation der Mönchsgrasmücke bei streng gerichteter Selektion theoretisch in nur 25 Generationen oder 40 Jahren zu Standvögeln werden könnte – um ein Vielfaches schneller, als die Wissenschaftler es je für möglich gehalten hatten. Diese Vögel sind also grundsätzlich in der Lage, auf sich ändernde Bedingungen, wie etwa klimatische Veränderungen, sehr schnell zu reagieren. Dass sie dies bereits jetzt tatsächlich tun, beweisen langjährige Datenreihen der Vogelwarte Helgoland: Dort erscheinen Mönchsgrasmücken auf dem Frühjahrszug heute im Schnitt 17 Tage früher als vor 50 Jahren.

Bei der Mönchsgrasmücke führt der Klimawandel zu erstaunlich schnellen Anpassungen des Zugverhaltens.

Möglich wird dies, weil aufgrund einer gewissen genetischen Variabilität in einer Population das Zugverhalten – ebenso wie die individuelle Ausprägung körperlicher Merkmale – innerhalb bestimmter Grenzen variabel ist. Das bedeutet, dass es innerhalb einer Population Vögel gibt, die früher wegziehen und später ankommen als andere Artgenossen oder solche, die gar nicht ziehen und den Winter hier verbringen oder zumindest eine Überwinterung versuchen. Welche Individuen sich durchsetzen, hängt von den jeweiligen Umweltbedingungen ab: In strengen, langanhaltenden Wintern sind die Vögel mit einem stark ausgeprägten Zugtrieb klar im Vorteil. Diejenigen Artgenossen, die im Brutgebiet bleiben, aber den winterlichen Bedingungen nicht standhalten können, werden nach dem Darwin´schen Prinzip „survival of the fittest" (Überleben der Bestangepassten) ausgelesen – sie sterben oder sind im Frühjahr in zu schlechter Kondition, um erfolgreich brüten und ihre Gene weitergeben zu können. In milden Wintern dagegen profitieren die Überwinterer: Sie überleben und können schon früh die besten Brutreviere besetzen. Eine Reihe aufeinanderfolgender milder oder strenger Winter verschiebt also den Durchschnittswert des Zugverhaltens auf einer gedachten Skala mit den Eckpunkten „Standvogel" und „obligater Fernzieher" in die eine oder die andere Richtung.

Genetische Variation ist ein Schlüssel zum Verständnis, genetische Mutation ein weiterer. Eines der spannendsten Experimente in dieser Richtung liefert die Natur selbst: Seit Anfang der 1960er-Jahre wurden in englischen Gärten zunehmend Mönchsgrasmücken beobachtet, die dort den Winter verbringen. Untersuchungen zeigten, dass es keine britischen Vögel waren, denn die zogen und ziehen nach wie vor im Herbst ins gewohnte Winterquartier im südwestlichen Mittelmeerraum. Es handelte sich um Angehörige einer süddeutschen Mönchsgrasmücken-Population, die durch eine genetische Mutation nun in nordwestliche statt in südwestliche Richtung flogen. Vermutlich war das auch früher schon immer mal passiert, doch kalte Winter und Nahrungsmangel ließen solche Abweichler auf den Britischen Inseln nicht überleben. Im Zuge des Klimawandels wurden die Winter immer milder und die Briten als große Vogelfreunde füttern Vögel noch sehr viel intensiver und gezielter als das bei uns der Fall ist. Die Mönchsgrasmücken lernten, neben Beeren als natürlicher Winternahrung das künstliche Futterangebot für sich zu nutzen. So fanden sie Gefallen an Sämereien, Fett, Nüssen, Obst und Gemüse, ja selbst an Brot, Kartoffeln oder Käse – ungewöhnlich und untypisch für einen Insektenfresser. Diese Flexibilität hilft ihnen, in ihrem neuen Winterquartier zu überleben. Mehr noch: Gegenüber ihren Artgenossen, die den Winter weiterhin im Mittelmeerraum verbringen, sind die britischen Überwinterer im Vorteil, denn sie haben dort bessere Überlebenschancen, ihr Zugweg ist zudem deutlich kürzer und weniger gefährlich. Sie kommen daher durchschnittlich zwei Wochen früher in ihrem Brutgebiet an, besetzen die besten Brutplätze und paaren sich untereinander, bevor die übrigen Mönchsgrasmücken eintreffen. Mittlerweile ist die nordwestliche Herbstzugrichtung in der Teilpopulation der „England-Überwinterer" genetisch fest verankert, heute werden dort in der kalten Jahreszeit bereits in jedem dritten Garten Mönchsgrasmücken beobachtet. Das zeitlich unterschiedliche Eintreffen im Brutgebiet führt zunehmend zu genetischer Isolation der beiden Teilpopulationen: Wissenschaftler konnten bereits deutliche Unterschiede im Erbgut ausmachen, von denen einige sogar sichtbar sind: Mönchsgrasmücken, die in England überwintern, haben inzwischen kürzere, rundere Flügel und einen längeren, feineren Schnabel entwickelt als ihre Artgenossen. Die neue Flügelform erhöht die Manövrierfähigkeit – ein Vorteil im Getümmel an einer Futterstelle. Und die veränderte Schnabelform dürfte ihnen helfen, das angebotene Futter besser nutzen zu können. All diese Prozesse haben sich in nur wenigen Jahrzehnten ausgebildet – Evolution im Zeitraffer also quasi vor der Haustür, bei einer unscheinbaren Vogelart, deren Bestand in Deutschland wohl auch aus diesem Grunde rasant zunimmt. Heute steht die Mönchsgrasmücke, ursprünglich eine Bewohnerin unterholzreicher Laubmischwälder, hinter Amsel, Buchfink und Kohlmeise bereits auf Platz 4 der häufigsten Brutvogelarten Deutschlands und fehlt im Sommer in kaum einem Park oder größeren Garten.

Milde Winter benachteiligen Langstreckenzieher unter den Vögeln

Den Kurzstreckenziehern unter den Zugvögeln kommt die Tendenz zu immer milderen Wintern zugute, sie gehören zu den Gewinnern des fortschreitenden Klimawandels. Wie aber sieht es mit den Fernziehern aus, den Vogelarten also, die im tropischen Afrika südlich der Sahara überwintern? Anders als die Kurzstreckenzieher können sie nicht unmittelbar auf die Großwetterlage in Europa reagieren, ihr Zugverhalten ist viel stärker genetisch determiniert als bei jenen. Dennoch beobachten Vogelkundler auch bei vielen Fernziehern seit Jahren eine immer frühere Rückkehr. Doch wirkt sich bislang der Klimawandel auf indirekte Weise negativ für diese Arten aus: Kürzere und mildere Winter bewirken eine frühere Entwicklung der Vegetation in den hiesigen Brutgebieten. Beispielsweise treiben die Blätter von Bäumen entsprechend früher aus. Das hat Auswirkungen auch auf Insekten, die als wechselwarme Organismen direkt von der Umgebungstemperatur abhängig sind: Die Blattfresser unter ihnen, da runter zahlreiche Schmetterlingsraupen, entwickeln sich immer früher, denn sie können die Blätter nur dann als Nahrung nutzen, solange diese nach dem Austrieb noch weich sind. Sobald die Blätter ausgehärtet sind, verpuppen sie sich. Im Laufe vieler Jahre der Koevolution haben sich auch die Fernzieher unter den Vögeln mit ihrem Brutgeschäft an die Raupenentwicklung angepasst: Die Aufzucht der Jungen fällt normalerweise genau in die Zeit der Massenentwicklung der Raupen, der wichtigsten Nahrung für die Nestlinge. Detaillierte Untersuchungen beispielsweise an **Trauerschnäppern** in Eichenwäldern zeigen jedoch, dass die Zeitpunkte der Jungenaufzucht und der maximalen Nahrungsverfügbarkeit zunehmend auseinanderklaffen. Die Vögel können sich – zumindest

Düstere Aussichten für den Trauerschnäpper?

bislang – nicht an die rasante Geschwindigkeit des Klimawandels anpassen. Auch wenn sie früher im Brutgebiet eintreffen als noch vor Jahrzehnten – sie sind schlicht zu spät dran. Die Folge: (Auch) aufgrund schlechter Bruterfolge ist der Bestand des Trauerschnäppers stark rückläufig und gilt laut der Roten Liste der Brutvögel Deutschlands als gefährdet. Ähnlich ungünstig sieht die Situation bei anderen Fernziehern aus. Für diese weit wandernden Arten kommen negative Veränderungen in wichtigen Rastgebieten entlang der Zugwege und in den Winterquartieren hinzu, verursacht durch den Klimawandel und die immer intensivere Landnutzung durch den Menschen mit all ihren Folgen.

Die zunehmende Desynchronisation einst fein aufeinander abgestimmter Zyklen zwischen Bäumen, Insekten und Vögeln bezeichnen Fachleute als „ecological mismatch". Dieses Phänomen tritt in ähnlicher Form bei zahlreichen natürlichen Prozessen auf und gehört ganz sicher zu den gravierendsten Auswirkungen des unnatürlich schnellen Klimawandels.

Vogelkundler prognostizieren für die nähere Zukunft eine Zunahme der Standvögel und der Kurzstreckenzieher und eine deutliche Abnahme der Fernzieher. Standardisierte Untersuchungen der Bestandsentwicklung (Monitoring) bestätigen für viele Vogelarten diese Vorhersagen.

Kurzstreckenzieher wie der Hausrotschwanz (links) gehören zu den Gewinnern des Klimawandels, der nahverwandte Gartenrotschwanz (rechts) ist als Fernzieher im Nachteil.

Wintervogelbestände erfassen, dokumentieren, auswerten

Im vorigen Kapitel wurde dargelegt, wie sich das Zug- und Überwinterungsverhalten von Vogelarten unter dem Einfluss des Klimawandels verändert. Voraussetzung für diese Aussagen sind neben wissenschaftlichen Untersuchungen möglichst umfangreiche Beobachtungsdaten. Nachfolgend werden einige Möglichkeiten vorgestellt, solche Daten zu erheben und auszuwerten.

Aktionen, Programme und Portale

Stunde der Wintervögel

Seit dem Jahr 2011 veranstalten der Naturschutzbund Deutschland (NABU) und seine bayerische Partnerorganisation, der Landesbund für Vogelschutz (LBV), an jedem zweiten Januarwochenende die „Stunde der Wintervögel“. Dabei handelt es sich um ein sogenanntes „citizen science-Projekt“, bei dem interessierte Bürgerinnen und Bürger in eine bundesweite Zählaktion der Wintervögel eingebunden werden – eine Aufgabe, die professionelle Ornithologen allein niemals auf so großer Fläche bewältigen könnten.

Wintervogelbeobachtung (Quelle: NABU/Hennigs)

Die methodischen Vorgaben für eine Beteiligung an diesem bürgerwissenschaftlichen Projekt sind denkbar einfach und setzen außer einem Interesse an der Vogelwelt keine besondere Qualifikation voraus: Die Aktion findet im Siedlungsraum statt, also im Garten, im Stadtpark oder auch vom Balkon oder Fenster aus. Dort beobachtet man eine (selbst gewählte) Stunde lang die Vogelwelt. Dabei wird von jeder Vogelart die jeweils höchste Anzahl notiert, die in diesem Zeitraum gleichzeitig zu sehen war. Das vermeidet Doppelzählungen. Beispiel: Vier Kohlmeisen gleichzeitig gesehen: 4 Kohlmeisen. Dreimal je eine Elster und einmal zwei Elstern gleichzeitig gesehen: 2 Elstern (nicht 5!). Nur wenn sich Individuen gut unterscheiden lassen (z. B.

männliche und weibliche Amseln) kann man zwei Exemplare notieren, falls diese unabhängig voneinander beobachtet wurden. Zudem werden noch einige ergänzende Angaben benötigt, etwa zu Uhrzeit und Lebensraumtyp oder auch, ob am Beobachtungsort gefüttert wird oder ob dort Katzen umherschleichen. Wichtig zudem: Teilnehmende sollten angeben, ob sie sich erstmalig oder bereits zum wiederholten Male an der „Stunde der Wintervögel" beteiligen. So lässt sich der individuelle Kenntnisstand der Melder/innen abschätzen. All diese Angaben fließen in die anschließende Auswertung ein und erhöhen die Qualität der Daten. Natürlich ist nicht auszuschließen, dass mangels ausreichender Bestimmungskenntnisse von vogelkundlichen Laien auch einmal fehlerhafte Meldungen eingehen, aber durch die Masse an Daten wirken solche Fehler nicht gravierend, vor allem dann nicht, wenn es darum geht, mittelfristige oder langfristige Bestandstrends zu erkennen. Bestimmungshilfen gibt es auf den Homepages der veranstaltenden Verbände oder als App für das Smartphone.

Diese Aktion erfreut sich steigender Beliebtheit in der Bevölkerung: Bei der „Stunde der Wintervögel" 2020 meldeten rund 143.000 Menschen aus 97.000 Gärten und Parks insgesamt 3,6 Millionen Vögel (Quelle: https://www.nabu.de/news/2020/02/27585.html, abgerufen am 10.2.2020).

Auf der Homepage des NABU finden sich neben einer interaktiven Karte zu Verbreitung und Häufigkeit der gemeldeten Arten in den einzelnen Regionen Deutschlands weitere Auswertungen und Ergebnisse (https://www.nabu.de/tiere-und-pflanzen/aktionen-und-projekte/stunde-der-wintervoegel/ergebnisse/21784.html). So hat die winterliche Witterung,

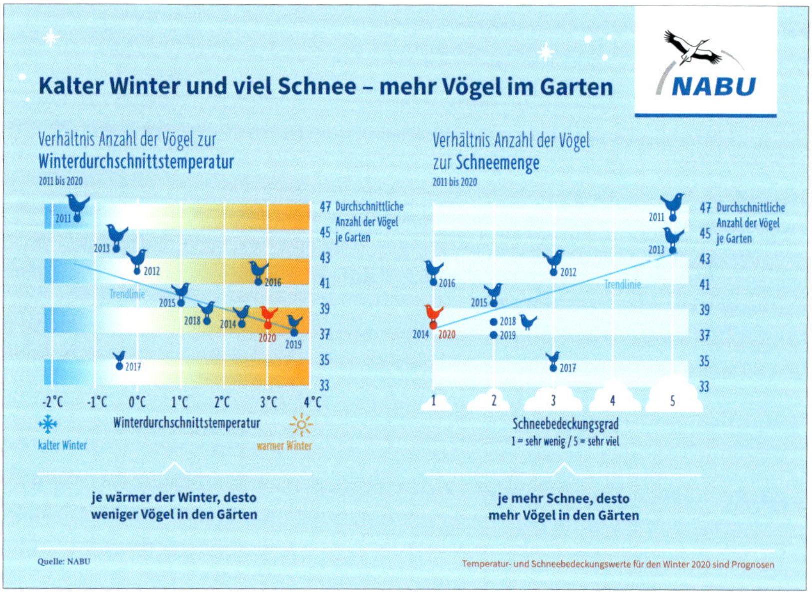

Durchschnittliche Vogelzahlen im Garten in Abhängigkeit von Temperatur und Schneedecke.
(Quelle: NABU)

wie Temperatur und Schneelage, einen großen Einfluss auf die Anzahl der Vögel pro Garten. In strengen Wintern zieht es besonders Waldvögel vermehrt in den Siedlungsraum, weil es dort wärmer ist als im Wald und sie an den Futterstellen im Garten mehr Nahrung finden.

Haussperling, Feldsperling, Kohlmeise, Blaumeise und **Amsel** gehören regelmäßig in allen Jahren zu den Top 5 bei der „Stunde der Wintervögel" – allerdings in jährlich wechselnder Reihenfolge.

Die Ergebnisse der Zählungen von 2018 bis 2020 zeigten beispielsweise die regional unterschiedliche Abnahme der Amselbestände, die in den vorangegangenen heißen Sommern durch eine Epidemie, ausgelöst durch das in Deutschland neu aufgetretene Usutu-Virus, dezimiert wurden. Ebenso wurde der markante Rückgang der **Grünfinken**, ebenfalls dezimiert durch eine Seuche, deutlich. Andererseits nimmt die Population des Haussperlings, bundesweit bereits auf der Roten Liste der bedrohten Vogelarten (Vorwarnliste) zu finden, vielerorts wieder erfreulich zu. Eine überdurchschnittlich hohe Zahl von **Eichelhäher**-Beobachtungen bei der Zählung im Januar 2020 bildet den starken Einflug dieser Art aus Nordeuropa im Herbst 2019 ab. So lassen sich bereits mit geringem zeitlichem Aufwand für den einzelnen Beobachter oder die Beobachterin wertvolle Erkenntnisse über großräumige Bestandsveränderungen und Entwicklungen in der Vogelwelt gewinnen.

Gehört zu den häufigsten Wintervögeln im Garten: Feldsperling

Auch in Österreich werden jährlich entsprechende Erhebungen im Rahmen der „Stunde der Wintervögel" organisiert und ausgewertet. Mehr dazu unter https://birdlife.at/page/stunde-der-wintervoegel.

Wintervogel-Monitoring

In manchen Bundesländern, so zum Beispiel in Hamburg und Schleswig-Holstein, organisieren ornithologische Arbeitsgruppen ein im Vergleich zur „Stunde der Wintervögel" deutlich aufwendigeres Wintervogel-Monitoring. Auf bestimmten, jährlich gleich bleibenden Zählstrecken werden innerhalb von drei festgelegten Zählperioden (15.–30.11./25.12.–10.1./01.–15.2.) an je einem frei wählbaren Termin alle Vögel mit Ortsbezug (also keine lediglich überfliegenden Vögel) getrennt nach unterschiedlichen Lebensräumen erfasst. Mit etwas anderer Methodik wird das Wintervogel-Monitoring in Berlin durchgeführt. An diesen Erfassungsprogrammen beteiligt sich eine Vielzahl ehrenamtlicher, in der ornithologischen Feldarbeit meist recht erfahrener Vogelkundler. Die Qualität der Daten und die wissenschaftliche Belastbarkeit der Ergebnisse dieses Wintervogel-Monitorings sind daher naturgemäß deutlich besser als diejenigen der auf jährlich ein Wochenende begrenzten Aktion „Stunde der Wintervögel". Letztere hat jedoch den unschlagbaren Vorteil, dass sie bundesweite statt lediglich regionale Trends der Bestandsentwicklung einzelner Arten aufzeigt.

Winterliche Schlafplatzzählungen erbringen für ausgewählte Arten oder Artengruppen (Krähenvögel, Möwen, Kormorane, Kranich, Rotmilan) weitere Bestandszahlen.

Internationale Wasservogelzählung

Seit Ende der 1960er-Jahre werden in Deutschland in fast allen international und national bedeutenden Feuchtgebieten sowie an vielen lokal oder regional für Wasservögel wichtigen Gewässern Rastvogelerfassungen unter Federführung des Dachverbandes Deutscher Avifaunisten (DDA) durchgeführt.

Die Wasservogelzählung ist das älteste und umfangreichste Vogelmonitoring-Programm bundesweit. Derzeit beteiligen sich mehr als 2.000 zumeist ehrenamtliche Zählerinnen und Zähler daran. Eingebunden sind diese Erfassungen in ein nahezu weltumspannendes Netz an Zählgebieten, die im Rahmen des *International Waterbird Census (IWC)*, organisiert durch die Organisation *Wetlands International*, jeweils Mitte Januar

Was ist und macht der DDA?

Der Dachverband Deutscher Avifaunisten (DDA) ist der Zusammenschluss aller landesweiten und regionalen Verbände, die sich in Deutschland mit Vogelkunde und Vogelschutz beschäftigen. Insgesamt vertritt der DDA damit etwa 10.000 Feldornithologen und Vogelbeobachter. Er organisiert und koordiniert neben der Wasservogelzählung zahlreiche weitere avifaunistische Erfassungsprogramme in Deutschland, wie etwa ein Monitoring häufiger und seltener Brutvögel, und ist auch federführend am Atlas deutscher Brutvogelarten (ADEBAR) beteiligt.

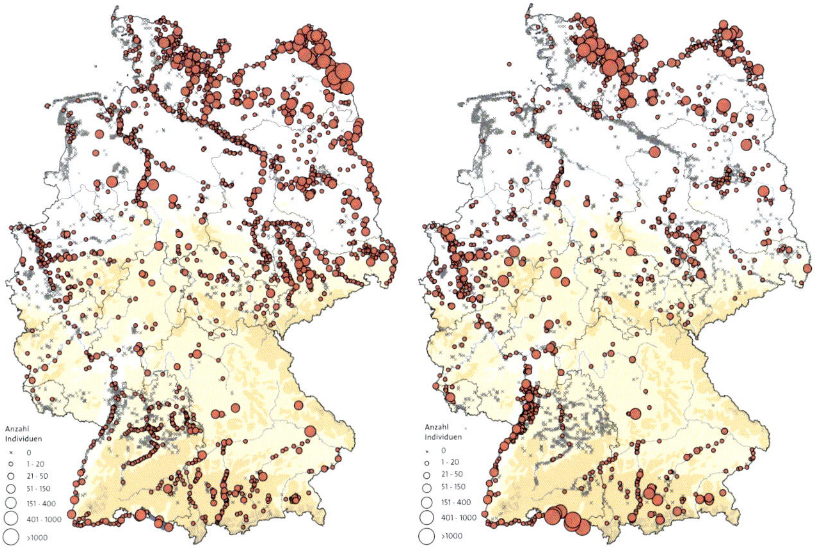

Verbreitung von Gänsesäger (links) und Haubentaucher (rechts) im Januar 2020 in Deutschland nach den Daten der Wasservogelzählung. Gut zu erkennen ist die stärker an Fließgewässer gebundene Verbreitung des Gänsesägers, der auch einen deutlichen Verbreitungsschwerpunkt im Nordosten aufweist. Haubentaucher sind vor allem auf den großen Binnenseen zahlreich vertreten. Dargestellt ist der Mittelwert je Zählgebiet im Zeitraum 2000 bis 2020.

erfasst werden. Mithilfe des IWC ist es mittlerweile möglich, für den überwiegenden Teil der weltweit über 2.300 Wasservogelpopulationen Gesamtbestände anzugeben und ihre Trends einzustufen. Neben dem internationalen Zähltermin im Januar (darüber hinaus für einzelne Gänsearten weitere im Herbst und Frühjahr) werden in Deutschland die Erfassungen an bis zu acht Mittmonatsterminen zwischen September und April durchgeführt, in ausgewählten Gebieten im Wattenmeer auch das gesamte Jahr hindurch. Spezielle Synchronzählungen, teils in mehrjährigem Turnus, gibt es zusätzlich für bestimmte Vogelarten oder Vogelgruppen, die sich oft weit verstreut in der Kulturlandschaft aufhalten und daher über die Wasservogelzählung nur unzureichend erfasst werden, etwa **Gänse, Schwäne** und **Goldregenpfeifer**.

Durch die Zählungen sollen in erster Linie folgende Fragen beantwortet werden:

- Wie viele Individuen der einzelnen Wasservogelarten rasten und überwintern in Deutschland?
- Welche Rastgebiete sind von internationaler, nationaler oder regionaler Bedeutung?
- Wie entwickeln sich die Bestände der einzelnen Arten?

Darüber hinaus lassen sich weitere Fragen, beispielsweise zum Einfluss von Kältewintern, zur Wahl der Rastgebiete oder dem jahreszeitlichen Auftreten der Arten durch die Wasservogelzählung, beantworten. Die Ergebnisse werden regelmäßig in verschiedenen Fachzeitschriften publiziert. Auf der DDA-Homepage www.dda-web.de findet sich unter „Publikationen“ eine entsprechende Liste von Veröffentlichungen, die teilweise frei zugänglich heruntergeladen werden können. In diesem Zusammenhang sei auch auf die Publikation „Vögel in Deutschland“ hingewiesen, gemeinschaftlich herausgegeben vom DDA, dem Bundesamt für Naturschutz (BfN) und der Länderarbeitsgemeinschaft der Vogelschutzwarten. Sie erscheint in unregelmäßigen zeitlichen Abständen und stellt mit wechselnden Schwerpunkten aktuelle Entwicklungen zur Situation der Brut- und Rastvögel in Deutschland dar. Speziell den verschiedenen Aspekten des Wasservogel-Monitorings widmet sich das Heft „Erfassung rastender Wasservögel“ aus dieser Reihe. Wer Interesse hat, sich an der Internationalen Wasservogelzählung zu beteiligen, wendet sich am besten an die Koordinatoren des jeweiligen Bundeslandes (Kontakt über DDA-Website).

Ornitho & Co.

Standardisierte Zählungen und Erfassungen sind gut und nützlich und erbringen wertvolle Ergebnisse. Doch was ist mit den zahllosen Zufallsbeobachtungen, die in Listen oder Notizbüchlein von Vogelbeobachtern vor sich hinschlummern? Sie könnten – an zentraler Stelle entsprechend gesammelt und zeitnah ausgewertet – ebenso wertvolle, ergänzende Informationen über die Vogelwelt liefern, etwa zur aktuellen Winterverbreitung bestimmter Vogelarten. Genau dafür wurde Ende Oktober 2011 das kostenfreie Online-Portal www.ornitho.de unter der Trägerschaft des DDA (s. S. 198) freigeschaltet. Es ist Teil eines ornitho-Netzwerkes, das sich mittlerweile über mehrere europäische Länder erstreckt – neben Deutschland und Luxemburg sind dies die Schweiz, Österreich, Frankreich, Italien, Polen, Kroatien sowie die spanischen Provinzen Katalonien und Baskenland. Weitere Länder sollen folgen.

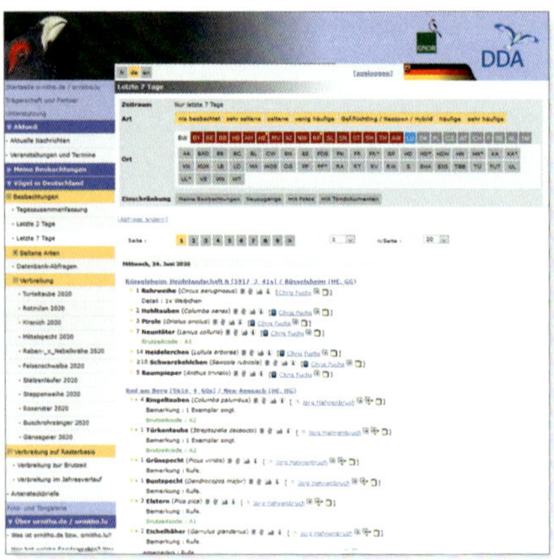

Mithilfe dieses Portals können bei *ornitho.de* angemeldete Mitglieder einfach und schnell Beobachtungen eingeben, entweder vom Schreibtisch am PC oder direkt im Gelände per Smartphone mit der eigens dafür entwickelten App *Natura List*. Um Fehlbestimmungen oder ungewollt fehlerhafte Eintragungen möglichst auszuschließen, werden die Daten laufend von den jeweiligen Regionalkoordinatoren und bei Bedarf von weiteren Fachleuten überprüft. Sie halten im Zweifelsfall (zum Beispiel bei der Meldung sehr seltener Arten oder bei zeitlich oder räumlich sehr ungewöhnlichen Beobachtungen bestimmter Vögel, wie etwa einer Mehlschwalbe im Dezember oder einer Alpendohle an der Nordsee) Rücksprache mit den jeweiligen Beobachtern.

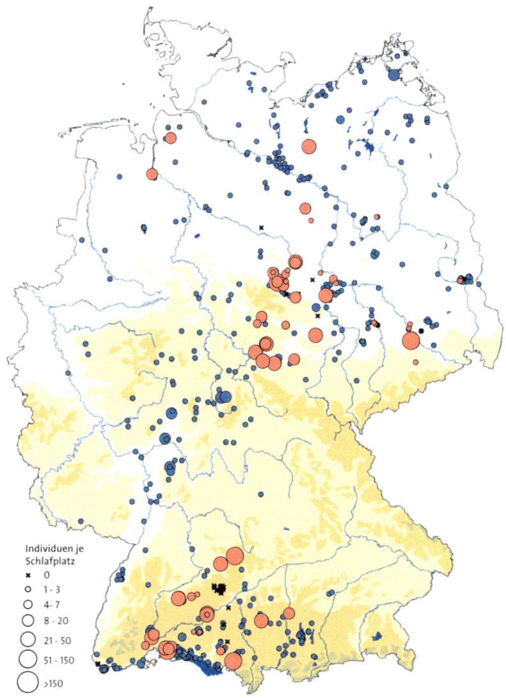

Am 4. und 5. Januar 2020 erfasste Rotmilan-Schlafplätze (rot) und sonstige Beobachtungen aus *ornitho.de* (blau) in der Zeit vom 2. bis 7. Januar 2020. Die Karte gibt Hinweise darauf, wo eventuell weitere Schlafplätze zu finden sein könnten.

Die Summe der bei *ornitho.de* eingegebenen Einzelbeobachtungen ermöglicht u. a. die Erstellung aktueller Verbreitungskarten. Eingeloggte Mitglieder können diese Karten auf dem ornitho-Portal direkt ansehen, einige Beispiele sind auf den Seiten 27 und 190 dargestellt. Wichtig zu erwähnen ist, dass es sich hierbei um die Auswertung von gemeldeten Zufallsbeobachtungen handelt, nicht um die Ergebnisse systematischer Erfassungen!

Auf europäischer Ebene werden die umfangreichen ornithologischen Datensammlungen aus über 20 Ländern im *EuroBird-Portal* (für Deutschland: www.eurobirdportal.org/ger/) zusammengeführt und übergreifend ausgewertet. Mithilfe animierter Karten lassen sich starke Einflüge (im Herbst/Winter 2019/20 etwa von Eichelhähern und Seidenschwänzen) oder das reguläre großräumige Zuggeschehen bestimmter Arten verfolgen. Ebenso ist es beispielsweise möglich, jeweils zwei Jahre oder zwei Vogelarten miteinander oder auch die räumliche Verbreitung einer Art mit der Temperaturverteilung in der jeweiligen Woche zu vergleichen.

Regelmäßige Auswertungen und zusammenfassende Ergebnisse werden in der Zeitschrift „Der Falke“, dem Monatsmagazin für Vogelbeobachter, sowie in der weiter oben bereits genannten Publikation „Vögel in Deutschland“ veröffentlicht.

Ein weiteres wichtiges Beobachterportal ist www.naturgucker.de. Es ermöglicht die Meldung und Bestimmung von Tieren, Pflanzen und Pilzen aller Art und weltweit. Auch diese Daten werden übergreifend ausgewertet und in Verbreitungskarten dargestellt. Vielfältige Informationen über einzelne Arten(gruppen) und zur Naturbeobachtung allgemein finden sich im dazugehörigen „Naturgucker Magazin“ (erscheint alle zwei Monate). Interessantes und Nützliches rund um die Vogelwelt, etwa aktuelle Beobachtungstipps zu Wintervögeln, bietet das mit „Naturgucker“ assoziierte Internet-Magazin Birdnet (www.birdnet.de/www.birdnet-news.de).

Wintervögel unterstützen und schützen

Vogelfütterung im Garten – notwendig, nutzlos oder schädlich?

Soll man, darf man, muss man Vögel füttern – vielleicht sogar ganzjährig? Vielfach hat diese Frage zu intensiven, kontroversen Diskussionen zwischen Wissenschaftlern, Naturschützern und Vogelfreunden geführt. Diejenigen Arten, die bei uns überwintern, sind seit Jahrtausenden grundsätzlich daran angepasst, die kalte Jahreszeit zu überstehen – auch ohne menschliche Hilfe. Das schließt den Verlust schwacher, nicht ausreichend lebenstüchtiger Individuen ausdrücklich mit ein. Unter den heutigen, häufig naturfernen Bedingungen finden viele Vögel in Garten und Landschaft allerdings kaum noch ausreichend Nahrung. Daher erscheint eine fachgerechte Zufütterung besonders im Winterhalbjahr, nicht nur bei geschlossener Schneedecke und starkem Frost, durchaus sinnvoll.

An Futterstellen lassen sich viele Vögel aus nächster Nähe beobachten, hier Amsel und Blaumeise.

Kritiker befürchten indes, dass dadurch das natürliche Gleichgewicht gestört würde, weil auch schwache Individuen durchgefüttert werden und höhlenbrütende Zugvögel wie der Trauerschnäpper, die erst relativ spät im Frühjahr bei uns eintreffen, sich einer unnatürlich hohen Nistplatzkonkurrenz durch Meisen und andere Standvögel gegenübersehen. Dem lässt sich im Garten durch das Anbringen weiterer Nistkästen zur Ankunftszeit der Zugvögel oder überhaupt ein üppiges Höhlenangebot leicht begegnen. In manchen Fällen kann die Winterfütterung tatsächlich nachweisbaren Einfluss auf Vogelpopulationen haben, wie das Beispiel in England überwinternder **Mönchsgrasmücken** zeigt (s. S. 192). Und was das ohnehin sehr dynamische natürliche Gleichgewicht angeht: Wir Menschen haben in der Vergangenheit derart massiv in unsere Umwelt eingegriffen und tun es weiterhin jeden Tag, dass von natürlichen Verhältnissen wohl kaum noch die Rede sein kann. Im Gegenteil: Der Mensch ist längst zum wichtigsten ökologischen Faktor geworden, der alle anderen Organismen direkt oder indirekt beeinflusst. Allerdings sollten wir uns darüber klar sein, dass die klassische Winterfütterung im Garten oder auf dem Balkon nur wenige, in der Regel ohnehin häufige Vogelarten erreicht. Von den rund 250 in Deutschland brütenden Vogelarten werden wir, je nach Umgebung, in der Regel um die 20 an einer herkömmlichen Winterfütterung im Siedlungsbereich beobachten können, bei intensiver Fütterung mit unterschiedlicher Nahrung im Einzelfall vielleicht auch doppelt so viele Arten.

Die Ursachen für Bestandsrückgänge von Vogelarten sind oft sehr komplex und liegen meist in der Zerstörung oder Beeinträchtigung ihrer Lebensräume begründet. Die Vogelfütterung im Garten stellt also ganz sicher kein „Allheilmittel" im Naturschutz dar, sondern nur eine Art „Überbrückungsmaßnahme". Andererseits: Wir Menschen haben den Vögeln durch Eingriffe in die Natur so viel genommen – sollten wir ihnen da nicht wenigstens ein wenig zurückgeben? Ein weiterer wichtiger Aspekt darf dabei nicht vergessen werden: Die Winterfütterung bietet uns die Möglichkeit, das Leben und Treiben unserer Gartenvögel bequem aus nächster Nähe zu verfolgen. Gerade für Kinder ist dies oft der erste Kontakt zur Natur und Motivation für eine weitere Beschäftigung mit der Vogelwelt. Die winterliche Vogelfütterung ist daher schon aus diesem Grund inzwischen auch in Naturschutzkreisen weitestgehend akzeptiert und in der Gesellschaft tief verankert.

Die wichtigsten Argumente pro und kontra Vogelfütterung auf einen Blick:

Pro:	Kontra:
direktes, emotionales Naturerlebnis	ohnehin häufige Arten profitieren zulasten seltener Arten (Zugvögel!)
Überlebensrate von Vogelindividuen wird erhöht	keine ausreichende Naturschutzmaßnahme
lokale Bestände einzelner Vogelarten können gestützt werden	bei unsachgemäßer Fütterung Gefährdung durch Krankheiten

Wann und wie lange zugefüttert werden sollte, hängt natürlich auch von der Witterung ab. Es empfiehlt sich, bereits gegen Ende Oktober / Anfang November mit kleinen Futtergaben zu beginnen. So können sich die Vögel bereits an die Futterquellen gewöhnen. Bei Frost und hoher Schneelage muss die Fütterung für die Vögel absolut verlässlich sein: Nach einer Frostnacht im Freien, die zu überstehen die Tiere sehr viel Energie kostet, müssen sie morgens sofort an vertrauter Stelle Futter vorfinden, für eine längere Suche reichen ihre Energiereserven oft nicht mehr. Es ist durchaus sinnvoll, bis weit in das Frühjahr hinein zuzufüttern, damit die Vögel dringend benötigte Fettreserven für das anstrengende Brutgeschäft anlegen können. Denn gerade im ausgehenden Winter und Vorfrühling ist das Nahrungsangebot am geringsten: Samen, Beeren und andere Früchte wurden von hungrigen Schnäbeln weitgehend abgeerntet, Insekten sind noch nicht aktiv. Manche Fachleute, wie der renommierte Ornithologe Prof. Peter Berthold, plädieren sogar für eine ganzjährige Fütterung. Während die Winterfütterung mittlerweile auch in Naturschutzkreisen weitgehend akzeptiert wird, ist der Ansatz der Ganzjahresfütterung derzeit noch sehr umstritten. Sicher ist aber dieses: Vögel brauchen Futter, keine Grundsatzdiskussionen!

Gemäß ihrer unterschiedlichen Ernährungsgewohnheiten benötigen die einzelnen Vogelhausbesucher unterschiedliche Nahrung.

Blaumeise und Feldsperling sind regelmäßige Gäste an der Futterstelle.

Welches Futter für welchen Vogel?

Körnerfresser (Finken, Ammern, Spatzen)
Sonnenblumenkerne
Sämereien
Erdnuss-Stückchen (ungesalzen!)

Weichfutterfresser (z. B. Rotkehlchen, Heckenbraunelle, Drosseln)
Haferflocken
Obststückchen
Rosinen

Gemischtköstler (z. B. Meisen, Kleiber, Spechte)
Fettfutter mit Sämereien oder Insektenlarven
Sonnenblumenkerne
Erdnüsse (ungesalzen!)

Grundsätzlich ungeeignet sind gewürzte und gesalzene Speisereste aller Art, die für Vögel tödlich sein können.

Geeignete Futtergeräte

Körnerfutter bieten Sie am besten in sogenannten Futtersilos an, bei denen die Vögel die Nahrung nur mit dem Schnabel durch schmale Schlitze oder Öffnungen erreichen. Der Vorteil: Das Futter ist vor Feuchtigkeit und Verschmutzungen durch Vogelkot geschützt, das beugt Infektionen mit

Krankheitserregern wie Salmonellen vor. Das klassische Vogelhäuschen muss aus hygienischen Gründen regelmäßig sauber gehalten und auch mal mit heißem Wasser ausgewaschen werden. Um sich diese Arbeit zu erleichtern, kann man den Boden im Inneren des Vogelhäuschens mit festem Packpapier auslegen, das täglich gewechselt wird. Sollten Sie dennoch sichtbar kranke oder auffallend apathische Vögel an der Futterstelle beobachten, sollte die Fütterung vorsichtshalber bis auf weiteres eingestellt werden. Vor allem bei mildem, feuchtem Wetter kann es bei hoher Vogeldichte leicht zu Infektionen kommen.

Die handelsüblichen Meisenknödel mit körnerhaltigem Fett kann man entweder frei aufhängen oder in sogenannten Futterspiralen aus Stahl fixieren, um zu verhindern, dass sie von Eichhörnchen verschleppt werden. Den flinken Nagern bietet man besser etwas abseits vom Vogelfutterplatz ein Mischfutter aus Nüssen und Kernen in einem speziell konstruierten Eichhörnchenfuttersilo an. Auch **Spatzen** und **Grünfinken** fliegen auf Fettfutterknödel oder Futterringe, die sie aber meist nur zerfleddern, um an die Sämereien zu gelangen. Will man das verhindern, verwendet man besser Futterglocken, an die sich nur die geschickten **Meisen**, **Zeisige** und – unter akrobatischen Verrenkungen – der **Buntspecht** von unten anklammern

Futterglocken selbst herstellen

Futterglocken mit Fettfutter lassen sich leicht selbst herstellen: Dazu brauchen Sie halbierte, ausgehöhlte Kokosnüsse oder Blumentöpfe, in deren Loch (bei Kokosnusshälften ausbohren) ein passender rauer Holzstab oder ein Ästchen gesteckt wird, der so weit aus der weiten Öffnung ragt, dass sich die Vögel später daran festhalten können, um das Futter aufzupicken. Rindertalg, das man beim Metzger bekommt, wird vorsichtig erwärmt, bis es flüssig wird – es darf aber nicht anfangen zu sieden. Durch Zugabe von etwas Speiseöl zum Talg bleibt dieser später auch bei tiefen Temperaturen geschmeidig und bröckelt nicht. In die flüssige Masse rühren Sie eine Mischung aus Sonnenblumenkernen, Haferflocken, Hanfsamen und anderen kleinen Sämereien. Anstelle von Rindertalg sind zum Beispiel auch Schmalz oder Kokosfett geeignet. Die erkaltende Masse gießen Sie in die Kokosnusshälften oder Blumentöpfe und lassen sie aushärten, bevor Sie sie mit der Öffnung nach unten aufhängen. Sie können diese Masse, solange sie noch weich, aber nicht mehr flüssig ist, aber zum Beispiel auch an Bäume mit rissiger Borke schmieren, gern etwas versteckt, dann gehen auch **Baumläufer, Zaunkönig, Goldhähnchen** und andere Vögel daran, die das Getümmel am Futterplatz meiden.

können. Erdnüsse füllt man am besten in spezielle engmaschige Drahtsilos. Vögeln, die ihre Nahrung bevorzugt vom Boden aufnehmen, wie **Drosseln, Rotkehlchen** und **Heckenbraunellen**, bietet man Futter am besten in einem speziellen Bodensilo an oder auf einem Futterbrett mit einem Einsatz aus sehr engmaschigem Drahtgeflecht, durch das Regenwasser ablaufen kann. Auf keinen Fall sollte Körner- oder Flockenfutter in größeren Mengen ungeschützt direkt auf den Boden gestreut werden. Durch die Feuchtigkeit verschimmelt es schnell und lockt zudem Ratten an.

Ganz wichtig: Vögel müssen auch im Winter trinken! Ein flaches Schälchen, am besten aus rauem Material und mit einer Erhebung (Stein o. Ä.) in der Mitte, sollte also nicht fehlen. Gerade bei starkem Frost, der natürliche Wasserquellen zufrieren lässt, und gleichzeitig fehlendem Schnee, den die Vögel ersatzweise aufnehmen könnten, ist dies wichtig. Manche Vertreter geben sich auch bei kalten Temperaturen ausgiebigen Badefreuden hin.

Beeren gegen den Hunger und Raureif gegen den Durst – in diesem Strauch ist die Wacholderdrossel gut versorgt.

Futterstellen wie Vogeltränken sollten so eingerichtet und aufgestellt werden, dass die Vögel etwa bei einem Sperberangriff notfalls schnell in die Deckung eines Busches fliegen können, aber andererseits Katzen sich nicht unbemerkt anschleichen können, also mit ausreichendem Abstand zu bodennaher Deckung. Weniger gefährdet sind hängende Futterspender. Auch die Montage auf einem glatten Pfahl erhöht die Sicherheit vor Katzenangriffen. Dornige Zweige, unter den Futterstellen verteilt, verhindern, dass die Jäger sich darunter setzen. Ausführlichere Informationen zum Thema „Fütterung von Gartenvögeln" findet man in entsprechender Literatur (s. ab S. 228).

Vorsorgen ist besser als Füttern – Vogelfreundliche Gärten

Wer einen eigenen Garten besitzt, kann und sollte für ein ganzjähriges, natürliches Nahrungsangebot sorgen, nämlich durch eine naturnahe und damit vogelfreundliche Gartengestaltung, Pflege und Pflanzenauswahl. Dies ist mit Sicherheit die beste Lebensversicherung für Vögel. Eine auch noch so gut gemeinte und praktizierte Fütterung darf jedenfalls nicht als Alibi für eine naturferne und lebensfeindliche Gestaltung unserer

Landschaft, unserer Gärten und Parks dienen. Sterile Kiesbeete, intensiv gepflegter Golfrasen, exotische Ziersträucher und mittendrin ein gut gefülltes Futterhäuschen – das passt einfach nicht zusammen!

Hitliste heimischer Wildfruchtsträucher für Vögel

Wildstrauch	Vogelarten
Vogelbeere	63
Schwarzer Holunder	62
Vogelkirsche	48
Traubenholunder	47
Waldhimbeere	39
Faulbaum	36
Rote Johannisbeere	34
Weißdorn	32
Brombeeren	32
Wildrosen	27
Die Zahlen geben an, wie viele Vogelarten die Früchte der genannten Wildsträucher schätzen.	

Wie also sieht ein vogelfreundlicher Garten aus? Diese Frage ist nicht pauschal zu beantworten, denn die verschiedenen Vogelarten stellen häufig unterschiedliche Ansprüche. Grundsätzlich gilt: Je mehr naturnahe Elemente ein Garten enthält, je mehr heimische Sträucher und Stauden dort wachsen und je weniger übertriebene Pflegemaßnahmen wir durchführen, desto reichhaltiger ist das Vogelleben. Weniger intensive Pflege bedeutet keineswegs gar keine Pflege: Naturnahe Gartengestaltung heißt nicht, wie viele Menschen fälschlich glauben, alles wild wuchern zu lassen, aber die meisten Vögel schätzen nun mal ein gewisses Maß an „natürlicher Unordnung“. Entscheidend ist das richtige Maß zwischen Gestaltung und „laissez-faire“. Richtig geplant, angelegt und gepflegt, sieht ein naturnaher und damit vogelfreundlicher Garten nicht nur bezaubernd aus, sondern bietet allen Bewohnern – Menschen, Tieren und Pflanzen – Raum zum Leben. Im Falle der Vögel bedeutet das, nicht nur geschützte Brutplätze anzubieten, sondern auch ein vielfältiges, reichhaltiges Nahrungsangebot für unterschiedliche Kostgänger zu schaffen. Im Zusammenhang dieses Buches ist vor allem letzteres wichtig für unsere gefiederten Wintergäste.

Viele Vögel schätzen im Herbst und Winter die Früchte **heimischer Wildsträucher** (s. S. 24). Neben den in der Tabelle genannten Arten sind beispielsweise auch Pfaffenhütchen, Traubenkirsche und Roter Hartriegel bei fruchtfressenden Vogelarten sehr beliebt. (Angaben nach Witt 1995). Die Beeren exotischer Ziersträucher werden dagegen fast ausnahmslos weniger gern bis gar nicht und auf jeden Fall von deutlich weniger Vogelarten angenommen. Manche Gehölze wie die in Gärten häufig gepflanzten Forsythien und Rhododendren bilden in unseren Breiten überhaupt keine Früchte aus und sind für hungrige Vögel daher vollkommen wertlos. Sicherlich spricht nichts dagegen, im Garten aus gestalterischen Gründen auch den einen oder anderen Zierstrauch zu pflanzen, doch sollten aus Sicht von Vögeln und auch Insekten einheimische Gehölze deutlich überwiegen. Man kann sie entweder einzeln, als gemischte Gruppe oder

– in großen Gärten – auch als freiwachsende Hecke pflanzen. Regelmäßig geschnittene Hecken bilden dagegen nur wenig Blüten und demzufolge auch nur wenige Beeren aus. Viele Vögel suchen in dichten **Hecken** Schutz vor Feinden und Wetterunbilden oder schlafen darin. Hierzu sind besonders immergrüne Gehölze wie Eibe und Liguster geeignet, auch mit Dornen oder Stacheln bewehrte Arten wie Weißdorn, Feuerdorn (nicht heimisch, immergrün) und Wildrosen, in großen Gärten auch Schlehen und Brombeeren, die sich durch Ausläufer allerdings sehr breit machen können. Hainbuchen-Schnitthecken, die ihr im Herbst vertrocknendes Laub bis zum nächsten Frühjahr behalten, bieten ebenfalls gute Deckung.

Reisighaufen, von Kriechrosen, Brombeeren oder Geißblatt, einer Schlingpflanze, malerisch überrankt, bieten etwa dem **Zaunkönig** Deckung und eine reich gefüllte Speisekammer. In dicken Schichten von **Falllaub**, das unter Hecken, Büschen und Bäumen unbedingt liegenbleiben sollte, stöbern **Amseln** und **Rotkehlchen** nach verborgenen Insekten und Spinnen. Auf keinen Fall sollte man im Herbst das Laub mit Laubbläsern entfernen und schon gar nicht mit Laubhäckslern, die alle Kleintiere – wichtige Nahrung auch für Wintervögel! – gleich mit wegsaugen und schreddern. Eine Harke oder ein Laubrechen ist hier die deutlich umweltschonendere Wahl. Stärkeres **Totholz** in jeder Form, etwa ein abgestorbener, noch stehender Stamm, zersägte Stammstücke oder ausgegrabene Wurzelstrünke sind Heimstatt zahlloser Insekten und Spinnen, die am und im toten oder morschen Holz leben und von **Spechten, Kleibern** und **Meisen** herausgehackt, -gestochert oder abgesammelt werden. Reiche Nahrung bieten auch die verholzten **Stängel abgeblühter Stauden**, die von hungrigen Vögeln, vor allem **Meisen**, geschickt aufgepickt werden, weil darin überwinternde Insektenlarven zu finden sind. Die Samen der Stauden wiederum sind bei **Finken** und **Spatzen** sehr beliebt. Abgeblühte Stauden, vor allem hochwüchsige Arten, sollten daher über den Winter stehen bleiben und erst im Frühjahr zurückgeschnitten werden. Am besten wäre es, ein größeres Beet oder einen Saum mit möglichst heimischen Stauden anzulegen und jeweils nur einen Teil zurückzuschneiden, um Larven und Puppen eine ungestörte Entwicklung zum fertigen Insekt zu ermöglichen. Daneben ist es auch wichtig, spontan aufwachsende Vegetation, von vielen Menschen als lästiges „Unkraut“ bekämpft, wenigstens an einigen Stellen zu dulden und einmal mit anderem Blick zu betrachten: Brennnesseln etwa sind Futterpflanzen

Totholz im Garten zieht viele Insekten und Vögel an.

für einige unserer schönsten Schmetterlinge, der Gemeine Beifuß ernährt gar rund 180 Insektenarten. Die Samen von Beifuß und Brennnessel werden zudem gern von verschiedenen Vogelarten verzehrt. Sicherlich findet sich in jedem Garten ein Eckchen, wo man solchen Wildwuchs dulden kann. Auch entlang von Mauern und aus Pflasterritzen wachsen unscheinbare Überlebenskünstler, deren Samen zum Beispiel bei **Spatzen**, vielen **Finken** und **Ammern** äußerst beliebt sind.

Auch auf städtischen Brachflächen finden sich zahlreiche Wildkräuter ein, die wiederum ein reiches Vogelleben anziehen. **Stieglitze** etwa lieben die mit einem fedrigen Flugapparat ausgestatteten Samen der Disteln und Kratzdisteln oder klauben die nahrhaften Samen mit ihren feinen, spitzen Schnäbeln aus den stacheligen Fruchtständen der Wilden Karde. Über weitere geeignete Arten und die Anlage und Pflege von Wildstaudenbeeten, Blumenwiesen und weiteren Elementen eines naturnahen, vogelfreundlichen Gartens, wie Hecke, Fassadenbegrünung, Trockenmauer oder Teich, informiert man sich am besten in entsprechender Literatur. Einen guten Überblick bietet zum Beispiel „Das große Buch der Gartenvögel" (Westphal 2018).

Nisthilfen bauen und anbringen

Der Winter ist eine gute Zeit, Nistkästen für Höhlenbrüter (z. B. **Meisen, Kleiber, Feldsperling, Trauerschnäpper, Gartenrotschwanz**) und Halbhöhlenbrüter (z. B. **Grauschnäpper, Hausrotschwanz, Bachstelze**) im Eigenbau anzufertigen und an geeigneten Stellen im Garten anzubringen. Die einzelnen Vogelarten bevorzugen teilweise unterschiedliche Bauweisen und Maße von Grundfläche und Einflugöffnung und stellen zudem spezielle Ansprüche an Lebensraum und Umgebung der Nisthilfen. Hierüber informiert man sich in spezieller Literatur (s. ab S. 228). Natürlich kann man geeignete Nisthilfen für diese und andere Vogelarten auch fertig im gut sortierten Fachhandel beziehen, darunter eigens für bestimmte Vogelarten konzipierte Modelle, etwa für **Schwalben, Haussperlinge, Mauersegler** oder **Baumläufer**. Nisthilfen aus Holzbeton sind teurer und schwerer als solche aus Holz, doch sind sie wesentlich dauerhafter und bieten zudem Schutz vor Spechten, die Holzkästen gerne aufhacken und die darin befindlichen Nestlinge herausholen und verspeisen.

Bereits im Garten hängende Kästen sollten keinesfalls im Winter gereinigt werden. Manche Vogelarten, wie **Meisen** und **Spatzen**, verbringen gerne die Nächte geschützt vor Wind und Wetter darin, außerdem überwintern in diesen künstlichen Höhlen Hummelköniginnen, Schmetterlinge wie das Tagpfauenauge, die als eifrige Blattlausvertilger bekannten Florfliegen und andere Insekten, gelegentlich sogar Fledermäuse. Die beste Zeit für die Nistkastenreinigung ist im Frühherbst nach Ende der Brutzeit und vor dem Einzug der Überwinterungsgäste.

Unterstützende Fütterung von Wasservögeln, Eulen, Greifen und anderen Vogelarten

An städtischen Parkgewässern werden von wohlmeinenden Zeitgenossen gerne und nicht nur im Winter die dort lebenden Enten, Gänse, Schwäne, Blässhühner und Teichhühner mit Brot gefüttert. An vielen Stellen weisen allerdings amtliche Schilder darauf hin, dass dies verboten ist – aus gutem Grund: Sicher spräche nichts dagegen, den Vögeln ab und an ein Stückchen unverdorbenes Weißbrot – im Grunde eine ziemlich wertlose Nahrung für die Tiere – zu spendieren, doch wenn kiloweise Brot in die Teiche geworfen wird, hat das gesamte Ökosystem der Parkgewässer darunter zu leiden. Brot, das nicht sofort gefressen wird, verdirbt, und es kommt – auch aufgrund des vermehrt anfallenden Kotes der vielen Wasservögel, die sich ständig an den Futterstellen aufhalten – zu einer Überdüngung des Wassers. Sommerliche Algenblüten und Sauerstoffmangel sind die Folge. Die enge Konzentration zahlreicher Wasservögel auf engem Raum kann zudem zu einer leichten Übertragung von Krankheiten führen, dies vor allem bei milden Temperaturen, bei denen sich Erreger wie Salmonellen auch im Winter noch vermehren können. Wo sich ständig unnatürlich viele **Stockenten** aufhalten, ist zur Brutzeit abnormes Verhalten zu beobachten: Selbst Küken führende Weibchen kommen nicht selten bei Massenvergewaltigungen durch unverpaarte Erpel zu Tode – auch dies eine sicherlich unbeabsichtigte Folge übermäßiger, ganzjähriger Fütterung. Sie lässt auch schwache Individuen überleben, die den Winter sonst vielleicht nicht überstanden hätten. Halbdomestizierte Parkenten bleiben meist auch in strengen Wintern an Ort und Stelle, während andere Wasservögel, wie etwa **Graugänse, Bläss-** und **Teichhühner,** die dann weitgehend oder vollständig zugefrorenen Parkteiche überwiegend verlassen; diejenigen, die ausharren, streiten sich mit **Enten** und **Lachmöwen** um die hingeworfenen Brotstückchen. Zweifellos profitieren diese Vögel von der wohlgemeinten Fütterung – wirklich notwendig und sinnvoll ist sie indes nicht. Andererseits: Wie bei den Gartenvögeln stellt die Fütterung auch hier eine gute Möglichkeit dar, Natur und Tiere in der Stadt zu erleben.

Braucht Fische, keine Früchte: Eisvogel

Eine andere an Gewässern lebende Vogelart kann in strengen Wintern tatsächlich große Probleme bekommen: Der farbenprächtige **Eisvogel** ist zum Fischen auf eisfreie Gewässer angewiesen. Sind großflächig alle

Gewässer gefroren, verhungern sehr viele von ihnen. Man kann ihnen im Prinzip leicht helfen, indem man an geeigneten Stellen, an denen sich für gewöhnlich Eisvögel aufhalten, mit Wasser gefüllte Bottiche, mit einem Heizer eisfrei gehalten und mit Kleinfischen besetzt, aufstellt. Wichtig ist auch ein Ansitz, etwa ein überhängender Ast, von dem aus der Eisvogel fischen kann. Wenn man keine Möglichkeit hat, bei Frost das Wasser zu heizen, ist es notwendig, es täglich oder gar halbtäglich zu wechseln und mit jeweils wenigen Fischen neu zu besetzen. Besonders geeignet ist hier das Moderlieschen, ein kleiner heimischer Schwarmfisch. Eine andere, oft einfachere Möglichkeit, den Eisvögeln zu helfen, besteht darin, regelmäßig Löcher in die Eisdecke von geeigneten Gewässern zu hacken, um dem „fliegenden Edelstein" die Nahrungssuche zu ermöglichen. Dies ist besonders dort zu empfehlen, wo Eisvögel ohnehin bevorzugt fischen.

Mit Fischen oder auch Eintagsküken und toten Mäusen kann man bei uns ausharrende **Weißstörche** und auch **Graureiher** über den Winter bringen. Sie gewöhnen sich schnell an den Menschen und warten, wenn die Fütterung regelmäßig zu bestimmten Uhrzeiten erfolgt, oft schon ungeduldig auf die Mahlzeit. Dies ist jedoch allenfalls in langen, strengen Wintern angebracht, normalerweise finden die Vögel in der Natur ausreichend Nahrung.

Die Fütterung von Greifvögeln und Störchen erfordert einigen Aufwand.

Das gilt auch für Greifvögel und Eulen: In sehr schneereichen Wintern, wenn Mäuse und andere Kleinsäuger verborgen vor den scharfen Augen der Jäger unter der Schneedecke leben, geraten diese in Not. Greifvögel wie der **Mäusebussard** können problemlos mit Fleischstücken (möglichst ungefroren!) und mit ausgelegten Tierkadavern versorgt werden. Bei Eulen ist die Fütterung weit aufwendiger, denn sie nehmen nur lebende Beute an. Eine häufiger praktizierte Möglichkeit ist es, Mäuse in beheizbare, mit Stroh ausgelegte Wannen zu setzen. Dieser Aufwand ist notwendig, damit die Mäuse nicht erfrieren und im Stroh herumrascheln und dadurch hungrige Nachtjäger auf sich aufmerksam machen. Hier können sich **Waldohreulen, Schleiereulen** und **Steinkäuze** bedienen. Andere Eulen haben weniger Probleme, da sie entweder im Wald jagen, wo unter den Baumkronen meist weniger Schnee liegt als auf offenem Feld, oder aber wie etwa der Waldkauz auf Vögel als Beutetiere ausweichen. Es gibt noch eine wesentlich einfachere Möglichkeit, Eulen, Greifvögeln und gleichzeitig Singvögeln in der landwirtschaftlich genutzten Kulturlandschaft zu helfen, mehr dazu weiter unten in diesem Kapitel.

Intensive Landnutzung lässt Feldvögel verhungern

In der landwirtschaftlich genutzten Kulturlandschaft sind Nahrung und Deckung gerade für überwinternde Kleinvögel essenziell. Oftmals wurden Hecken und wildkrautreiche Säume entlang von Wegen und Feldrändern im Zuge der sogenannten Flurbereinigung früherer Jahrzehnte und auch aktuell durch die immer intensiver betriebene moderne Landwirtschaft vernichtet. Auch lassen zunehmend effektivere Erntemethoden kaum mehr etwas übrig für hungrige Schnäbel. Binnen kurzer Zeit wird auf den Getreidefeldern das Korn geerntet, das Stroh zu Ballen gepresst und abgefahren. Oft schon wenige Tage später wird der Acker umgepflügt. Hinzu kommt, dass statt des früher üblichen Sommergetreides heutzutage fast nur noch Wintergetreide angebaut wird, das direkt nach der Ernte neu gesät wird und im Herbst keimt. Daher gibt es praktisch keine Felder mehr, die über den Winter brachliegen. Auf diesen Stoppelfeldern fanden Spatzen, Finken und Ammern ausreichend Erntereste in Form von verloren gegangenen Körnern, die ihnen als Winternahrung dienten. Ebenso rar geworden sind periodisch stillgelegte Flächen, auf denen sich zumindest vorübergehend wieder Wildpflanzen ansiedeln können. Zu groß ist in Zeiten des boomenden Maisanbaus für die „umweltfreundliche“ Energiegewinnung der Druck auf die letzten Flächen. Seit 1994 wurden fast 90 Prozent aller Brachflächen unter den Pflug genommen, weil keine Prämien mehr für die Flächenstilllegung gezahlt wurden. Diese finanziellen Anreize sorgten dafür, dass landwirtschaftlich genutzte Felder für eine gewisse Zeit nicht beackert wurden, sodass sie sich zu Refugien für Wildpflanzen, Insekten und Vögel entwickeln konnten. Mit den Brachflächen verschwanden wertvolle Nahrungsbiotope nicht nur für brütende, sondern auch für überwinternde Vögel. Auch Feldhecken, in denen sie Deckung, Schutz und ein reiches Angebot an Beeren und sonstigen Früchten fanden, wurden vielerorts gerodet.

Fördermaßnahmen für überwinternde Feldvögel, wie Feldsperlinge, Finken und Ammern, müssen also auf den Erhalt oder die Neuanlage von Hecken aus heimischen Wildsträuchern abzielen, ebenso wie auf ein zeitlich und räumlich flexibles Mosaik von Brachflächen inmitten von Äckern und Wiesen und auch von ungenutzten Randstrukturen. Großflächig wird das in der heutigen naturfernen Agrarlandschaft nur über eine Reform der Förderinstrumente und Agrarverordnungen der Europäischen Union gelingen. Die Höhe von Subventionen für landwirtschaftliche Betriebe darf sich nicht länger an der Flächengröße der bewirtschafteten Felder orientieren, sondern muss naturschonendes Wirtschaften und wirksame Maßnahmen zum Schutz der Artenvielfalt angemessen honorieren.

Ganz wichtig: Spezielle Futterplätze für Greifvögel und Eulen sollten nur in Zusammenarbeit mit Jägern und erfahrenen Vogelschützern angelegt und beschickt werden, im Falle des Eisvogels auch mit Anglern. Denn die verlässliche Beschaffung von lebenden Fischen und Mäusen ist nicht immer einfach, der Aufwand insgesamt oft sehr hoch.

Grundsätzlich ist wie bei der Fütterung der Gartenvögel und der Wasservögel auch hier die Frage zu stellen, ob und wie sehr man die natürliche Auslese, die besonders im Winter ansetzt, beeinflussen will und kann. Aspekte des Tierschutzes und solche des Naturschutzes gehen dabei nicht unbedingt konform. Letztlich hängt es nicht nur von der persönlichen Einstellung ab, sondern auch von der jeweiligen Situation und Wetterlage: Bei drei Zentimetern Schnee muss keine Eule und kein Greif hungern. Auch können Vögel dieser Größe, sofern sie nicht schon geschwächt sind, notfalls einige Tage ohne Nahrung auskommen oder auch großräumig in mildere Gebiete ausweichen. Am ehesten sind tatsächlich noch die Singvögel, soweit sie den Winter hier verbringen, auf eine Zufütterung angewiesen, denn anders als Mäuse sind Samen, Früchte und überwinternde Insekten in unseren aus Vogelsicht oft lebensfeindlichen Gärten und auch in der ausgeräumten Feldmark häufig Mangelware.

Stockenten und Lachmöwen stellen sich an Wasservogel-Fütterungen in großer Zahl ein.

Analog zur Vogelfütterung im eigenen Garten kann man als Sofortmaßnahme auf Äckern, an Feldrändern oder an geschützten Stellen am Rande von Hecken und Gebüsch regelmäßig Getreideabfälle ausbringen, um Kleinvögeln über den Winter zu helfen. Häufig wird dies bereits an sogenannten Fasanenschütten praktiziert, überdachten Futterstellen, die von Jägern betreut werden. Auch wenn hier vor allem die Hege der jagdlich interessanten Fasanen im Vordergrund steht, so profitieren doch auch die Körnerfresser unter den Singvögeln davon. Doch nicht nur sie: Ein reiches Körnerangebot lockt Mäuse an und diese wiederum sind willkommene Beute für Bussarde, Turmfalken und Eulen – ganz besonders in schneereichen Wintern, wenn die Kleinsäuger überwiegend unter dem Schnee leben und unerreichbar für gefiederte Beutegreifer sind. Um den Feinddruck zu verringern, empfiehlt es sich, mehrere solcher Futterstellen in größerer Entfernung voneinander anzulegen und zu versorgen.

Wichtiger und sinnvoller wäre es allerdings, Feldhecken und Blühflächen in der Agrarlandschaft anzulegen. Blühflächen sind Ackerflächen, die mit Saatgut vorrangig heimischer Wildpflanzen eingesät werden und möglichst mehrere Jahre unbewirtschaftet bleiben sollten. Die Blüten bieten Nahrung für Insekten, die Samen für Vögel. Gleiches gilt für Blühstreifen, die gut mit einer Hecke kombiniert werden können. Hier könnten engagierte Landwirte, Jäger und Naturschützer gemeinsam aktiv werden. Über finanzielle Fördermöglichkeiten für diese Maßnahmen sollte man sich vorher erkundigen. Auch die Vergabe von Patenschaften für solche Flächen ist ein zunehmend praktiziertes Finanzierungsmodell. Auf Dauer ist jedoch eine Neuausrichtung der EU-Agrarpolitik und ihrer Förderinstrumente unumgänglich (s. Textkasten auf S. 212). Nur so lassen sich die Lebensbedingungen für Vögel sowie andere wildlebende Tiere und auch Pflanzen in der landwirtschaftlich genutzten Kulturlandschaft entscheidend und nachhaltig verbessern.

Bitte nicht stören!

In vom Menschen dichtbesiedelten Räumen wie in Deutschland sind Störungen der freilebenden Tierwelt, also auch der Vögel, ebenso vielfältig wie die Reaktionen der einzelnen Arten auf Störreize. Aus diesem Grund hat sich in den letzten Jahren ein eigenes Wissenschaftsfeld etabliert, die Störungsökologie.

Im Winterhalbjahr sind vor allem Großvögel wie **Wildgänse** und **Kraniche** betroffen, die sich in oft großen Trupps an bestimmten Äsungs- und Schlafplätzen konzentrieren, aber auch Ansammlungen von **Enten** und

Wildgänse reagieren empfindlich auf Störungen und verbrauchen beim Auffliegen wertvolle Energie.

anderen Wasservögeln. Kraniche und vor allem Gänse und **Schwäne** werden nicht selten von Landwirten, die Ertragseinbußen befürchten, gezielt von ihren Äckern und Wiesen vertrieben. Ein großes Problem ist die Wasservogeljagd, die regelmäßig zu massiven Störungen und panikartiger Flucht führt. Auch Arten wie der Kranich, die nicht direkt beschossen werden, verlassen ihre Schlafgewässer, wenn dort auf Gänse oder Enten gejagt wird – schlimmstenfalls für immer. Die vielfältigen Auswirkungen der Jagd wurden bereits an anderer Stelle (s. S. 106 ff.) am Beispiel der Wildgänse dargestellt.

Unachtsame oder rücksichtslose Spaziergänger, Naturfreunde oder Vogelfotografen, die den Tieren zu nahe kommen, sind ebenfalls ein Problem. Besonders dort, wo die Vögel regelmäßig bejagt werden, flüchten sie häufig auch vor harmlosen Spaziergängern bereits auf große Distanz, in jagdberuhigten Gebieten verhalten sie sich viel vertrauter. In Schutzgebieten, die – der Begriff bringt es eigentlich hinreichend zum Ausdruck – zum Schutz der dort vorkommenden Vögel eingerichtet wurden, sollte daher generell Jagdruhe herrschen. Das klingt selbstverständlich, ist es aber vielfach leider nicht: Auch hier darf mancherorts legal – selbst innerhalb eines Gebietes oft mit räumlich oder zeitlich wechselnden Einschränkungen – auf jagdbare Arten geschossen werden. Ganz besonders gilt die Forderung nach genereller Jagdruhe natürlich für solche Gebiete, die aufgrund ihrer internationalen Bedeutung für Wasservögel als „special protected areas“ gemäß der EU-Vogelschutzrichtlinie ausgewiesen wurden und/oder als Feuchtgebiete internationaler Bedeutung gemäß der völkerrechtlich bindenden Ramsar-Konvention.

Den richtigen Abstand einhalten

Man kann den richtigen Abstand leicht am Verhalten der Vögel erkennen: In einem Trupp äsender Gänse, Schwäne oder Kraniche gibt es immer einige Wächter, die mit erhobenen Hälsen die Umgebung prüfen. Bei Annäherung eines Feindes oder potenziellen Störenfrieds warnen sie ihre Artgenossen mit speziellen Warnlauten. Haben alle Vögel die Hälse und Köpfe oben und blicken den Beobachter an, ist es höchste Zeit, sich zurückzuziehen. Am besten lässt man sofort das Fernglas sinken, sodass die Vögel sich nicht mehr angestarrt fühlen, dreht ihnen den Rücken zu und entfernt sich zügig, aber ohne hastige Bewegungen ein gutes Stück. Manchmal genügen schon 20 oder 30 Meter, um zu zeigen, dass man nichts Böses im Schilde führt. Wenden sich hingegen alle Tiere mit gestreckten Hälsen in eine vom Beobachter wegführende Richtung, ist dies ein untrügliches Zeichen, dass der Abflug unmittelbar bevorsteht. Auch an den Lautäußerungen kann man den Grad der Beunruhigung erkennen, vor allem bei Gänsen: Je höher und schriller die Laute, desto beunruhigter und fluchtbereiter sind die Vögel.

Als Vogelbeobachter sollte man generell – auch außerhalb ausgewiesener Schutzgebiete – immer einen ausreichend großen Abstand gerade zu den störanfälligen Arten halten. Das gleichzeitige Auffliegen eines riesigen Schwarms von Gänsen oder Kranichen ist zweifellos ein faszinierender und spektakulärer Anblick – und wird gerade deshalb mitunter gezielt von Beobachtern und vor allem Fotografen provoziert. Das zeugt nicht nur von mangelndem Respekt, sondern führt auch dazu, dass die Vögel unnötig Energie verbrauchen und gestresst sind. Je härter die Wetterbedingungen und je karger die Nahrung, desto gravierender wirken sich solche Störungen aus. Wenn diese regelmäßig vorkommen, sind die Vögel am Ende des Winters unter Umständen in schlechter Kondition. Verbunden mit den Anstrengungen des oft weiten Zugweges zurück in die Brutgebiete, die bei manchen Gänsearten in der sibirischen Arktis liegen, fehlen den Vögeln dann die notwendigen Energiereserven für ein erfolgreiches Brutgeschäft.

Auch die Raum- und Verkehrsplanung ist gefordert: Traditionelle Rast- und Überwinterungsgebiete von Wildgänsen und Kranichen dürfen nicht durch Verkehrstrassen und Hochspannungsleitungen zerschnitten und durch Windparks beeinträchtigt werden. Untersuchungen zeigten, dass **Blässgänse** einen Korridor von 40 bis 100 Metern beiderseits einer Hochspannungstrasse mieden. Zu Autobahnen hielten sie einen durchschnittlichen Sicherheitsabstand von 400 Metern ein. Bei Windkraftanlagen mieden weidende **Bläss-** und **Weißwangengänse** einen Kreis von etwa dem Fünffachen der Anlagenhöhe vollständig. Bis zum Zehnfachen der Anlagenhöhe war die Nutzung um die Hälfte reduziert. So können durch einen Windpark leicht mehrere hundert Hektar Nahrungsfläche für die Gänse verloren gehen (Bergmann et al. 2006) – von direkten Verlusten durch Vogelschlag an den Rotoren ganz abgesehen.

Stehpaddler führen bei Wasservögeln häufig zu panischen Fluchtreaktionen.

Rastende und überwinternde Wasservögel (s. ab S. 116), die sich in großer Zahl zum Beispiel auf den großen Seen des Alpenvorlandes versammeln, sind vor allem vielfältigen Störungen durch den Wassersport ausgesetzt. Motorboote, Ruderboote, ganz besonders aber die neue Trendportart des Stehpaddelns (Stand Up Paddling, SUP), haben teilweise eine außerordentlich hohe Scheuchwirkung auf die Vögel. Die auf einer Art Surfbrett aufrecht stehende menschliche Silhouette auf der freien Wasserfläche versetzt sie oftmals regelrecht in Panik.

Dank aufblasbarer, bequem im Autokofferraum oder Rucksack zu transportierender SUP-Boards ist es leicht möglich, an beliebigen Stellen ins Gewässer einzusteigen. Aufgrund des geringen Tiefgangs lassen sich auch sehr flachgründige Stellen befahren, die bislang vor Booten sicher waren. Hier halten sich jedoch viele Wasservögel bevorzugt auf. Hinzu kommen mangelnde Kenntnisse von Stehpaddlern: Sie sind (noch) häufiger als andere Wassersportler an Verstößen gegen Befahrensregelungen

Gravierende Störungen von Wasservögeln durch Stehpaddler

Die negativen Auswirkungen des Stand Up Paddlings (SUP), das auch im Winter auf vielen Gewässern regelmäßig ausgeübt wird, wurden an zwei bayerischen Gewässern (Rothsee und Starnberger See) sowie am gesamten Bodensee in drei Winterhalbjahren eingehend untersucht (Bull & Rödl 2018). In einem Fall flüchteten Kolbenenten bereits in einer Entfernung von anderthalb Kilometern vor einem Stehpaddler und lösten durch „Mitreißeffekte" eine Massenflucht von 13.000 Wasservögeln aus. In einem anderen Fall flüchteten 22.000 Enten ab einer Entfernung von 500 bis 1000 Meter. Nicht alle Wasservögel reagieren gleich empfindlich: Als besonders störanfällig erwiesen sich **Kolben-**, **Schell-** und **Tafelenten**. Durchschnittlich etwas toleranter zeigten sich **Stock-** und **Reiherenten**, **Gänsesäger**, **Blässhühner** und **Kormorane**, relativ gelassen gegenüber Störungen durch SUP und andere Wassersportarten reagierten **Höckerschwäne**, **Graugänse** und **Haubentaucher**. Eine schwache oder fehlende Reaktion muss allerdings nicht bedeuten, dass Vögel sich nicht gestört fühlen: Untersuchungen an Tieren, die mit Sensoren ausgestattet waren, zeigten, dass bei diesen als Reaktion auf eine definierte Störung die Herzschlagrate deutlich anstieg und Stresshormone ausgeschüttet wurden, also eine physiologische Stressreaktion erfolgte. Viele Vögel versuchen sich zunächst schwimmend und tauchend in Sicherheit zu bringen, bevor sie abfliegen.

Flüchtende Wasservögel flogen mitunter sehr weite Strecken oder drehten erst viele Runden, bevor sie sich in sicherer Entfernung wieder auf dem Wasser niederließen, manche verließen den See ganz. Gerade wenn ergiebige Nahrungshabitate betroffen sind, sind die Folgen für ihren Energiehaushalt gravierend. Manche Vogelarten wichen für die Nahrungssuche auf die Nachtstunden aus – und trafen auf das angesagte „Nacht-SUP" mit LED-beleuchteten Brettern.

beteiligt. Hier ist eine intensive Aufklärung vonnöten. Gegen den rücksichtslosen Egoismus mancher Zeitgenossen hilft aber auch das nicht.

Im Gebirge können Wintersportler für dort lebende Tiere extreme Störungen verursachen. Die rauen Bedingungen, die dort im Winter vielfach herrschen, können viele von ihnen nur durch „Energiesparprogramme" überleben. **Auerhühnern** etwa ist bei hoher Schneelage der Zugang zu Sämereien am Boden verwehrt, sie ernähren sich im Winter daher hauptsächlich von energiearmen Fichten- und Kiefernnadeln, die sie in den Bäumen von den Zweigen picken. Um Energie zu sparen, reduzieren die großen Vögel ihre Aktivitäten auf ein Minimum. (Das tun übrigens auch Rothirsche im Gebirge, die ihren gesamten Stoffwechsel drosseln und sich möglichst wenig bewegen). **Haselhühner** und **Schneehühner** verbringen die meiste Zeit vor Wind und Wetter geschützt in selbstgegrabenen Schneehöhlen (s. auch S. 18), die sie nur zur Nahrungsaufnahme verlassen. Jede Störung, die die scheuen Vögel (und Hirsche) zur Flucht veranlasst, kostet viel Energie und reduziert die Wahrscheinlichkeit, harte Winter zu überstehen. Auf Ski- oder Schneeschuhtouren abseits markierter Pisten und Loipen sollte man daher unbedingt verzichten. Oberhalb der Baumgrenze kann dies sogar lebensgefährlich werden: Zahlreiche Lawinen werden durch Unachtsamkeit, Leichtsinn oder Ignoranz ausgelöst. Wegen extremer Störungen für freilebende Tiere gänzlich abzulehnen sind auch nächtliche Touren und Skifahrten mit gleißenden Stirnlampen oder gar illuminierten Skianzügen, wie es an manchen Orten offenbar zunehmend praktiziert wird.

Schneehühner verbringen den Winter im Energiesparmodus.

Abschließend sei noch auf eine zeitlich begrenzte, aber jährlich wiederkehrende „Stör-Orgie" hingewiesen, die Silvesterknallerei. Wenn es buchstäblich an allen Ecken und Enden kracht, zischt, leuchtet und johlt, geraten viele Tiere in Panik. Ein einziger Böller, im Beobachtungsstand am Ufer eines naturgeschützten Sees gezündet, kann Tausende Enten binnen einer Sekunde in die Luft bringen, wie der Autor selbst aus einiger Entfernung erleben musste. In der Stadt verunglücken nicht wenige Vögel bei ihrer oft „kopflosen" Flucht an Hindernissen, die sie, geblendet oder desorientiert im Feinstaubnebel, nicht sehen können. In jedem Fall verbrauchen sie extrem viel Energie – Energie, die ihnen unter Umständen fehlt, um eine lange Frostnacht zu überstehen. Auch hier gilt: Rücksichtnahme ist angewandter Tier- und Vogelschutz!

Vögel im Winter beobachten – wo und wie?

Wo lassen sich Vögel im Winter am besten beobachten? Das hängt natürlich auch davon ab, welche Vögel man sehen möchte. Die Vogelwelt unterschiedlicher Lebensräume wird im Hauptteil dieses Buches ausführlich dargestellt. Für Gärten und Parks, Wald und Feld fällt es schwer, einzelne besonders lohnende Gebiete hervorzuheben. Besonders interessant und reich an Vogelarten ist in der Regel ein Lebensraum-Mix in enger Verzahnung, also etwa Grünland und Ackerbrachen in Kombination mit Hecken und Feldgehölzen oder einem Gewässer in der Nachbarschaft. Große Ansammlungen von Enten, Tauchern und anderen Wasservögeln findet man beispielsweise auf den großen Seen der norddeutschen Tiefebene (v.a. in Ostholstein und Mecklenburg) ebenso wie im Alpenvorland. Ergiebige Beobachtungsgebiete gibt es ebenso an den Küsten von Nord- und Ostsee und deren Hinterland sowie in den Niederungen entlang der Unterläufe der großen Ströme Elbe, Weser, Ems und Rhein oder im Süden in den wenigen noch verbliebenen Donau-Auen. Alpine Lebensräume sind vor allem für vogelkundlich interessierte Wintersportler reizvoll.

Anstatt bestimmte Gebiete willkürlich herauszugreifen und vorzustellen, sei an dieser Stelle auf den mehr als 400 Seiten starken, großformatigen Sonderband der Zeitschrift „Der Falke" hingewiesen: In einer nach Bundesländern gegliederten Übersicht werden **„Die 100 besten Vogelbeobachtungsplätze in Deutschland"** ausführlich und übersichtlich vorgestellt. Dazu gehören die Beschreibung ornithologisch besonders interessanter Routen, Tabellen mit typischen Vogelarten und ihrem jeweiligen Status (Brutvogel, Durchzügler, Wintergast), GPS-Daten, lokale Besonderheiten, Naturausstattung, Beobachtungseinrichtungen und Informationszentren, Informationen zur Anreise (mit PKW und ÖPNV) sowie hilfreiche Adressen und nicht zuletzt zahlreiche farbige Fotos und Gebietskarten mit den beschriebenen Routen und Beobachtungspunkten. Dabei stehen nicht speziell Beobachtungsmöglichkeiten im Winter im Vordergrund, viele Gebiete sind aber ganzjährig für Vogelbeobachtungen interessant.

In oder an zahlreichen Beobachtungseinrichtungen informieren Tafeln oder ausgedruckte Listen über die Beobachtungen der letzten Tage. Sie geben Besuchern einen guten Überblick über die dortige Vogelwelt,

Per Smartphone aktuelle Vogelbeobachtungen herunterladen – moderne Technik macht´s möglich.

sind allerdings nicht immer auf dem allerneuesten Stand. Nutzerinnen und Nutzer von *ornitho.de* (s. S. 200) haben über dieses Internet-Portal oder über die App *Natura List* die Möglichkeit, stets die aktuellsten Beobachtungen aus der Umgebung abzufragen (und einzugeben). In zunehmendem Maße stehen entsprechende Informationen auch anderen Interessierten in digitaler Form zur Verfügung, nämlich über Tafeln mit QR-Codes von *ornitho.de*: Diese lassen sich per Smartphone oder Tablet über eine entsprechende App (in verschiedenen Versionen frei aus dem Internet downloadbar) auslesen und listen mit einem Klick die an diesem Ort zuletzt gemeldeten Beobachtungen auf, auch solche, die erst vor wenigen Augenblicken von anderen Vogelbeobachtern eingegeben wurden. Zweifellos ist dies eine weitere attraktive und zeitgemäße Möglichkeit, die Vogelwelt des jeweiligen Gebietes einem großen Kreis von interessierten Besucherinnen und Besuchern näherzubringen und sie zu eigenen intensiven Beobachtungen zu animieren.

Die richtige Ausrüstung

Um Vögel zu beobachten, braucht es meist nicht viel: Eine gute optische Ausrüstung und ein brauchbares Bestimmungsbuch („Feldführer", s. Literatur ab S. 228), dazu nach Möglichkeit ein Notizheft und einen Stift, um Beobachtungen zu notieren oder bei einer Art, die man nicht (er)kennt, bestimmte Merkmale, Gestalt, Bewegungsweise und sonstiges auffallendes Verhalten festzuhalten. Oft gelingt es anhand dieser Notizen, den entdeckten Vogel noch nachträglich zu identifizieren. Für Beobachtungen in Garten, Park und Wald, oft auch in der Feldflur, reicht ein Fernglas. Für größere Beobachtungsdistanzen, etwa an der Meeresküste, an großen Seen oder im Gebirge, oder bei der Beobachtung störungsempfindlicher Arten mit großen Fluchtdistanzen, wie Kraniche und Wildgänse, ist allerdings ein sogenanntes Spektiv (Fernrohr) mit stabilem Stativ oft unerlässlich. Tipps für die richtige Auswahl finden sich z. B. im „Grundkurs Vogelbestimmung" (Moning et al. 2010).

Gerade im Winter spielt aber auch die Kleidung eine entscheidende Rolle: Solange man im belebten Stadtpark beobachtet, spielt es kaum eine Rolle, ob die Jacke signalgelb ist oder laut raschelt. In der freien Landschaft, in der die Vögel nicht an

„Ja, wo fliegen sie denn ...?“

Menschen gewöhnt sind, die ihnen (zu) nahe kommen, sieht das allerdings anders aus. Vor allem aber sollte die Kleidung ausreichend wärmen. Das klingt trivial, kann aber durchaus auch an milden Wintertagen ein wesentlicher Faktor sein. Viele Menschen rechnen nicht damit, dass es wirklich kalt werden kann, wenn man beispielsweise bei „warmen“ acht Grad plus aus dem windgeschützten Wald in die freie Landschaft kommt, wo einem plötzlich schneidender Ostwind um die Ohren pfeift. Die gefühlte Temperatur liegt dann wesentlich unter der gemessenen. Oder man geht an einem sonnigen Dezembertag bei angenehmen Temperaturen in die Natur und bleibt bis zum späteren Nachmittag: Mit zunehmender Dämmerung wird es oft sehr schnell unangenehm kalt. Wer Vögel beobachtet, bewegt sich in der Regel langsam und bleibt oft stehen – und kühlt dabei leicht aus. Warme Strümpfe, lange Unterhose, dicker Pullover und wind- und wasserdichte Jacke, am besten mit Kapuze, sind daher dringend angeraten, ebenso eine warme Mütze mit Ohrenklappen und warme Handschuhe. Besonders letzteres ist sehr wichtig, wenn man längere Zeit im kalten Wind ein Fernglas hält oder ein Spektiv trägt. (Mit abgefrorenen Fingern den Zündschlüssel eines Autos umzudrehen, kann schier unmöglich werden!) Auch das Schuhwerk sollte robust sein, ein griffiges Profil haben und das Leder sollte vorher gut eingefettet werden, um Nässe abzuweisen. Solange man im nahegelegenen Stadtpark oder an einem anderen Ort in der Nähe seines Wohnortes beobachtet, kann man sich bei Bedarf schnell in die warme Stube zurückziehen. Wer aber weiter weg von Zuhause exkursiert, sollte hinsichtlich der Kleidung und des Schuhwerks wirklich auf Winterwetter eingerichtet sein. Eine Thermoskanne mit heißem Tee und auch ausreichend Proviant sollten ebenfalls nicht fehlen. Denn wer hungrig ist, friert leichter – das gilt für Vögel wie für Vogelbeobachter.

Welcher Vogel in welchem Lebensraum?

Angegeben ist das regelmäßige Vorkommen der jeweiligen Arten im Winter. Zum Problem der Zuordnung zu einzelnen Lebensräumen siehe auch die Ausführungen auf den Seiten 42 und 43.

Die im Textkasten zum Sea Watching (S. 164) genannten Arten sind in dieser Tabelle nicht enthalten.

Vogelnamen und systematische Reihenfolge nach Barthel & Krüger (2018).

Art	Stadt und Dorf	Wald und Forst	Feld und Flur	See und Fluss	Meer und Strand	Hochgebirge und Bergwald
Entenvögel						
Ringelgans			x		x	
Rothalsgans			x	x		
Kanadagans			x	x		
Weißwangengans			x	x	x	
Graugans			x	x		
Waldsaatgans			x	x		
Kurzschnabelgans			x	x		
Tundrasaatgans			x	x		
Blässgans			x	x		
Zwerggans			x	x		
Höckerschwan			x	x		
Zwergschwan			x	x		
Singschwan			x	x		
Nilgans			x	x		
Brandgans					x	
Mandarinente				x		
Löffelente				x		
Schnatterente				x		
Stockente			x	x		
Pfeifente			x	x	x	
Spießente				x	x	
Krickente				x		
Kolbenente				x		
Tafelente				x		
Moorente				x		
Reiherente				x		
Bergente				x	x	
Eiderente					x	
Samtente				x	x	
Trauerente					x	
Eisente					x	
Schellente				x	x	
Zwergsäger				x		
Gänsesäger				x		
Mittelsäger					x	

Art	Stadt und Dorf	Wald und Forst	Feld und Flur	See und Fluss	Meer und Strand	Hochgebirge und Bergwald
Hühnervögel						
Haselhuhn		x				x
Auerhuhn		x				x
Birkhuhn						x
Alpenschneehuhn						x
Steinhuhn						x
Rebhuhn			x			
Jagdfasan			x			
Seetaucher						
Sterntaucher				x	x	
Prachttaucher				x	x	
Lappentaucher						
Zwergtaucher				x		
Rothalstaucher				x	x	
Haubentaucher				x		
Ohrentaucher				x	x	
Schwarzhalstaucher				x		
Storchenvögel						
Weißstorch			x			
Schreitvögel						
Rohrdommel				x		
Graureiher			x	x		
Silberreiher			x	x		
Ruderfüßer						
Kormoran				x	x	
Greifvögel						
Steinadler						x
Sperber	x	x	x			
Habicht		x	x			
Kornweihe			x		x	
Rotmilan			x			
Seeadler				x	x	
Raufußbussard			x			
Mäusebussard			x			
Trappen						
Großtrappe			x			
Kranichvögel						
Wasserralle				x		
Teichhuhn				x		
Blässhuhn				x		
Kranich		x	x	x	x	
Wat-, Alken- u. Möwenvögel						
Austernfischer					x	
Kiebitz			x			

Art	Stadt und Dorf	Wald und Forst	Feld und Flur	See und Fluss	Meer und Strand	Hochgebirge und Bergwald
Goldregenpfeifer			x			
Kiebitzregenpfeifer					x	
Sandregenpfeifer					x	
Brachvogel					x	
Pfuhlschnepfe					x	
Steinwälzer					x	
Knutt					x	
Sanderling					x	
Alpenstrandläufer					x	
Meerstrandläufer					x	
Waldschnepfe		x				
Zwergschnepfe				x		
Bekassine				x		
Waldwasserläufer				x		
Rotschenkel					x	
Dreizehenmöwe					x	
Lachmöwe	x		x	x	x	
Sturmmöwe			x	x	x	
Mantelmöwe					x	
Silbermöwe				x	x	
Steppenmöwe				x		
Mittelmeermöwe				x		
Tauben						
Straßentaube	x					
Hohltaube		x	x			
Ringeltaube	x	x	x			
Türkentaube	x		x			
Eulen						
Schleiereule	x					
Uhu	x	x				x
Waldkauz	x	x				
Habichtskauz						(x)
Sperlingskauz		x				
Steinkauz			x			
Raufußkauz		x				
Waldohreule	x	x	x			
Sumpfohreule			x		x	
Rackenvögel						
Eisvogel				x		
Spechtvögel						
Dreizehenspecht						x
Mittelspecht	(x)	x				
Kleinspecht		x	x	x		

Art	Stadt und Dorf	Wald und Forst	Feld und Flur	See und Fluss	Meer und Strand	Hochgebirge und Bergwald
Buntspecht	x	x	x			x
Weißrückenspecht		(x)				x
Schwarzspecht		x				x
Grünspecht	x	x	x			
Grauspecht		x				x
Falken						
Turmfalke	x		x			
Merlin			x		x	
Wanderfalke				x	x	
Papageien						
Halsbandsittich	x					
Sperlingsvögel						
Raubwürger			x			
Eichelhäher	x	x	x			
Elster	x					
Tannenhäher		x				x
Alpendohle						x
Dohle	x		x			
Saatkrähe			x			
Rabenkrähe	x		x			
Nebelkrähe	x		x			
Kolkrabe		x	x			x
Seidenschwanz	x		x			
Tannenmeise	x	x				
Haubenmeise		x				
Sumpfmeise	x	x				
Weidenmeise		x	x	x		
Blaumeise	x	x	x			
Kohlmeise	x	x	x			
Bartmeise				x		
Feldlerche			x		x	
Haubenlerche	x					
Ohrenlerche					x	
Schwanzmeise	x	x	x			
Zilpzalp	x					
Mönchsgrasmücke	x					
Sommergoldhähnchen		x				
Wintergoldhähnchen	x	x				
Zaunkönig	x	x	x	x		
Kleiber	x	x				
Mauerläufer						x
Waldbaumläufer		x				
Gartenbaumläufer	x	x				

Art	Stadt und Dorf	Wald und Forst	Feld und Flur	See und Fluss	Meer und Strand	Hochgebirge und Bergwald
Star	x		x			
Amsel	x	x	x			
Wacholderdrossel	x		x			
Rotdrossel	x		x			
Singdrossel	x	x	x			
Misteldrossel	x		x			
Rotkehlchen	x	x	x			
Hausrotschwanz	x					
Schwarzkehlchen			x			
Wasseramsel				x		
Haussperling	x					
Feldsperling	x		x			
Schneesperling						x
Alpenbraunelle						x
Heckenbraunelle	x					
Gebirgsstelze				x		
Bachstelze	x					
Wiesenpieper			x		x	
Bergpieper			x	x		
Strandpieper					x	
Buchfink	x	x	x			
Bergfink	x	x				
Kernbeißer	x	x				
Gimpel	x	x				
Grünfink	x		x			
Berghänfling			x		x	
Bluthänfling			x			
Taigabirkenzeisig	x		x			
Alpenbirkenzeisig	x		x			
Fichtenkreuzschnabel		x				x
Stieglitz	x		x			
Girlitz	x		x			
Erlenzeisig	x		x			
Spornammer					x	
Schneeammer					x	
Grauammer			x			
Goldammer	x		x			
Rohrammer			x	x		

Dank

Dem Team des AULA-Verlags, besonders Svenja Höchster und Georg Grothe, danke ich für die konstruktive und reibungslose Zusammenarbeit. Den Anstoß zu diesem Buch gab der Verleger Gerhard Stahl.

Zahlreiche Fotografen stellten fantastische Bilder zur Verfügung, ohne die das vorliegende Buch in dieser Form nicht hätte entstehen können. Besonders hervorheben möchte ich Hans-Joachim Fünfstück, der einen Großteil der Fotos beisteuerte. Meinem Freund und Kollegen Prof. Dr. Hans-Heiner Bergmann sei für fachlichen Austausch und hilfreiche Anmerkungen gedankt.

Nicht zuletzt danke ich den gefiederten Mitgeschöpfen, die mich seit mehr als einem halben Jahrhundert stets aufs Neue begeistern und berühren und mein Leben so sehr bereichern.

Literatur

Bairlein, F. (1996): Ökologie der Vögel. Gustav Fischer Verlag, Stuttgart.

Barthel, P. H. & T. Krüger (2018): Artenliste der Vögel Deutschlands. Vogelwarte 56: 171-203.

Bauer, H.-G., W. Fiedler & E. Bezzel (2012): Das Kompendium der Vögel Mitteleuropas. Aula-Verlag, Wiebelsheim.

Bergmann, H.-H., H. Kruckenberg & V. Wille (2006): Wilde Gänse – Reisende zwischen Wildnis und Weideland. G. Braun Buchverlag, Karlsruhe.

Bergmann, H.-H. (2010): Vogelfedern an Nord- und Ostsee. Quelle & Meyer Verlag, Wiebelsheim.

Bergmann, H.-H. (2012): Vogelfedern an Flüssen und Seen. Quelle & Meyer Verlag, Wiebelsheim.

Bergmann, H.-H. & S. Klaus (2016): Spuren und Zeichen der Vögel Mitteleuropas. Aula-Verlag, Wiebelsheim.

Bergmann, H.-H. & U. Westphal (2019): Welcher Vogel singt denn da? Einfache Wege zum sicheren Erkennen. Quelle & Meyer Verlag, Wiebelsheim.

Berthold, P. & G. Mohr (2008): Vögel füttern – aber richtig. Franckh-Kosmos, Stuttgart.

Brandt, T., C. Jülch, K. Wasmer, F. Weiß, C. König, C. Moning & C. Wagner (2016): Die 100 besten Vogelbeobachtungsplätze in Deutschland. Der FALKE, Sonderband. Aula-Verlag, Wiebelsheim.

Brönner, H. (2020): Artenreiche Sekundärlebensräume in der Agrarlandschaft: Vögel auf Blühflächen. FALKE 67/1: 18-23.

Bull, M. & T. Rödl (2018): Stand Up Paddling (SUP): Eine neue Trendsportart als Problem für überwinternde und rastende Wasservögel? Ber. Vogelschutz 55: 25-52.

Dierschke, J. (2018): Das Beste herauspicken. In: Südbeck, P., F. Bairlein & R. Lottmann (Hrsg.): Zugvögel im Wattenmeer – Faszination und Verantwortung. S. 120-131. Brune-Mettcker Druck- u. Verlags-GmbH, Wilhelmshaven.

Fünfstück, H.-J., A. Ebert & I. Weiß (2010): Taschenlexikon der Vögel Deutschlands. Quelle & Meyer Verlag, Wiebelsheim.

Jonsson, L. (1992): Die Vögel Europas und des Mittelmeerraumes. Franckh-Kosmos, Stuttgart.

Jonsson, L. (2016): Wintervögel. Franckh-Kosmos, Stuttgart.

Moning, C., T. Griesohn-Pflieger & M. Horn (2010): Grundkurs Vogelbestimmung – eine Einführung zur Beobachtung und Bestimmung unserer heimischen Vögel. Quelle & Meyer Verlag, Wiebelsheim.

Richarz, K. & M. Hormann (2013): Einfach selber bauen – Artgerechte Nist- und Futterhäuser für heimische Vögel. Aula-Verlag, Wiebelsheim.

Schäffer, A. & N. Schäffer (2017): Vögel füttern im Garten. Ulmer, Stuttgart.

Stickroth, H. (2015): Auswirkungen von Feuerwerken auf Vögel – ein Überblick. Ber. Vogelschutz 52: 115-149

Svensson, L., K. Mullarney & D. Zetterström (2018): Der Kosmos-Vogelführer. Franckh-Kosmos, Stuttgart.

Wahl, J., R. Dröschmeister, C. König, T. Langgemach & C. Sudfeldt (2017): Vögel in Deutschland – Erfassung rastender Wasservögel. DDA, BfN, LAG VSW, Münster.

Wember, V. (2007): Die Namen der Vögel Europas – Bedeutung der deutschen und wissenschaftlichen Namen. 2. Aufl., Aula-Verlag, Wiebelsheim.

Westphal, U. (2015): Hecken – Lebensräume in Garten und Landschaft. 2. Aufl., pala-Verlag, Darmstadt.

Westphal, U. (2016): Schräge Vögel – Begegnungen mit Rohrdommel, Ziegenmelker, Wiedehopf und anderen heimischen Vogelarten. 2. Aufl., pala-Verlag, Darmstadt.

Westphal, U. (2016): Mehr Platz für den Spatz! 2. Aufl., pala-Verlag, Darmstadt.

Westphal, U. (2018): Das große Buch der Gartenvögel. 3. Aufl. pala-Verlag, Darmstadt.

Witt, R. (1995): Wildsträucher und Wildrosen – bestimmen und anpflanzen. Franckh-Kosmos, Stuttgart.

Zahner, V. & N. Wimmer (2019): Spechte & Co. – Sympathische Hüter heimischer Wälder. Aula-Verlag, Wiebelsheim.

Register der Vogelarten

Normal: Textstellen inkl. Tabelle

Fett: Artporträt mit Foto

Kursiv: weitere Abbildung(en)

Wenn die Seitenzahlen von Artporträt (inkl. Foto) und sonstiger textlicher Erwähnung derselben Vogelart identisch sind, wird die jeweilige Seitenzahl nur einmal in Fettdruck aufgeführt. Seiten, die neben der textlichen Erwähnung einer Art eine zusätzliche Abbildung derselben Vogelart enthalten, werden dagegen im Register doppelt (normal/kursiv) genannt.

Alpenbirkenzeisig 84, **94**, 226
Alpenbraunelle 166, **169**, 226
Alpendohle 166, **168**, 225
Alpenschneehuhn 17, 37, *38*, 166, 170, **171**, *218*, 223
Alpenstrandläufer 26, 141, 150, **151**, 224
Amsel 10, 14, *24*, 30-33, 42, **46**, 47, 62, 69, 84, 193, 197, *202*, 208, 226
Auerhuhn 23, 166, 170, 172, **173**, 218, 223
Austernfischer 26, *36*, 40, 141, 148, **149**, 223

Bachstelze 31, **185**, 189, *190*, 209, 226
Bartmeise 116, **137**, 138, 225
Basstölpel 164, *165*
Baumläufer 60, 205, 209 → s. auch Garten- und Waldbaumläufer
Bekassine 10, 116, 132, **133**, 224
Bergente 116, 123, 124, **125**, 141, 222
Bergfink 30, 38, 42, 62, 75, **76**, 226
Berghänfling 28, 141, 157, **158**, 226
Bergpieper 84, 114, **115**, 226
Birkenzeisig 8, 42 → s. auch Alpen- und Taigabirkenzeisig
Birkhuhn *35*, 166, 170, **172**, 223
Blässgans 9, 10, 25, 27, 84, 100, **101**, 116, *187*, 216, 222
Blässhuhn 8, 116, 126, **127**, 134, 210, 217, 223
Blaumeise 8, 23, 30, 32, 33, 42, **43**, 45, 59, 60, 62, 81, 84, 197, *202*, *204*, 225
Bluthänfling 84, **93**, 226
Brachvogel 26, 31, 132, 141, 149, **150**, 224
Brandgans 141, **148**, 222
Buchfink 10, 14, 30, 33, 42, 50, **51**, 62, 84, 205, 225
Buntspecht 23, 34, *36*, 62, **63**, 64, 66, 84, 205, 225

Dohle 30, 42, 84, 85, **86**, 225
Dreizehenmöwe 141, 164, **165**, 224
Dreizehenspecht 66, 166, **175**, 224

Eichelhäher 24, 30, 42, 62, **74**, 75, 84, 197, 225
Eiderente 141, 159, **160**, 222
Eisente 37, 141, 159, **161**, 222
Eissturmvogel 164
Eisvogel 116, **138**, 139, 210, *210*, 224
Elster 10, 31, 42, 54, **55**, 225
Erlenzeisig 23, *23*, 30, 40, 41, 42, 50, **52**, 84, 226

Fasan → Jagdfasan
Feldlerche 33, 84, 179, **180**, 225
Feldsperling 17, 42, 84, **92**, 197, *197*, *204*, 209, 212, 226
Fichtenkreuzschnabel 30, 35, 62, 69, 82, **83**, 166, 226
Fitis 14, *14*

Gänsesäger 8, 116, 123, **124**, *199*, 217, 222
Gartenbaumläufer 16, 42, 62, 76, **77**, 225

Gartenrotschwanz *194*, 209
Gebirgsstelze 116, **140**, 226
Gimpel 42, 48, **49**, *59*, 62, 226
Girlitz 84, **185**, 226
Goldammer 10, 42, 84, 94, **95**, 226
Goldregenpfeifer 84, **114**, 224
Grauammer 84, 94, **95**, 226
Graugans 9, 10, *36*, 84, **100**, 101, 116, 120, 210, 217, 222, *227*
Graureiher *8*, 9, *36*, 69, 84, 116, 134, **135**, 211, 223
Grauschnäpper 209
Grauspecht 62, 67, **68**, 166, 225
Großtrappe 84, 112, **113**, 223
Grünfink 10, 33, 42, 50, **51**, 59, 84, 197, 205, 226
Grünspecht 35, 42, 62, 66, **67**, 84, 225
Gryllteiste 141, 164

Habicht 62, 84, 96, **97**, 223
Habichtskauz 166, **176**, 224
Halsbandsittich 42, **54**, 225
Haselhuhn 17, *18*, 35, 166, 170, **173**, 174, 218, 223
Haubenlerche 42, 60, **61**, 225
Haubenmeise 17, 24, 62, **79**, 81, 225
Haubentaucher 116, 129, **130**, *199*, 217, 223
Hausrotschwanz **184**, 185, 189, *194*, 209, 226
Haussperling 37, 42, 58, **61**, 197, 209, 226
Heckenbraunelle 14, *15*, 33, 42, 48, **49**, 204, 206, 226
Höckerschwan 84, 116, **117**, 217, 222
Hohltaube **182**, 224

Jagdfasan 10, *36*, 84, 96, **97**, 223

Kanadagans 10, 84, 100, **104**, 116, 120, 222
Kernbeißer 42, 48, **49**, 59, 62, 226
Kiebitz 33, 132, *178*, **179**, 223
Kiebitzregenpfeifer 141, **154**, 156, 224
Kiefernkreuzschnabel 30
Kleiber 17, 23, 24, 32, 33, 35, 42, 45, **46**, 60, 62, 81, 204, 208, 209, 225
Kleinspecht 60, 62, **65**, 66, 84, 224
Knutt 141, 150, **152**, 224
Kohlmeise 32, *32*, 42, **43**, 45, 59, 60, 62, 69, 81, 84, 193, 197, 225
Kolbenente 116, 123, 124, **126**, 217, 222
Kolkrabe 8, 62, 69, 84, **87**, 166, 225
Kormoran 8, 116, **131**, 141, 217, 223
Kornweihe 9, 84, **90**, 141, 158, 223
Krabbentaucher 141, 164
Kranich 8, 9, *9*, 19, 40, 84, 110, **112**, 116, 181, 188, *188*, 189, 214, 215, 223
Krickente 9, 116, 120, **121**, 222
Kurzschnabelgans 100, 102, **103**, 222

Lachmöwe 10, 42, 84, 116, 141, **142**, 224
Lapplandmeise 21
Löffelente 116, 120, **122**, 222

Mäusebussard 9, 84, 88, **89**, 211, 223
Mandarinente 116, 121, **122**, 222
Mantelmöwe 10, 141, **146**, 224
Mauerläufer 166, **170**, 225
Mauersegler 21, *22*, 209
Meerstrandläufer 141, 151, **153**, 224
Merlin 84, **91**, 141, 158, 225
Misteldrossel 32, 33, 42, **183**, 189, 226
Mittelmeermöwe 116, 141, **145**, 146, 224
Mittelsäger 141, **162**, 222
Mittelspecht 62, 64, **65**, 66, 224
Mönchsgrasmücke 24, **186**, 189, 190 ff., *191*, 202, 225
Moorente 116, 123, **127**, 222

Nachtschwalbe 21
Nandu 114
Nebelkrähe 42, 84, **86**, 189, 225
Nilgans 84, 109, **110**, 116, 222
Nonnengans → Weißwangengans

Ohrenlerche 28, *29*, 141, 157, **158**, 225
Ohrentaucher 116, 128, **129**, 141, 223

Papageitaucher 141, 164
Pfeifente 8, 116, 118, **121**, 141, 222
Pfuhlschnepfe 25, 141, **155**, 156, 224
Prachttaucher 116, 141, 162, **163**, 223

Rabenkrähe 10, 42, 84, 85, **86**, 225
Raubwürger 35, 84, **99**, 225
Rauchschwalbe 186
Raufußbussard 84, **89**, 90, 223
Raufußkauz 62, 70, **71**, 224
Rebhuhn 84, **96**, 223
Reiherente *7*, 8, 116, 123, 124, **126**, 217, 222
Ringdrossel 84
Ringelgans 25, 40, 100, 141, **146**, 147, 158, 222
Ringeltaube 10, 31, 32, 42, **56**, 62, 69, 84, 182, 188, 224
Rohrammer 84, 116, **137**, 138, 226
Rohrdommel 116, **136**, 223
Rotdrossel 30, 42, 84, 87, **88**, 226
Rothalsgans 84, 100, 105, **106**, 222
Rothalstaucher 116, 128, **129**, 223
Rotkehlchen 14, 19, *19*, 30, 32, 42, **46**, 47, 62, 84, 182, 204, 206, 208, 226
Rotmilan 181, **182**, *201*, *211*, 223
Rotschenkel 141, 150, **151**, 224

Saatgans 26, 100 → s. auch Wald- und Tundrasaatgans
Saatkrähe 30, 32, 42, 84, **85**, 225
Samtente 141, 159, **161**, 222
Sanderling 141, 150, **152**, 224
Sandregenpfeifer 141, **154**, 156, 224
Schellente 116, **123**, 141, 189, 217, 222
Schleiereule 84, 96, **98**, 211, 224
Schmarotzerraubmöwe 164, *165*
Schnatterente 8, 116, 118, **119**, 222
Schneeammer 28, *28*, 141, *157*, 226
Schneehuhn 19, 23, 168, *218* → s. auch Alpenschneehuhn
Schneesperling 17, 166, 168, **169**, 226
Schwanzmeise 16, 42, **43**, 45, 62, 81, 84, 225
Schwarzhalstaucher 116, 129, **130**, 223
Schwarzkehlchen 179, **181**, 226
Schwarzkopfmeise 21
Schwarzspecht 35, *36*, 62, 66, 67, **68**, 166, 182, 225
Seeadler 69, 116, 133, **134**, 141, 223
Seidenschwanz 30, *30*, 42, **53**, 84, 225
Silbermöwe 39, *39*, 116, 141, **144**, 224
Silberreiher *8*, 9, 84, 116, 134, **135**, 223
Singdrossel **183**, 189, 226
Singschwan 25, 27, *27*, *36*, 84, 109, **111**, 116, 222
Skua 164
Sommergoldhähnchen 62, 81, **82**, 189, 225
Spatz 21, 31, 58, 59, **61**, 205 → s. auch Haussperling
Sperber 42, 55, **56**, 62, 84, 223
Sperlingskauz 62, 70, **71**, 224
Spießente 116, 118, **119**, 141, 222
Spornammer 141, 157, **159**, 226
Star 38, *38*, 42, 84, 179, **180**, 188, *190*, 226
Steinadler 166, **167**, 223
Steinhuhn 166, **171**, 223
Steinkauz 84, 96, **98**, 211, 224
Steinwälzer 26, 141, 152, **153**, 224
Steppenmöwe 116, 141, **145**, 146, 224
Sterntaucher 116, 141, 162, **163**, 223
Stieglitz 10, 42, 84, 92, **93**, 226
Stockente *7*, 8, 10, *20*, 40, 84, 116, **118**, 120, 210, 217, 222
Strandpieper 141, **156**, 157, 226
Straßentaube 42, **58**, 69, 224
Sturmmöwe 84, 116, 141, **143**, 224
Sturmschwalbe 164
Sturmtaucher 164
Sumpfmeise 23, 42, 60, 62, 79, **80**, 225
Sumpfohreule *33*, 84, 114, **115**, 141, 158, 224

Tafelente 26, *26*, 116, 123, 124, **125**, 217, 222
Taigabirkenzeisig 30, 84, **94**, 226

Tannenhäher 24, 62, 166, 176, **177**, 225
Tannenmeise 17, 24, 30, 32, 42, *59*, 60, 62, **78**, 81, 225
Teichhuhn 40, 116, **128**, 210, 223
Thorshühnchen 164
Tordalk 141, 164
Trauerente 141, 159, **160**, 222
Trauerschnäpper 193, *193*, 209
Trottellumme 141, 164, *165*
Türkentaube 42, **57**, 84, 224
Tundrasaatgans 10, 84, 101, **102**, 116, 222
Turmfalke 42, 55, 84, 90, **91**, 225

Uhu 62, 69, **73**, 75, 166, 224

Wacholderdrossel 10, 30, 42, 84, 87, **88**, *206*, 226
Waldbaumläufer 62, 76, **77**, 225
Waldkauz 31, 34, 42, 62, 69, 72, **73**, 224
Waldohreule 34, 42, 55, 62, **72**, 84, 211, 224
Waldsaatgans 25, 84, 101, **102**, 222
Waldschnepfe *34*, 62, **74**, 75, 224
Waldwasserläufer 116, **132**, 224
Wanderfalke 69, 116, 141, **155**, 156, 225
Wasseramsel 30, 32, 116, **139**, 189, *189*, 226
Wasserralle 116, **136**, 137, 223
Weidenmeise 21, 62, 79, **80**, 84, 225
Weißrückenspecht 66, 166, **174**, 175, 225
Weißstorch *13*, 84, 112, **113**, 186, *211*, 223
Weißwangengans 10, 25, 26, 40, 84, 100, 104, **105**, 116, *214*, 216, 222
Wellenläufer 141, 164
Wiesenpieper 179, **181**, 226
Wildgänse 106 ff., 189 f., 214, *214*, 215
Wintergoldhähnchen 16, *17*, 32, 42, 62, **81**, 225

Zaunkönig 10, 15, *16*, 32, 42, 52, **53**, 62, 84, 205, 208, 225
Zilpzalp 8, 183, **184**, 189, 225
Zwerggans 84, 100, **103**, *108*, 222
Zwergsäger 10, *10*, 116, **123**, 189, 222
Zwergschnepfe 116, 132, **133**, 224
Zwergschwan 84, 109, **111**, 116, 222
Zwergtaucher 116, 129, **131**, 223

Sachregister

Um das Register nicht zu umfangreich (insbesondere bei Stichworten zu den Themen Nahrung und Zugverhalten) und unübersichtlich werden zu lassen, wurden die Kurztexte der Artporträts nicht berücksichtigt.

Ablenkflächen 107
Abstand 215, 216
Adultkleid 39
Äsungsflächen 110
Agrarlandschaft 84, 87, 100, 114, 212
Agrarsteppe 100
Arktis/arktisch 101, 103, 105, 107, 147, 216
Alpen 52, 79, 94, 114, 140, 143, 167, 170, 171, 188
Alpenvorland 114, 170, 219
Altitudinalflüge 168
Alterskleid/er 39, 144
Ausrüstung 220 f.
Ausweichflüge 132

Balz 69, 70
Bäche 116
Beeren 24, 48, 87, 192, 204, 207, 212
Bejagung 103, 107-109, 132 → s. auch Jagd
Bergwald/-wälder 166, 168, 172
Binnengewässer 117, 128
Blühflächen/-streifen 214
Boddenlandschaft, vorpommersche 106, 110
Bodensee 124, 128, 149, 217
Brachen/Brachflächen 42, 57, 58, 84, 92, 95, 138, 157, 209, 212, 219
Brut(geschäft) 55, 57, 69, 114
Brutreviere 14
Bucheckern 23, 50, 75

Citizen science 195

Depotfett 14, 24 → s. auch Fettpolster
Dorf/Dörfer 42 ff., 58, 84, 92, 185
Drohhaltung 59
Dünenheiden 141, 158

Ecological mismatch 194
Eicheln 23, 75
Eiszeitrelikt/e 70, 172, 176
Elbtalauen 106
Energie 14, 21, 22, 37, 107, 203, 216
Energieaufwand 107
Energiereserven 14, 203, 216
Energiesparen 17, 22, 23, 218
Energieverlust 132
Ernährungsstrategien 66
Evolution 193

Federkleid 37, 39
Federn 33, 34, 37
Fehlfarben 120
Feldflur 84
Felsen 166, 167
Fernzieher 187, 193, 194 → s. auch Langstreckenzieher
Fett 22, 192, 205
Fettfutter 23, 48, 204, 205
Fettpolster 23, 24 → s. auch Depotfett
Fettreserven 21, 23, 81, 107, 142, 204
Fichtensamen 69, 82, 83 → s. auch Koniferensamen
Fischteiche 116
Fließgewässer 41
Flüsse 116, 131, 159
Flurbereinigung 212
Flussmarschen 84, 100, 105
Flutpolder 116, 132
Forsten 62, 63, 70, 85
Frostschutzmittel, natürliches 20
Früchte 24, 207, 212, 213 → s. auch Obst
Fütterung 112, 202 ff., 210, 211
Futterglocke/n 205
Futterhäuschen 45, 59
Futterplatz/-plätze 213

Futtersilo 204
Futterstelle/n 45, 79, 128, 205, 206, 213

Gänsetourismus 109
Ganzjahresfütterung 204
Garten/Gärten 42, 43, 72, 88, 183, 193, 206, 207
Gartengestaltung, vogelfreundliche 206 ff.
Gefieder 19
Gegenstromprinzip 20
Gemischtköstler 204
Gesang/Gesänge 31, 32, 33, 179, 186
Gewölle 33, 34, 72
Girlandenflug 167
Gräben 40, 116
Grünanlagen 42, 43
Gründelenten 117, 124
Grünland 40, 41, 84, 85, 87, 100, 114, 142, 149, 155, 219

Haselnüsse 23, 35, 45, 75
Hecken 43, 84, 85, 87, 92, 207, 208, 212, 214, 219
Hochspannungsleitungen 107, 112, 216
Höhlen 17, 67, 70, 148, 176, 179, 182, 202 → s. auch Schneehöhlen
Höhlenbrüter 17, 121, 123, 209
Homoiotherm 18
Hormone 21
Hypothalamus 19
Hybride 120
Hypothermie 21

Individualabstand 59
Industriebauten 57
Innenstadt 42, 57
Insektenfresser 13, 15, 23, 48, 192
Insekten(kost) 16, 23, 24, 45, 48, 60, 66, 69, 78, 170, 175, 176, 184, 185, 193, 204, 207-209, 214
Instrumentallaut/e 31, 63
Invasion/en 30, 54, 75, 94
Invasionsvögel 54
Isolation, genetische 192
Isolierung 19, 37

Jagd 105, 106 ff., 215 → s. auch Bejagung
Jugendkleid/er 39, 145

Kälteflucht 26
Kanäle 116
Klangkulisse 33, 144, 149
Kleingärten 43
Kleinklima 43
Klimawandel 15, 87, 140, 147, 172, 188 ff.
Körnerfresser 48, 92, 204, 213
Körpertemperatur 18, 21
Körperkerntemperatur 18, 19, 21
Koniferensamen 23, 35, 69, 82, 83
Konkurrenzvermeidung 66
Kontaktschlafen 16
Krummholzzone 166, 172
Kulturland(schaft) 85, 92, 96, 211, 214
Kurzstreckenzieher 15, 57, 178, 188, 191, 193, 194

Landwirtschaft 96, 106 ff., 212
Langstreckenflug/-flüge 14, 15
Langstreckenzieher 14, 186, 193
Lappentaucher 128
Lebensraummosaik 40, 219
Limicolen 142 → s. auch Watvögel
Losung 33, 34, 35

Matten, alpine 166, 167
Mauser 37
Meer, offenes 41, 141, 159, 164
Mikroklima 17
Mittelgebirge 52, 62, 67, 79, 140, 177, 178
Monitoring 107 f.
Moore 101, 116, 132
Muskelzittern 19
Mutation 192

Nahrungsdepot 75, 81, 177
Nahrungsflüge 26
Nester 35
Niederrhein 98, 105, 106, 109
Nisthilfen/-kästen 43, 98, 209

Nomadisch 28, 29
Nordsee 28, 41, 102, 103, 128, 142, 143, 147, 150, 156, 159, 164, 219
Normallandschaft 84, 85, 92

Objektpermanenz 75
Obst 87, 88, 204 → s. auch Früchte
Ornitho 200 f., 220
Ortstreue 28, 29
Ostsee 52, 104, 105, 110, 124, 128, 142, 143, 147, 149, 151, 156, 159, 219

Parkenten 120
Parks/Parkanlagen 42, 43, 66, 72, 78, 88, 183, 193
Parkteiche/-gewässer 40, 117, 128, 143, 210
Parkvögel 101, 104
Pelagen 164
Prachtkleid 37, 39, 118, 145, 159

Rangordnung 60
Rastgebiete 26, 105, 108, 110, 190, 199, 216
Raufußhühner 19, 170
Raumnutzung 28
Regelkreis 19
Rete mirabile 20
Rete tibiotarsale 20
Revier/e 15, 16, 63 → s. auch Winterreviere
Reviergesang 32
Rieselfelder 116, 132
Rufe 31, 32, 33, 181
Rufgesang 31
Ruderalflächen 157 → s. auch Brachen/Brachflächen
Rupfung 33, 75

Säger 123
Salzwiesen 26, 28, 101, 141, 142, 147, 156, 158, 159
Samen/Sämereien 23, 28, 29, 35, 48, 60, 66, 83, 157, 168, 176, 177, 185, 204, 213, 214

Schlafgemeinschaften 18
Schlafgewässer 26, 40, 110, 215
Schlafplätze 17, 54, 55, 76, 85, 93, 110, 132, 135, 157, 201, 214
Schlafplatzflüge 26
Schlichtkleid 37, 118, 145
Schnabelmarken 33
Schneehöhle/n 17, 18, 35, 170, 218
Schwarmverhalten 81, 94
Sea Watching 164
Seemarschen 41, 84, 100, 105, 142
Seen 116, 117, 128, 129, 131, 159, 162, 219
Seetaucher 159, 162
Sicherheitsabstand 107
Siedlungsraum 43, 55, 195
Silvesterfeuerwerk 218
Sommerhabitat 40
Sommerkleid 39
Spechtflöte 67
Spechtschmiede 34, 35, 36
Speiballen 33, 72, 99
Spülsaum/-säume 28, 29, 151
Spuren 33, 34, 35, 36
Stand-Up-Paddling → s. Stehpaddeln
Standvogel/-vögel 15, 43, 50, 81, 191, 194, 202
Stauseen 116, 117
Stehpaddeln 216, 217
Störreize 107, 214
Störungen 107, 108, 214 ff.
Stoffwechsel 16, 19, 21, 22, 37
Stoppelfelder 212
Strand/Strände 28, 29, 141, 142, 150
Strategie 28, 29, 30
Süßwasserwatten 116, 132
Syrinx 31

Taiga 25, 53, 70, 94, 176
Talsperren 116
Tarnkleid 37, 38, 148, 170
Tauchenten 124, 126
Teiche 116, 117, 130
Teilzieher 14, 15, 47
Temperaturrezeptoren 19

Thermoregulation 18 ff.
Tiefebene, Norddeutsche 114, 124, 140, 167, 172, 219
Torpor 21
Totholz 63, 64, 175, 176, 208
Trittsiegel 33, 34
Trommeln 31, 33, 63, 64
Trupp/s 48, 50, 54, 55, 86, 88, 93, 96, 104, 120, 138, 214
Trupp, gemischter 60, 81, 92, 95, 179
Tundra 25, 90, 102, 114, 151

Übergangskleider 37, 39
Überschwemmungswiesen 116, 132
Überwinterer/Überwinterung 25, 41, 47, 150, 188 ff., 202
Überwinterungsgebiet/e 26, 29, 143, 189, 190, 216
Umherstreifen 93, 94, 138, 167
Umkehrzug 179
Unterelbe 109

Variation, genetische 191, 192
Vergrämung 107, 132
Verhaltensstudien 59 f.
Verstädterung 66
Vogelfütterung → s. Fütterung
Vogelhäuschen → s. Futterhäuschen
Vogeltränke 206
Vogelzug 13, 14
Voralpenraum 76, 131, 167 → s. auch Alpenvorland
Vorratslager 24 → s. auch Nahrungsdepot

Wald/Wälder 62, 63
Waldfriedhöfe 43
Wärmeproduktion 19
Wärmetauscher 20
Wärmeverlust/e 16, 19, 37
Wassersport 217
Wasservogelzählung, internationale 198 f.
Watt 41, 141, 142, 147, 150
Wattenmeer 25, 26, 29, 101, 147, 149
Watvögel 25, 132, 142, 150, 156
Weibchengesang 31
Weichfutterfresser 204
Weiher 116, 117, 130
Winterbestand/-bestände 47, 104, 105
Wildsträucher 24, 87, 207
Windkraftanlagen/Windräder 100, 107, 112, 216
Winterfütterung 43, 59, 202 ff. → s. auch Fütterung
Wintergast/-gäste 25, 28, 30, 33, 43, 75, 94, 99, 101, 118, 128, 150, 156, 157, 189
Wintergesänge 32 → s. auch Gesang/Gesänge
Winterhabitat 40
Winterkleid 39
Winterquartier/e 25, 101, 124, 142
Winterrevier 30, 31, 32, 140
Winterschlaf 21
Wintersport 218
Winterterritorium 30 → s. auch Winterrevier
Winterverbreitung 27, 199
Winterverluste 16, 114
Wintervögel, Stunde der 195 ff.
Wintervogelmonitoring → s. Monitoring
Wohnbebauung 42
Wohnblockviertel 57
Wundernetz 20

Zapfen 34, 35, 177
Zugopportunisten 82
Zugrouten/-wege 25, 104, 108, 189
Zugstrategien 13
Zugunruhe 190
Zugverhalten 14, 15, 81, 143, 188 ff.
Zugvogel/-vögel 15, 24, 25, 33, 47, 58, 81, 120, 178, 179, 189, 191, 202
Zwillingsarten 76, 79

Abbildungsnachweis

Bachmeier, G. 210
Bergmann, H.-H. 32, 33, 36 (Fußspuren), 36 o re, 36 u li, 36 u re, 51 o
DDA 190 li, 190 re, 199, o li, 199 o re, 199u, 200, 201
Derer, F. 149
Falke-Archiv 164
Fröhle, D. 91u
Fünfstück, H.-J. 9, 10, 14, 15, 16, 17, 20, 23, 24, 26, 28, 29, 30, 38 o li, 38 o re, 38 u li, 38 u re, 39 u re, 43, 44 o, 44 u, 46 Mi, 46 o, 46 u, 47, 49 o, 49 Mi, 49 u, 50, 51 u, 52, 53 o, 53 u, 54, 55, 56 o, 56 u, 57, 58, 59, 61 o, 61 u, 64, 68 o, 68 u, 71 u, 72, 73 o, 73 u, 74 o, 74 u, 76, 78, 79, 80 o, 80 u, 83, 85, 86 o, 86 u li, 86 u re, 87, 88 o, 88 u, 89 o, 89 u, 90, 91o,92, 93o, 93u, 94li, 94re, 95o, 95u, 97 o li, 97 o re, 98u, 99, 100, 101,102 u, 104, 105, 106, 110, 111o, 111u, 113u, 114, 115u, 117, 118, 119o, 121o, 121u, 122o, 122u, 123o, 123u, 124, 125o, 125u, 126o, 126u, 127o, 127o, 128, 129u, 130o, 130u, 131o, 131u, 133o, 134, 135o, 135u, 136u, 137o, 137u, 139, 140, 142, 143o, 143 Mi, 143 u, 144, 145o, 145u, 146o, 150, 152 u, 154u, 154o, 154u, 155u, 157, 158u, 159, 160o, 1630, 165 u re o, 166, 167, 168, 169o, 169u, 170, 171o, 171u, 173o, 173u, 174, 175, 177, 179, 180o, 180u, 181o, 181u, 182o, 183o, 183u, 184o, 184u, 185o, 185u, 186,189, 193, 194 re, 197, 216, 221
Glader, H. 103o, 133u
Grimm, M. 161o
Großkopf, D. 7, 8, 27, 107, 113o, 116, 138, 187, 227
Halkjaer, L. 112
Helm, G. 206
Henf, P. 208
Jegen, H. 102o
Klaus, S. 34, 35, 36 o li, 82, 172
Koffler, C. 218
König, C. 220
Krebs, J./Ökotop 211
Kriegs, J. O. 182u
Krome, O. 56 Mi
Krone, O. 97u
Kruckenberg, H. 108
Langenberg, T. 119u, 163o, 176
LBV/Staab, T. 212
LBV/Rittscher, I. 205
Martin, R. 65 u, 67
Moning, C. 39 Mi, 39 o li, 39 o re, 39 u li, 65 o, 71 o, 77 o, 81, 96, 151o, 151u, 153u, 156, 158u, 161u, 162, 165 u li
NABU/Hennigs, S. 195
NABU 196
Nerb, W. 136o
Pfützke, S. 13
Pixabay/Fietz, A. 84
Pixabay/anvel 141
Pixabay/Sawitza, D. 213
Pixabay/EM80 42
Pixabay/gamagapix 202
Pixabay/Benn, H. 204
Pixabay/Schué, H. 62
Pixabay/hrw1973 19
Pixabay/Kapa65 214
Pixabay/Arouna, S. 191
Putze, M. 148, 165o, 165 u lu u, 178, 188
Römhild, M. 77 u, 98o, 115o, 129o, 132, 155o
Schäf, M. 194
Schneider, J. 22
Thoma, M. 103u, 152o
Vollmer, B. 18
Weiß, I. 146u, 160u
Wiesner, J. 36 u Mi
Zbinden, N. 36 Mi re

Der Autor

Dr. Uwe Westphal (Jahrgang 1957) ist Diplom-Biologe und beschäftigt sich seit seinem elften Lebensjahr intensiv mit der heimischen Vogelwelt. Nach langjähriger hauptamtlicher Tätigkeit im Naturschutz und einer anschließenden Ausbildung zum Fachzeitschriftenredakteur lebt und arbeitet er heute als freier Publizist, Exkursions- und Seminarleiter in der Nähe von Hamburg. Er ist Autor und Coautor mehrerer Bücher und Audio-CDs und verfasste zahlreiche populärwissenschaftliche Artikel insbesondere über heimische Vögel, Natur und Garten. Uwe Westphal gründete und leitete die Fachgruppe Ornithologie im Naturschutzbund Deutschland, Landesverband Hamburg, und ist seit vielen Jahren ehrenamtlicher Mitarbeiter im Arbeitskreis an der Staatlichen Vogelschutzwarte Hamburg. Hier beteiligt er sich an ornithologischen Bestandserfassungen (Brutvogelmonitoring, Wintervogelzählung, Atlaskartierungen) und war 20 Jahre lang Mitglied im Redaktionsteam der Fachpublikation „Hamburger avifaunistische Beiträge“. Seit 1978 begeistert er Menschen auf zahlreichen vogelkundlichen und allgemein naturkundlichen Wanderungen und Seminaren für die Natur und speziell die Vogelwelt, vorrangig im Raum Hamburg und im Biosphärenreservat Schaalsee. Einem breiten Publikum ist Uwe Westphal vor allem durch zahlreiche Auftritte bei Veranstaltungen sowie in Hörfunk und Fernsehen als Vogelstimmen-Imitator bekannt, der auch die Lautäußerungen vieler anderer Tierarten beherrscht.

Weitere Informationen:

www.westphal-naturerleben.de

Vogelstimmen erkennen – leicht gemacht.

Hans-Heiner Bergmann/Uwe Westphal
Welcher Vogel singt denn da?
Einfache Wege zum sicheren Erkennen
240 S., 112 farb. Abb., 205 Sonagramme, 2 Tab., geb., 12 x 19 cm

Vogelstimmen sicher zu erkennen, ist gar nicht schwer und vor allem einfach zu erlernen, wie dieses Buch zeigt. Reine Tondokumente sind nicht ausreichend; ein didaktisch besonders für Einsteiger konzipiertes Programm muss deshalb her. Die Vogelstimmenexperten Hans-Heiner Bergmann und Uwe Westphal, die jahrzehntelang Erfahrung aus unzähligen Bestimmungskursen gesammelt haben, liefern mit diesem einmaligen Buch genau das!

Alle Lektionen – mit zahlreichen Fotos und Sonagrammen – sind durch Tonbelege, die u.a. über QR-Codes zugänglich sind, akustisch unterlegt. Einzigartig sind auch 22 schnabelsynchrone Filme von in diesem Buch porträtierten Vögeln.

Zusätzlich macht ein nach Lebensräumen aufgebautes Trainingsprogramm – dazugehörige Lernmaterialien und Testfragebögen sind downloadbar – für die Praxis fit!

Best.-Nr. 97-6203260 **€ 19,95**